U0262808

清洁高效灭火技术丛书

粉体灭火技术原理及应用

周晓猛　廖光煊　陈维旺　编著

科学出版社

北京

内 容 简 介

本书以火灾防治现状和灭火原理为出发点，总述了粉体灭火技术的发展趋势，并就粉体的特性和制备技术进行了详细阐述，然后以粉体灭火技术的发展历程为主线，重点介绍了普通、超细和纳米干粉灭火技术原理及其工程应用。

本书可供灭火干粉从业者、科研人员、大专院校师生及相关专业人士阅读参考。

图书在版编目(CIP)数据

粉体灭火技术原理及应用 / 周晓猛，廖光煊，陈维旺编著. —北京：科学出版社，2020.11

（清洁高效灭火技术丛书）

ISBN 978-7-03-066625-3

Ⅰ. ①粉… Ⅱ. ①周… ②廖… ③陈… Ⅲ. ①粉末法-应用-灭火剂 Ⅳ. ①TU998.13

中国版本图书馆CIP数据核字(2020)第214216号

责任编辑：张 析 / 责任校对：杜子昂
责任印制：吴兆东 / 封面设计：东方人华

科学出版社 出版
北京东黄城根北街 16 号
邮政编码：100717
http://www.sciencep.com

北京九州迅驰传媒文化有限公司 印刷
科学出版社发行 各地新华书店经销

*

2020 年 11 月第 一 版 开本：720 × 1000 1/16
2020 年 11 月第一次印刷 印张：15
字数：302 000

定价：128.00 元
（如有印装质量问题，我社负责调换）

丛 书 序

在各类灾害事件中，火灾作为高危、多发、频发的公共安全事件，一直威胁着公众的生命与财产安全，已然成为制约社会和谐发展的重要影响因素。同时，伴随经济、社会、科技的高速发展，各种新材料、新工艺层出不穷，进一步加大了火灾发生的危险性及灭火救援的难度，致使社会的安全保障需求与社会高速发展的矛盾越来越突出。特别是近些年，我国重特大火灾事故时有发生，群死群伤惨剧屡见不鲜，造成了严重的社会影响，消防安全形势非常严峻。统计数据显示，我国平均每年发生火灾约 25 万起，年均造成约 1500 人死亡，直接及间接经济损失巨大，进一步凸显了火灾防治工作的必要性和重要意义。依靠科技防灾减灾，实现火灾防治有效性、合理性以及科学性的统一，是强化城乡治理、维护社会稳定、保障全民安全的必然之举。

火灾防治是一项系统性工程，不仅要考虑火灾的种类、火焰形态、发展阶段等因素，还须兼顾灭火装置及系统的设计、使用和维护等诸多方面。灭火技术是火灾防治的一个核心与关键要素，承载了防范、化解、止损等多项重要职责，能够基于物理和化学机制，有效破坏燃烧条件，终止燃烧反应，从而防止火势扩大并快速高效灭火，降低灾害风险。近年来，随着臭氧空洞、全球变暖等世界性环境问题的加剧，以及哈龙替代进程的不断推进和绿色消防理念的持续引领，环境友好型灭火技术的重要性更加突出，相关工作刻不容缓，有些已迫在眉睫。当然，新型灭火剂的研发工作不是一蹴而就的，也并非立竿见影，其筛选、存储、施放等均包含很多的科学问题和技术难题，需要在生产实践中不断检验并优化。

当前，哈龙替代科学与技术的前沿发展态势，主要以环保和高效为指引，紧紧围绕细水雾、气体、粉体及泡沫灭火技术研究展开。为此，我们从国际主流技术原理出发，全面论述新一代灭火系统的核心技术，共凝结成"清洁高效灭火技术丛书"6 本，分别是《多组分细水雾灭火技术原理及应用》《洁净高效气体灭火技术原理及应用》《粉体灭火技术原理及应用》《清洁高效灭火理论》《先进超细水雾灭火技术原理及应用》《压缩空气泡沫灭火技术原理及应用》，以展现国内外在哈龙替代科学与技术方面的研究进展，为相关科研单位了解以及研究新一代清洁高效灭火技术与系统提供参考。

本丛书是国家科技重大专项的集体研究成果，同时也吸收借鉴了很多既有灭火理论与技术，由中国科学技术大学、中国民航大学、同济大学等多家单位联合编撰，代表我国先进清洁高效灭火技术原理及应用的最新科技成果。本丛书系统总结了新一代清洁高效灭火技术，强调着力研究发展先进的火灾防治技术与系统，并大力推广应用，以满足当代及未来的热灾害防治重大需求。新一代灭火介质及其系统的广泛应用，不仅将催生公共安全民生产业的发展和升级，而且可以有效保障城市社会生活的稳定，人民的安居乐业。

廖光煊

2020 年 10 月

前　言

　　哈龙替代灭火技术长期以来一直是火灾安全领域的国际前沿和研究热点，各国都在积极筛选清洁、高效、低毒、环保的哈龙替代灭火剂，并在此基础上研制新型灭火产品。与其他灭火剂相比，干粉灭火剂具有灭火时间短、环境毒性低、适用范围广和易于储存等优点。经过若干年的发展，干粉灭火剂已实现工业化生产，相关产品也已在军用设施、高层建筑、变电设备等场所得到了广泛应用。

　　目前，干粉灭火剂主要向更小粒径、更高效能、更广应用、更低成本的方向发展，具有非常重要的研究和应用价值。借助粉体合成、改性、细化、筛分等技术的革新，研制新型超细甚至纳米灭火干粉，是克服普通干粉灭火剂缺点的有效途径。当然，新技术、新产品的应用和推广不可避免地会产生新的问题并带来系列挑战，需要我们科研工作者和广大同仁不断开拓，努力创新，在新时期的发展背景下，攻坚克难，突破瓶颈，更好地服务火灾防治，确保消防安全。

　　本书是"清洁高效灭火技术丛书"之一，全书共分为7章，第1章为绪论，基于火灾现状分析，介绍燃烧的基本理论和灭火的主要途径，强调粉体灭火技术的重要性；第2章为粉体特性，重点阐述粉体的基本概念、共性和灭火特性及其测定方法，系统化粉体认识；第3章面向粉体的制备，包括粉体的物理和化学制备技术、表面改性，以及粉体的筛分与分级，从而获得不同规格和性能的灭火干粉；第4~6章，以干粉灭火剂的发展历程和趋势为主线，以灭火装置和系统为重点，分别介绍普通干粉、超细干粉和纳米干粉灭火技术；第7章为粉体灭火技术的工程应用，侧重灭火系统的使用要求、注意事项和应用局限等方面。

　　本书的部分章节（第2章、第3章和第6章）由况凯骞、谭朝阳、张海军、杨利强等负责完成，并在编写过程中参阅了许多著作和大量文献资料，在此谨向他们及文献资料的作者们表示衷心的感谢。另外，中国民航大学硕士研究生刘沙、董雨桐、张亚楠、张峰、李坤、孙月言等也参与了本书的资料收集及文字整理工作，在此表示特别感谢。本书若有不妥之处，恳请广大读者批评指正。

编著者

2020 年 8 月

目　　录

丛书序
前言
第1章　绪论 ·· 1
　1.1　当前火灾现状 ··· 1
　1.2　火灾分类 ··· 2
　1.3　火灾形成的基本条件和过程 ······························ 5
　　1.3.1　燃烧的本质 ··· 5
　　1.3.2　燃烧的基本条件 ····································· 6
　　1.3.3　火灾发展的基本过程 ································· 8
　1.4　火灾扑救的基本原理 ····································· 9
　　1.4.1　物理灭火机理 ······································· 9
　　1.4.2　化学灭火机理 ······································ 15
　　1.4.3　协同灭火机理 ······································ 19
　1.5　灭火的基本方法 ·· 25
　1.6　灭火技术现状与发展趋势 ································ 27
　1.7　粉体灭火技术概况 ······································ 29
　参考文献 ·· 30
第2章　粉体特性 ··· 32
　2.1　粉体的基本概念 ·· 32
　　2.1.1　粉体的分类 ·· 32
　　2.1.2　粉体科学与工程的发展 ······························ 33
　　2.1.3　粉体的应用领域 ···································· 34
　2.2　粉体的基本特性及其表征 ································ 35
　　2.2.1　粉体的基本特性 ···································· 35
　　2.2.2　粉体的理化特性 ···································· 41
　　2.2.3　粉体的流体力学特性 ································ 48
　2.3　粉体灭火的关键性能参数 ································ 55
　　2.3.1　灭火性能参数 ······································ 56
　　2.3.2　充装与释放性能参数 ································ 57
　　2.3.3　储存性能参数 ······································ 58

　　　　2.3.4　适用性能参数 ···59
　　2.4　主要性能指标的测定方法 ···61
　　　　2.4.1　粒径及粒度分布 ···61
　　　　2.4.2　松密度 ···62
　　　　2.4.3　含水率 ···62
　　　　2.4.4　吸湿率 ···63
　　　　2.4.5　斥水性 ···63
　　　　2.4.6　抗结块性 ···64
　　　　2.4.7　流动性 ···64
　　　　2.4.8　耐低温性 ···66
　　　　2.4.9　电绝缘性 ···66
　　参考文献 ··67

第3章　粉体制备技术 ···68
　　3.1　粉体的化学制备技术 ···68
　　　　3.1.1　液相合成制粉法 ···68
　　　　3.1.2　气相合成制粉法 ···78
　　3.2　粉体的物理制备技术 ···81
　　　　3.2.1　球磨法制备粉体技术 ···82
　　　　3.2.2　气流粉碎法制备粉体技术 ···89
　　3.3　粉体的表面改性技术 ···93
　　　　3.3.1　粉体表面改性的目的 ···93
　　　　3.3.2　粉体表面改性的方法 ···94
　　　　3.3.3　改性粉体的评价参数 ···103
　　3.4　粉体的筛分与分级 ···105
　　　　3.4.1　筛分机理 ···105
　　　　3.4.2　筛分效率 ···107
　　　　3.4.3　筛分的影响因素 ···112
　　　　3.4.4　筛分与分级设备 ···113
　　参考文献 ··122

第4章　普通干粉灭火技术 ···124
　　4.1　普通干粉灭火剂 ···124
　　　　4.1.1　普通干粉灭火剂分类及组成 ·······································125
　　　　4.1.2　普通干粉灭火剂的灭火机理 ·······································126
　　4.2　可移动粉体灭火装置 ···133
　　　　4.2.1　手提式干粉灭火器 ···133

　　　　4.2.2　推车式干粉灭火器 ·· 137

　　　　4.2.3　移动式干粉灭火车 ·· 141

　　　　4.2.4　其他可移动灭火装置 ·· 142

　　4.3　固定式粉体灭火装置 ·· 144

　　　　4.3.1　固定式粉体灭火装置分类 ··································· 145

　　　　4.3.2　固定式粉体灭火系统设计规范 ···························· 146

　　　　4.3.3　干粉灭火系统管网设计细则 ······························ 149

　　参考文献 ·· 155

第5章　超细干粉灭火技术 ··· 156

　　5.1　超细干粉灭火剂 ·· 156

　　　　5.1.1　超细干粉灭火剂的特点 ······································ 156

　　　　5.1.2　超细干粉灭火剂组成及要求 ································ 158

　　　　5.1.3　超细干粉灭火剂制备技术及改性方法 ···················· 159

　　5.2　超细干粉灭火装置 ··· 166

　　　　5.2.1　贮压式超细干粉灭火装置 ··································· 166

　　　　5.2.2　非贮压式超细干粉灭火装置 ································ 167

　　　　5.2.3　灭火装置类型 ·· 168

　　　　5.2.4　超细干粉灭火装置的设计要求 ····························· 171

　　5.3　超细干粉灭火系统设计 ·· 173

　　　　5.3.1　超细干粉灭火系统灭火剂用量设计 ······················· 173

　　　　5.3.2　灭火系统设计的其他要求 ··································· 177

　　5.4　热气溶胶灭火剂 ·· 178

　　　　5.4.1　热气溶胶灭火剂的特性及其组成 ························· 178

　　　　5.4.2　热气溶胶灭火剂的灭火原理 ······························ 181

　　　　5.4.3　热气溶胶灭火装置设计 ······································ 183

　　　　5.4.4　代表性气溶胶灭火产品 ······································ 184

　　参考文献 ·· 186

第6章　纳米干粉灭火技术 ··· 189

　　6.1　纳米干粉灭火剂的典型物化特性 ·································· 190

　　　　6.1.1　量子尺寸效应 ·· 190

　　　　6.1.2　表界面效应 ··· 191

　　6.2　纳米干粉灭火剂的制备技术 ······································ 191

　　　　6.2.1　纳米粉体物理制备技术 ······································ 192

　　　　6.2.2　纳米粉体化学制备技术 ······································ 192

　　　　6.2.3　微观结构设计 ·· 193

      6.2.4　纳米干粉灭火剂的改性方法 ·· 196

  6.3　主要瓶颈问题及其解决方法 ·· 197

      6.3.1　纳米干粉灭火剂的分散性 ·· 197

      6.3.2　纳米干粉灭火剂的环境影响 ·· 198

      6.3.3　纳米干粉灭火剂的生物毒性 ·· 199

      6.3.4　纳米干粉灭火剂的工艺成本 ·· 200

      6.3.5　纳米干粉灭火剂的装置适配性 ······································ 200

  6.4　纳米干粉灭火剂的优化设计原则与方法 ································· 202

      6.4.1　优化设计原则 ··· 202

      6.4.2　研究方法展望 ··· 203

  参考文献 ·· 205

第 7 章　粉体灭火技术工程应用 ·· 207

  7.1　普通干粉灭火技术工程应用 ·· 207

      7.1.1　普通干粉的适用场所 ·· 207

      7.1.2　普通干粉灭火设备的使用要求 ······································ 207

      7.1.3　工程应用的局限性 ·· 212

  7.2　超细干粉灭火技术工程应用 ·· 212

      7.2.1　超细干粉的适用场所 ·· 212

      7.2.2　超细干粉灭火技术的应用优势 ······································ 214

      7.2.3　工程应用案例分析 ·· 214

      7.2.4　工程应用中注意的问题 ·· 216

  7.3　热气溶胶灭火技术工程应用 ·· 219

      7.3.1　热气溶胶灭火技术的优势 ·· 219

      7.3.2　热气溶胶的适用场所 ·· 220

      7.3.3　工程应用规范与注意事项 ·· 220

      7.3.4　工程应用的局限性 ·· 222

  7.4　纳米干粉灭火技术工程应用分析 ·· 223

      7.4.1　工程应用的局限性 ·· 223

      7.4.2　适用场所 ··· 224

      7.4.3　相关产品 ··· 225

  参考文献 ·· 226

第1章 绪　　论

1.1　当前火灾现状

　　火的利用对人类社会的发展具有重要意义，人类生活在对火的利用中延续、升华和开拓。火不仅给人类社会带来了光明和温暖，更重要的是使社会的物质文明和精神文明得到不断的发展。但是失去控制的火会给人类带来灾难，造成的损失往往无法估量。随着科技的蓬勃发展，人们对火灾特点和发展规律的认识不断深化，推进了人类社会生产生活方式的改变。人类的生命与健康、经济的发展与繁荣，以及由此产生的火灾治理需求，是火灾科学和消防技术发展创新的直接导向和原始动力[1]。

　　火灾已成为当今世界上严重威胁人类生存的常发性灾害之一。我国火灾的发生总量很大，火灾四项指标(火灾起数、死亡人数、受伤人数和直接财产损失)常年居高不下(表1-1)，给人们的生命财产安全带来了严重的威胁[2]。统计数据显示，2009～2018年，我国平均每年发生火灾约25.1万起，造成1450人死亡、956人受伤，直接财产损失33.14亿元。与1999～2008年相比，火灾起数年均增加约3.9万起，直接财产损失年均增加约18.81亿元[3]。根据《中国消防年鉴》统计，火灾事故的起火原因复杂多样，主要包括：放火、电气违章操作、生活用火不慎、玩火、吸烟、雷击等，其中，近一半的火灾事故是由电气使用和生活用火不慎引起的。通过对数据的分析可以得出，火灾事故呈现出原因复杂、多发频发、损失重大等特点。

表1-1　1999～2018年全国火灾四项指标汇总

年份	火灾起数/万起	死亡人数/人	受伤人数/人	直接财产损失/亿元
1999	18.0	2744	4572	14.34
2000	18.9	3021	4404	15.22
2001	21.7	2334	3781	14.03
2002	25.8	2393	3414	15.44
2003	25.4	2482	3087	15.91
2004	25.3	2562	2969	16.74
2005	23.6	2500	2508	13.66
2006	23.2	1720	1565	8.60

年份	火灾起数/万起	死亡人数/人	受伤人数/人	直接财产损失/亿元
2007	16.4	1617	969	11.25
2008	13.7	1521	743	18.22
2009	12.9	1236	651	16.24
2010	13.2	1205	624	19.59
2011	12.5	1108	571	20.57
2012	15.2	1028	575	21.77
2013	38.9	2113	1637	48.47
2014	39.5	1815	1513	47.02
2015	34.7	1899	1213	43.59
2016	32.4	1591	1093	41.25
2017	28.1	1390	881	36.00
2018	23.7	1407	798	36.75

1.2 火灾分类

全面而深入的认识各类火灾的现状和特点，是采取有效措施开展火灾防治及事故应对的前提条件。《GB/T 4968—2008 火灾分类》根据可燃物的类型与燃烧特性，将火灾分为 A、B、C、D、E、F、K 七类。

(1)A 类火灾：固体物质火灾。该类物质通常具有有机成分，燃烧后会留有一定的炭层。例如，木材及木制品、棉、毛、麻、纸张、粮食等物质火灾。可选用水系、泡沫、干粉、卤代烷等灭火器。

(2)B 类火灾：液体或可熔化的固体物质火灾。例如，汽油、煤油、原油、甲醇、乙醇、沥青、石蜡等物质火灾。可选用二氧化碳灭火器、干粉灭火器和泡沫灭火器等，但泡沫灭火器不适合极性溶剂，比如水、甲酰胺等物质火灾的扑灭。

(3)C 类火灾：气体火灾。例如，液化石油气、氢气、丙烷等气体燃烧或爆炸产生的火灾。可选用干粉灭火器、二氧化碳灭火器等。

(4)D 类火灾：金属火灾。例如，钾、钠、镁、铝镁合金等金属火灾。D 类火灾的扑救通常需要选择专用干粉灭火器。

(5)E 类火灾：带电火灾，即物体带电燃烧的火灾。例如，变压器、家用电器、电热设备等电气设备以及电线电缆等带电燃烧的火灾。可选用干粉灭火器、二氧化碳灭火器等进行扑救。

(6)F 类火灾：烹饪器具内的烹饪物火灾。例如，烹饪器具内的动物油脂或植物油脂燃烧的火灾。该类火灾的扑救可选用干粉灭火器及泡沫灭火器。

(7)K 类火灾：食用油类火灾。食用油类火灾有很多不同于烃类油火灾的行为，被单独划分为一类。其平均燃烧速率通常大于烃类油，与其他类型的液体火灾相比，食用油类火灾很难被扑灭，可选用高压细水雾等进行扑救。

此外，根据发生场所的不同，可以将火灾大致分为地上火灾、地下火灾、水上火灾和空间火灾四类(图 1-1)。

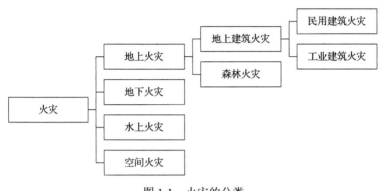

图 1-1 火灾的分类

1. 地上火灾

地上火灾通常指发生在地表面上的火灾，主要包括地上建筑火灾和森林火灾两大类。其中，地上建筑火灾还可细分为民用建筑火灾和工业建筑火灾。

1)地上建筑火灾

(1)民用建筑火灾。民用建筑火灾是指发生在城市和村镇的一般民用建筑和高层民用建筑内的火灾，以及发生在百货商场、影剧院、机场等公用建筑内的火灾。民用建筑是火灾损失的重灾区，尤其是高层民用建筑火灾。随着社会的发展和城市化进程的推进，城市大型商贸、娱乐和高层综合类建筑在各地兴起。随着人们生产生活中用电用火和用气量的大幅增加，高层民用建筑发生火灾的风险程度也呈现增长的趋势。1994 年 12 月 8 日，新疆克拉玛依友谊馆发生的火灾让 288 名学生失去了生命，造成直接经济损失 210.9 万元；2009 年 2 月 9 日，中央电视台新址北配楼发生火灾，造成 7 名人员受伤，1 名消防员牺牲，给公众造成了巨大的心理创伤。因此，我们必须吸取教训，强化忧患意识，做好民用建筑火灾防治工作，努力营造良好的社会消防安全环境。

(2)工业建筑火灾。工业建筑火灾是指发生在工业场所，尤其是发生在化学品生产、加工、存储和使用场所的火灾。工业建筑火灾通常是由于可燃物的泄漏、反应工艺失控、意外点火等因素引起，事故类型包括气体火灾、电气火灾、油类火灾、粉尘爆炸等。现代化工生产尤其是石油化工行业，离不开系列物理、化学反应工艺，原料和产物大多具有易燃易爆、毒性、腐蚀性等特点，生产过程通常也涉及高温高压等苛刻条件。一旦发生火灾，容易形成立体、大面积、多点等形式的燃烧，易造成大量人员伤亡、财产损失以及环境污染等危害后果。以江苏响水化工企业爆炸事故为例，2019 年 3 月 21 日，江苏天嘉宜化工有限公司化工厂内发生化学储罐爆炸，共造成 78 人死亡、76 人重伤，640 人住院治疗，直接经济损失 19.86 亿元，为特别重大爆炸事故。工业火灾爆炸事故具有发生原因复杂、突发频发、难以控制以及后果严重等特点，必须遵循"预防为主，防消结合"的总体方针，切实加强对工业企业的安全管理工作。

2) 森林火灾

森林火灾指的是失去人为控制，能够在林区自由蔓延并达到一定面积，对森林系统和人类生命健康造成一定伤害和损失的草地和林地火灾。火灾形式主要包括地下火、地表火和树冠火等，具有强烈的破坏性和突发性，发生面广且扑救困难。2019 年 3 月 30 日四川省凉山州木里县发生森林火灾，共造成 31 人死亡。无独有偶，2020 年 3 月 30 日，四川省凉山州西昌市同样发生森林火灾，造成 19 名救火英雄牺牲。森林火灾现场复杂的地势，再加上交通的阻塞和通信的不便，进一步加大了火灾扑救的难度。

2. 地下火灾

地下火灾指发生在地表面以下的火灾。地下火灾主要包括发生在矿井、地下商场、地下油库、地下停车场和地下隧道等地点的火灾。由于地下空间狭小、封闭性强，加大了可燃物燃烧的发烟量，进而缩短了烟气充满地下空间的时间。为了满足经济社会发展的需要，许多建筑将地下空间开发为停车场、商场、储物室等功能场所，以扩大建筑空间的利用率。但是，地下建筑中隐藏着巨大的安全隐患，作为建筑的基础层，如若发生火灾极易引发整栋建筑的安全性问题。随着地下空间的不断开发，地下建筑的火灾安全问题也日益凸显，加强对地下建筑的消防安全防范显得尤为重要。

3. 水上火灾

水上火灾指发生在水面上的火灾，主要包括发生在江、河、湖、海上航行的客轮、货轮和油轮上的火灾。由于现代船体结构多以钢材料为主，热传导性极强，起火后升温迅速，容易引燃相邻可燃物，从而造成火势扩大。此外，船舶的内部结构复杂、空间狭小，一旦发生火灾，烟雾和火势迅速蔓延，人员疏散困难。此外，船舶上通常存储大量的汽油、柴油等燃料，极易引起爆炸。1999 年

11 月 5 日，江西丰城油 2024 号船主请电焊工气割机舱至夹舱的钢板，由于操作人员违章操作，引起罐内甲醇气体混合物爆燃，导致 1 人死亡、4 人受伤。2004 年 5 月 3 日与 5 月 8 日一艘福建籍散装货轮因主机发生故障而机舱失火，造成该机舱与一艘加油船相继发生爆燃事故，造成 5 死 1 伤。水上火灾如果无法及时扑救，很容易造成船毁人亡的严重后果。

4. 空间火灾

空间火灾指发生在飞机、航天飞机和空间站等航空及航天器中的火灾。特别是发生在航天飞机和空间站中的火灾，由于远离地球，重力作用较小，甚至完全失重，属微重力条件下的火灾。空间火灾的发生、蔓延与地上建筑、地下建筑以及水上火灾相比，具有明显的特殊性。1997 年 2 月 24 日，和平号空间站由于氧发生器破裂出现了 90 秒的明火燃烧，烟气产物充满了整个空间站，是在轨航天飞行器上发生过的最严重着火事件，所幸无人受伤。空间火灾一旦发生，环境条件复杂，地面的消防力量无法参与救援，如果未能在火灾初期将火扑灭，那么火势会迅速蔓延，直至失去控制。

根据以上分析可知，火灾不仅多发频发，而且危害巨大，对自然资源、生态环境，以及人的生命和健康都会造成不可挽回的损失。我国经济社会正处于蓬勃发展阶段，生产技术也日趋复杂多样，由此带来的火灾风险大大增加，良好的消防安全条件已然成为社会稳定发展的基石。为保障消防事业与社会经济建设协调发展，必须进一步提高对火灾治理工作的重视，不断加强火灾防治相关研究。

1.3　火灾形成的基本条件和过程

1.3.1　燃烧的本质

火灾是一种特殊的燃烧现象，可以理解为失控条件下的燃烧。《GB 5907—1986 消防基本术语·第一部分》将燃烧表述为可燃物与氧化剂发生作用的放热反应，且通常伴有火焰、发光和发烟现象。可燃物的燃烧伴随新物质的生成，以 C、H_2 和 CH_4 为例，燃烧反应方程式可记为：

$$C + O_2 \longrightarrow CO_2$$
$$2H_2 + O_2 \longrightarrow 2H_2O$$
$$CH_4 + 2O_2 \longrightarrow CO_2 + 2H_2O$$

氧气是最常见的氧化剂，也称为助燃物，很多燃烧反应都是在有氧环境中进行的。但氧气不是唯一的助燃物,有些可燃物也能在其他氧化剂氛围中燃烧。例如,氢气可以在氯气中燃烧,伴有苍白色火焰和白雾产生,反应方程式如下:

$$H_2 + Cl_2 \longrightarrow 2HCl$$

由上述定义可知,燃烧具有三个鲜明的特征,即化学反应、放热和发光。日常生活中常见的生石灰和水的放热反应,以及通电灯丝和电炉的发光放热现象均不属于燃烧反应。前者虽然产生了大量的热,但没有发光现象;后者虽然存在发光和放热现象,但只是进行了能量的转变,并未发生化学反应,因此都不是燃烧反应。值得一提的是,这些反应或现象在一定条件下可以作为点火源引燃可燃物或引发火灾,同样不能大意。

1.3.2 燃烧的基本条件

只有满足一定的条件,燃烧反应才能发生。反之,如果条件不具备,燃烧就不会发生。经过长期探索和生活实践,人们发现,任何物质的燃烧需要同时具备可燃物、助燃物和温度(也称为点火源)这三个基本条件,简称燃烧三要素。

1. 可燃物

可燃物是指在氧气或者其他氧化剂中能够发生燃烧反应的物质。比如常见的纸张、煤炭、甲烷、木块等。可燃物的存在可以说是燃烧发生的首要条件和主要因素。没有可燃物,燃烧也就不可能存在。根据可燃物存在的状态,可以将其分为固体可燃物、液体可燃物和气体可燃物。对于成分相同的可燃物,当其处于气体状态时一般最容易燃烧,液体状态次之,固体状态则相对更难。如果依据可燃物的化学组成成分分类,可将可燃物分为有机可燃物和无机可燃物。从数量上讲,有机可燃物较多,少数为无机可燃物。

2. 助燃物

助燃物是指能够与可燃物结合,并能帮助、支持和导致燃烧或爆炸的物质。助燃物的本质就是氧化剂,是一种能够氧化其他物质而自身被还原的物质。氧化剂的种类很多,最常见的就是氧气,其在空气中的体积分数约为 21%。大多数可燃物在空气中遇到点火源都能发生剧烈的氧化还原反应,表现为燃烧。此外,过氧化钠、过氧化氢、氯酸钾等都是氧化剂,能够起到助燃的效果。

3. 温度

燃烧的另一必备条件是温度,通常也被表述为点火源,为可燃物和氧化剂的燃烧反应提供能量,主要来源于热能,以及机械能、化学能等导致的热能变化。考虑到不同可燃物的化学结构和性质差别很大，其发生燃烧反应所需的能量也不同[4]。对于空气中的可燃物，既可以通过明火等外界点火源将其点燃，也可以通过加热的方式使可燃物升温至着火点以上，实现燃烧。

图 1-2　燃烧三角形

上述分析表明，可燃物、助燃物、温度是燃烧必备的三个要素，在一些出版物中多以燃烧三角形呈现(图 1-2)。需要说明的是，燃烧三要素只是燃烧的必要条件，而非充分条件。即便燃烧三要素同时具备，也不能表示燃烧反应就一定会发生，还受"量"的制约。基于此，燃烧发生或持续的充分条件可以概述如下。

1. 一定的可燃物浓度

可燃气体或可燃蒸气只有在达到一定浓度时才会发生燃烧。在没有达到燃烧所需的浓度条件时，即使存在充足的氧化剂和点火源，燃烧反应也不会发生。比如，甲醇在低于 7℃时，液体表面的蒸气量不能达到其燃烧所需的浓度。

2. 一定的助燃物含量

与可燃物类似，氧气等助燃物的浓度也必须满足一定的要求。当助燃物的浓度低于某一限值时，即便具备了燃烧所需的其他条件，燃烧反应也不会发生。这一限值一般被称为最低含氧量，对于煤油而言，它的最低含氧量约为 15%，汽油的最低含氧量则为 14.4%。

3. 一定的点火能量

可燃物发生燃烧都有其本身固定的最小点火能量要求，只有达到这一要求，才能触发初始的燃烧化学反应，使燃烧得以发生。

4. 不受抑制的链式反应

随着对燃烧机理认识的不断深入，人们发现，无焰燃烧采用燃烧三角形表示是确切的，只要上述三个条件能够同时满足，燃烧反应便会发生。而对于有焰燃烧，燃烧的持续离不开游离自由基的链式反应。因此，除了满足上述三个条件外，还必须考虑燃烧链式反应的完整性和持续性，即燃烧过程中产生的游离自由基不受抑制、不被中断。将此条件补充至燃烧三角形中便可以得到经典的燃烧四面体理论，图 1-3 非常形象地展现了有焰燃烧的充分条件。

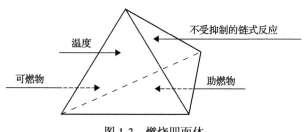

图 1-3　燃烧四面体

　　燃烧三角形和四面体理论表明：对于无焰燃烧，如果燃烧三要素中的任何一种要素被消除了，无焰燃烧便不会发生或无法继续；对于有焰燃烧，也可以从切断燃烧链式反应的角度出发，探索中断火灾持续的具体举措，为火灾的扑救提供必要思路和基本方法[5]。

1.3.3　火灾发展的基本过程

　　无论哪种类型的火灾，都会经历着火、发展蔓延、熄灭等基本过程，有的还会伴随轰燃等突变情况的发生。以建筑室内火灾为例，燃烧初期的火源相比室内空间一般较小，作为氧化剂的空气因此供应充足。随着火灾的进一步发展，最初着火的物质会进一步引燃周围的可燃物，火源范围不断发展扩大，后随可燃物的消耗逐渐衰减，并最终熄灭。此过程一般可以描述为初期增长、充分发展和衰减三个阶段(图 1-4)。

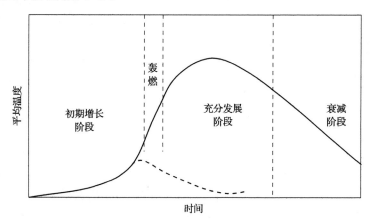

图 1-4　建筑室内火灾温度-时间曲线图

1. 初期增长阶段

　　开始燃烧时，室内火灾的着火范围并不大，若没有及时进行扑救，火源的范围会进一步扩大。当然，燃烧的规模和状况随后会受到建筑室内空间大小的限制，房间的通风状况对火区继续发展的影响越来越明显。在这一阶段中，因为总的热量释放速率不高，室内的平均温度还相对较低，不过在火焰和着火物体附近已出现局部高温区。

如果建筑室内通风情况良好，火灾将逐渐发展到轰燃。在这个阶段，室内几乎所有可燃物都将起火。轰燃是一个重要的转变阶段，这是火焰燃烧由初期增长阶段转向充分发展阶段的过渡。轰燃的过程一般比较短暂，对应图 1-4 中温度梯度陡升的区间。

2. 充分发展阶段

在火灾进入充分发展阶段后，室内燃烧的强度和热释放速率仍在不断增强，直到达到某一最大值。在此期间，室内温度一般能够上升至 800℃甚至更高，影响建筑物的结构和性能，有可能造成整个建筑物的坍塌。除此之外，燃烧过程中产生的大量高温烟气还会裹挟着相当多的可燃物组分从发生火灾的建筑物门窗等开口窜出，引燃邻近房间和附近建筑材料。

3. 衰减阶段

在火灾发展阶段的后期，随着室内可燃物数量的减少，火灾燃烧速率减慢，燃烧强度减弱，温度也逐渐下降。通常将建筑物室内平均温度降至峰值燃烧温度 80% 的时间作为衰减阶段的开始。可燃物挥发组分的大量消耗使得燃烧速率减小，不断减弱火灾强度和规模。随着火焰燃烧无法继续维持，可燃固体会变成炙热的碳层。这些碳层按照碳燃烧的形式继续进行，其燃烧速率相比有焰燃烧较为缓慢。因为燃烧过程中产生的大量热不会很快消散，使得这个阶段中室内整体温度以及焦炭附近温度依然非常高。

如若火灾尚未发展到减弱阶段就被扑灭，鉴于火区周围较高的温度，可燃物有可能会继续发生热分解，导致可燃挥发组分持续析出。如果不加以克制，致使其达到了足够高的温度和浓度，明火燃烧现象有可能会再次出现，也就是常说的"死灰复燃"问题，这类问题同样值得关注。

1.4　火灾扑救的基本原理

1.4.1　物理灭火机理

在充分认识着火条件及火灾发展过程的基础上，需要进一步明确火灾扑救的基本原理，探究灭火的临界条件，以指导灭火的实施及灭火剂的开发。比较经典的是热着火理论，该理论一般假定燃烧过程中可燃混气的浓度保持不变。然而，现实生活中火场区域内的可燃气体、氧气等的浓度都是随燃烧的进行而不断改变的，该假设与实际情况并不相符。但如果考虑非绝热条件下可燃混气的浓度变化，这将使燃烧的理论分析变得非常复杂，计算也更为困难。因此，可以选用简单开口系统近似模拟火灾情形，以了解着火和灭火的变化情况，分析二者之间的本质关系，并探求灭火的临界条件。

理论分析中，首先假设一个简单开口系统，如图 1-5 所示。

图 1-5　简单开口系统

该开口系统同时满足四个条件：①混合气体的初始温度为 T_∞，浓度为 f_∞，而且假定反应物进入该开口系统后即迅速进行反应；②反应过程中混合气体的浓度为 f，温度为 T，并且假设该开口系统的右侧出口排出的产物浓度和温度与通入时相同；③该系统为绝热系统；④该反应为单分子反应或一级反应。

利用这个简单开口模型，可以通过对系统中热量、质量的输入输出情况的分析，明确浓度和温度的关系。

1. 热量平衡和质量平衡

基于上述假设，该简单开口系统的放热速率 $\dot{q}_g$ 可以近似为

$$\dot{q}_g = \Delta H_c \dot{W}''' = \Delta H_c K \rho_\infty f e^{-E/RT} \tag{1-1}$$

式中，ΔH_c 为燃烧热；$\dot{W}'''$ 为化学反应速率；K 为反应速度常数；ρ_∞ 为混合气体密度；E 为反应活化能；R 为理想气体常数。

系统散热指的是燃烧产物带走的热量，因此散热速率 $\dot{q}_l$（指单位体积、单位时间内散失的热量）为

$$\dot{q}_l = \frac{GC_p}{V}(T - T_\infty) \tag{1-2}$$

式中，G 为质量流量；C_p 为燃烧产物的热容；V 为容器的容积。

系统的反应速率 $\dot{g}_g$：

$$\dot{g}_g = V\dot{W}''' = VK\rho_\infty f e^{E/RT} \tag{1-3}$$

反应物的减少速率 $\dot{g}_l$：

$$\dot{g}_l = G(f_\infty - f) \tag{1-4}$$

稳态情况下有

$$\dot{q}_g = \dot{q}_l \qquad \dot{g}_g = \dot{g}_l$$

$$\Delta H_c K \rho_\infty f e^{-E/RT} = \frac{GC_p}{V}(T - T_\infty) \tag{1-5}$$

$$VK \rho_\infty f e^{E/RT} = G(f_\infty - f) \tag{1-6}$$

由式(1-5)、式(1-6)可知：

$$C_p(T - T_\infty) = \Delta H_c(f_\infty - f) \tag{1-7}$$

于是有如下公式：

$$\frac{T - T_\infty}{f_\infty - f} = \frac{\Delta H_c}{C_p} = T_m - T_\infty \tag{1-8}$$

式中，T_m 为系统绝热燃烧温度。

式(1-8)整理后可得

$$f_\infty - f = \frac{T - T_\infty}{T_m - T_\infty} \tag{1-9}$$

对于单分子反应，由于 $f_\infty = 1$，因此式(1-9)可进一步简化为

$$f = f_\infty - \frac{T - T_\infty}{T_m - T_\infty} = \frac{T_m - T}{T_m - T_\infty} \tag{1-10}$$

2. 放热与散热曲线

热着火理论认为，火焰熄灭的落脚点在于燃烧体系中温度下降，使系统中的放热速率小于散热速率，最后实现高温氧化态向低温氧化态的转变。已着火系统的放热速率方程在假定开口系统、绝热过程和一级反应后，可用式(1-11)表示，散热速率方程可相应地变为式(1-12)。

$$\dot{q}_g = \Delta H_c K \rho_\infty f e^{-E/RT} = \Delta H_c \rho_\infty K\left(\frac{T_m - T}{T_m - T_\infty}\right) e^{-E/RT} \tag{1-11}$$

$$\dot{q}_l = \frac{GC_p}{V}(T - T_\infty) \tag{1-12}$$

从式(1-11)、式(1-12)可以看出，当该体系中可燃混合物确定后，氧气浓度、环境温度和散热条件都会对散热速率和放热速率的变化产生影响。如果固定压力、散热条件、环境温度中的两个变量，可得到 $\dot{q}$-T 的二维函数关系，即得到下列散热曲线和放热曲线的平面示意[6]。

1)压力、散热条件保持不变，改变环境温度

以放热速率和散热速率为纵坐标，以温度为横坐标，绘制热量-环境温度曲线。图 1-6 中 $T_{\infty E}$ 为灭火对应初温；$T_{\infty C}$ 为着火对应初温；T_C 为着火点；T_E 为灭火点。

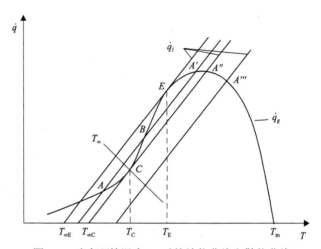

图 1-6 改变环境温度 T_∞ 时的放热曲线和散热曲线

如果燃烧反应发生，体系的温度处于 A''' 点(燃烧发生后，放热曲线和散热曲线呈相离状态)，当 $T_{体系} > T_{A'''}$ 时，散热速率大于放热速率，该体系中的温度会降低至 A''' 点；当 $T_{体系} < T_{A'''}$ 时，放热速率大于散热速率，此时该体系温度继续升高，直至 A''' 点，处于一个平衡的状态，即 A''' 是一个稳定燃烧点。继续降低该系统中的环境温度，当系统环境温度降低至散热曲线与放热曲线相切时(散热曲线和放热曲线呈相离状态时燃烧状况均同 A''' 点)，散热曲线和放热曲线除在 C 点外，还在 A'' 点处相交。同样的道理，当系统温度 $T_{体系} > T_{A''}$ 时，散热曲线将高于放热曲线，系统的温度降低至 A'' 点；$T_{体系} < T_{A''}$ 时，放热曲线高于散热曲线，体系则会升温至 A'' 点，所以，A'' 点也是一个稳定燃烧点，着火点 T_C 不可能自发达到。所以，通过系统降温实现灭火是不可能的。温度降低，当散热曲线和放热曲线相交于 A' 点时(A' 点是着火理论分析的着火条件)，A' 点同样作为稳定点，也不会实现灭火。当系统中温度继续下降，散热曲线和放热曲线再一次相

交时（E 点），此时该体系中的散热速率与放热速率保持平衡，若这时系统温度受到向下的波动时，系统散热速率就会大于放热速率，导致系统环境温度下降，从而实现灭火。所以，切点 E 是发生灭火的标志，即系统由高水平稳定反应态向低水平反应态过渡的转折点。T_E 为系统的熄灭温度。这里值得关注的一点是，虽然灭火和着火都是从稳态向非稳态过渡的过程，但是由于它们从不同稳态出发，所以二者是不可逆过程。系统的灭火点为 T_E，该系统灭火所需要的初始温度 $T_{\infty E}$ 应当小于系统着火时的初始温度 $T_{\infty C}$。当初始温度 T_∞ 处于 $T_{\infty E} \sim T_{\infty C}$ 时，若该开口系统原来处于**燃烧态**，那么则不会出现自行熄灭的现象；若要使已着火系统灭火，则初始温度应小于 $T_{\infty E}$，当 $T_\infty = T_{\infty C}$ 时系统无法实现灭火，也就是说，系统需要在更不利的条件下才能实现灭火目的。这种现象称为灭火滞后。

2）压力、环境温度保持不变，改变散热条件

图 1-7 为保持压力、环境温度不变，改变散热条件即通过改变式(1-12)中 G/V 的比值时的热量-温度曲线。与图 1-6 类似，当系统在 A'' 处于稳定燃烧的状态时，只有改善该系统的散热条件才能实现灭火目的。当 $\dot{q}_{l3}$ 变到 $\dot{q}_{l2}$ 的位置时（即着火位置），散热曲线与放热曲线相交于 A' 位置，由于 A' 为稳定燃烧点，根据1）中相关分析可以确定，在此位置不会实现灭火。只有当 $\dot{q}_{l3}$ 变到 $\dot{q}_{l1}$ 时，该系统才能达到灭火需要的临界条件。当散热条件受到稍微向左（降低温度）的扰动时，才会达到灭火的目的。改善散热条件同样存在灭火滞后现象。

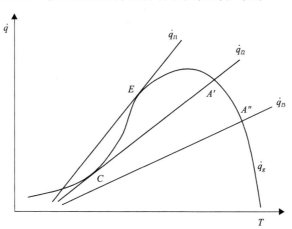

图 1-7　改变散热条件时的放热曲线和散热曲线

3）散热条件、环境温度保持不变，改变混合气密度

在保持环境温度和散热条件不变的前提下，降低系统混合气密度 ρ_∞，由式(1-1)分析可知，放热速率会变小，放热曲线下移，如图 1-8 所示。当系统处于燃烧状

态时，散热和放热曲线会呈相离状态，即如图 1-8 所示的 $\dot{q}_l$ 与 $\dot{q}_{g1}$ 处于相离状态，并能够在 A' 稳定燃烧。为了实现灭火，降低系统中混合气密度 ρ_∞，当 ρ_∞ 从 $\rho_{\infty1}$ 下降到 $\rho_{\infty2}$ 时，相应的放热曲线由 $\dot{q}_{g1}$ 下降到 $\dot{q}_{g2}$，此时散热速率和放热速率相等，二者曲线也会呈相切状态，这时将达到灭火的临界条件。此时系统的混合气密度稍有下降，散热速率就可大于放热速率，该系统中热量减少，从而实现灭火。

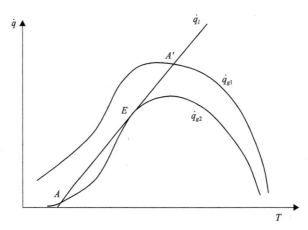

图 1-8 改变系统混合气密度时的放热曲线和散热曲线

3. 灭火分析

由 1.3.1 节可知，系统着火是一种由缓慢氧化态向剧烈燃烧态过渡的过程。灭火则恰恰相反，是由快速氧化向缓慢氧化状态的转变过程。发生这种过渡的临界条件可由式(1-13)表示。

$$\begin{cases} \dot{q}_g = \dot{q}_l \\ \dfrac{\mathrm{d}\dot{q}_g}{\mathrm{d}T} = \dfrac{\mathrm{d}\dot{q}_l}{\mathrm{d}T} \end{cases} \tag{1-13}$$

更进一步的研究表明，变动初始温度 T_∞ 对着火的影响较大，对灭火的影响较小；改变系统中混合气密度对着火的影响较小，对灭火的影响相对更大。综上所述，根据热着火理论，若要使已经燃烧的系统灭火，可采取以下方式：

(1)降低该开口系统中的可燃气体浓度或者氧气浓度。

(2)增强系统的散热能力，使其低于灭火临界温度。

(3)降低系统环境温度，使其超过灭火临界散热条件。

1.4.2　化学灭火机理

1. 链式反应理论的出发点

现代化学理论研究表明，在气相反应体系中，存在一种活性中间体的链载体，称为自由基。链式反应理论认为，当体系中存在这种自由基时，反应就会不断进行，直至反应完全。火灾中燃烧的主要形式为有焰燃烧，其本质也是气相反应，需要自由基的参与。因此，为了实现灭火目的，可以采用人为消除自由基的方式来中断反应进行。链式反应主要包括链引发、链传递和链终止三个过程。以氢气在空气中的燃烧为例对这三个阶段进行简要说明[7]：

$$2H_2 + O_2 \longrightarrow 2H_2O$$

上述反应实际上是由一系列反复循环的反应组成，从链式反应的角度进行分析，包括：

1) 链引发

在外界能量的作用下，稳定分子能够分解产生自由基的过程称为链引发。氢气在空气中燃烧的链引发过程可表示为：

$$H_2 + M_1 \longrightarrow 2H \cdot + M_1$$

M_1 是外界能量，可以是光照、加热或者大能量分子等。

2) 链传递

稳定分子分解产生的自由基能够与一般分子反应，在生成产物的同时又能生成新自由基的过程称为链传递。链传递是一个不断循环的过程，在此过程中，反应物不断生成产物。氢气在空气中燃烧的链传递过程如下：

$$H \cdot + O_2 \longrightarrow HO \cdot + O \cdot$$

$$O \cdot + H_2 \longrightarrow H \cdot + HO \cdot$$

$$HO \cdot + H_2 \longrightarrow H \cdot + H_2O$$

$$HO \cdot + H_2 \longrightarrow H \cdot + H_2O$$

$$\vdots$$

3) 链终止

自由基与器壁相碰撞失去能量而形成稳定分子或者两个自由基与第三个惰性分子相撞后失去能量成为稳定的分子，从而使链传递过程终止的现象称为链终止。如上述 $H \cdot$ 和 $HO \cdot$ 将发生下列链终止反应：

$$2H \cdot + M_2 \longrightarrow H_2 + M_2$$

$$H \cdot + HO \cdot + M_2 \longrightarrow H_2O + M_2$$

其中，M_2 可以是固体壁面，也可以是低能量的惰性分子。

2. 自由基增长与销毁速率分析

1) 链式反应速率

链式反应理论认为，可以通过链式反应逐渐积累自由基的方法实现反应的自动加速，从而达到着火的目的。链式反应过程中自由基增长因素与销毁因素共同决定了自由基数目是否能够发生积累。自由基增长因素占优势，自由基则会积累，实现着火。

在链引发过程中，反应分子会在引发因素的作用下分解，产生自由基。自由基的生成速率用 w_1 表示，由于链引发过程发生困难，所以 w_1 一般比较小。在链传递过程中，由于存在支链反应，自由基的数目将会增多。以氢氧反应中 $H \cdot$ 为例，在链传递过程中一个 $H \cdot$ 可以引发生成三个 $H \cdot$ 自由基。显然 $H \cdot$ 的浓度 n 越大，自由基数目增长越快。假设链传递过程中的自由基增长速率为 w_2，$w_2 = kn$，k 代表的是链传递过程中的反应速率常数。由于在该过程中支链反应是由稳定分子向自由基分解的过程，需要吸收一定能量，因此，温度对 k 值有较大影响。温度越高，k 值越大，即活化分子的含量越大，w_2 也会随之增大。因此，在链传递过程中，起主要作用的是分支过程中自由基增长速率 w_2。

在链终止过程中，自由基销毁主要是通过自由基之间复合或自由基与器壁碰撞失去能量，形成稳定分子而实现的。假设自由基的销毁速率为 w_3。自由基的浓度 n 越大，自由基之间或者自由基与器壁碰撞的机会就会越多，销毁速率 w_3 也就越大，即 w_3 正比于 n，写成等式为 $w_3 = gn$，g 为链终止反应速率常数。因为链终止过程是复合反应，不需要吸收能量。在着火条件下，g 与 k 相比较小，因此可认为温度对 g 的影响较小，将 g 近似看作与温度无关。

整个链式反应中自由基数目随时间变化的关系为

$$\mathrm{d}n / \mathrm{d}t = w_1 + w_2 - w_3 = w_1 + kn - gn = w_1 + (k - g)n \tag{1-14}$$

令 $\varphi = k - g$，式(1-14)可写成：

$$dn/dt = w_1 + \varphi n \tag{1-15}$$

设 $t = 0$ 时，$n = 0$，积分上式得

$$n = w_1(e^{\varphi t} - 1)/\varphi \tag{1-16}$$

假设链传递过程中，一个自由基参与反应生成最终产物的分子数用 α 表示。以氢氧反应链传递为例，消耗一个 H· 能够生成 2 个 H_2O，则 $\alpha = 2$。

则反应速率，即最终产物的生成速率可表达为

$$w_{产} = \alpha w_2 = \alpha kn = \frac{\alpha kw_1}{\varphi}(e^{\varphi t} - 1) \tag{1-17}$$

如果 $\varphi > 0$，自由基能够积累，$w_{产}$ 不断升高，可以着火。

2) 链式反应着火条件

由于 w_2、w_3 是引起链载体数目变化的主要因素，且 w_2 与 T 的关联性较 w_3 更显著。所以在温度升高时，w_2 也会增大，链载体数量增大，系统也就更容易燃烧。下面分析不同温度下 w_2 和 w_3 的相对关系，从而找出着火条件。

系统处于低温时，w_2 很小，w_3 相对 w_2 较大，因此 $\varphi = k - g < 0$。按照式(1-17)反应速率为

$$w_{产} = \frac{\alpha kw_1}{\varphi}(e^{\varphi t} - 1) = \frac{\alpha kw_1}{-|\varphi|}(e^{-|\varphi|t} - 1) = \frac{\alpha kw_1}{-|\varphi|}\left(\frac{1}{e^{|\varphi|t}} - 1\right) \tag{1-18}$$

因为 $t \to \infty$，$1/e^{\varphi t} \to 0$，所以

$$w_{产} \to \frac{\alpha kw_1}{|\varphi|} = 常数 = w_0 \tag{1-19}$$

这说明，在 $\varphi < 0$ 的情况下，自由基的数目不会累积，也就是说，该反应的反应速率也不会自动加速，而是会逐渐趋向于某一定值。所以，系统不会发生着火。当系统升高温度时，w_2 增大，w_3 则可认为不随环境温度变化。此时就可能存在 $w_2 = w_3$ 的情况。按照式(1-15)，该系统的反应速率会与时间变化呈线性增长关系。

因为 $dn/dt = w_1$，$n = w_1 t$，所以

$$w_{产} = \alpha w_2 = \alpha kn = \alpha kw_1 t \tag{1-20}$$

因为反应速率呈线性增长，因此该系统不会着火。当系统的温度进一步升高时，w_2 将进一步增大，则会存在 $w_2 > w_3$，$\varphi = k - g > 0$。根据式(1-17)，$w_{产}$ 将会随时间呈指数形式增长，即系统就有发生着火的可能。

若将以上三种情况绘于 $w_{产} - t$ 图上，就能找到着火条件。如图 1-9 所示。只有当 $\varphi > 0$ 时，系统才可能着火。

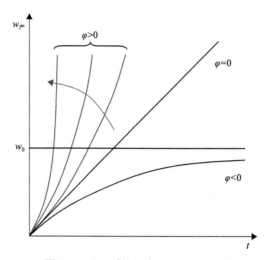

图 1-9　不同系统温度下的反应速率

综上所述，即为：

(1)温度低时，$\varphi < 0$，$w_2 < w_3$，则自由基不会发生积累，反应速率不能自动加速，故不能发生着火。

(2)温度高时，$\varphi > 0$，$w_2 > w_3$，则自由基可以快速积累，反应速率随时间指数增加，故系统可以着火。

(3) $\varphi = 0$，$w_2 = w_3$，则自由基保持恒定，反应速率随时间线性增加，是体系着火的临界条件。

3. 灭火分析

根据以上对链式反应中自由基增长与销毁速率的分析，可以从以下几个方面进行处理，以实现灭火的目的。

1)降低系统温度，减缓自由基的增长速率

在链传递过程中，系统需要吸收一定的能量才能实现自由基的增长。温度越高，自由基的增长速率越快。因此，可通过降低系统环境温度来减缓自由基的增长速率。

2)提高自由基在固相器壁中的销毁速率

当系统中的自由基与器壁碰撞时，能够把大部分能量传递给器壁，而自身则会结合成稳定分子。所以，可以通过在系统中加入干粉灭火剂、沙子等惰性固体颗粒或者增加容器壁面积的方式增加自由基与固相的碰撞，从而有效提高自由基的销毁速率。

3)提高自由基在气相中的销毁速率

自由基在气相中遇到稳定分子后同样会将自身大部分能量传递给对方，自己结合成稳定分子。因此，可以在着火系统中使用卤代烷类灭火剂等提高自由基的销毁速率。以哈龙 1301(CF_3Br)为例[8]，CF_3Br 在燃烧区受到高温的作用发生分解，分解释放的卤素游离基可与燃烧区的活性游离基($H\cdot$、$HO\cdot$)发生下面一系列反应：

$$CF_3Br \longrightarrow CF_3\cdot + Br\cdot$$

$$Br\cdot + H \longrightarrow HBr$$

$$HO\cdot + HBr \longrightarrow H_2O + Br\cdot$$

$$Br\cdot + RH \longrightarrow HBr + R\cdot$$

在燃烧反应过程中，CF_3Br 分解产生卤素游离自由基 $CF_3\cdot$、$Br\cdot$，卤素自由基能够捕捉 $HO\cdot$ 和 $H\cdot$，从而使 $HO\cdot$ 和 $H\cdot$ 浓度下降，$H\cdot + O_2 \longrightarrow HO\cdot + O\cdot$ 的反应也难以继续，最终达到很好的灭火效果。

1.4.3　协同灭火机理

灭火剂的种类繁多，但灭火机理通常只包括物理灭火和化学灭火两大类。惰性气体(比如 N_2、CO_2 等)作为物理灭火介质主要通过降低氧含量或者系统环境温度等物理灭火机理实现；卤代烷气体灭火剂主要通过链式反应捕捉燃烧过程中产生的活性自由基进行灭火。将两种或多种不同类型的灭火剂复配使用，可能会得到意想不到的灭火效果，其灭火效能并不能简单地认为是各灭火组分性能的简单叠加。它们彼此之间可能存在"1+1>2"的协同增效作用，也可能存在"1+1=2"或者"1+1<2"的结果。复配灭火剂的协同灭火机理和作用机制相对比较复杂，与灭火剂种类、性能、配比等因素关系密切，其协同效果可通过杯式燃烧器等试验装置进行测定(图 1-10)。Saito 等[9]通过杯式燃烧器测试了氮气、氩气和二氧化碳等惰性气体对正庚烷火焰燃烧的抑制作用，并确定了各类惰性气体的临界灭火体积分数。但整个过程比较费时，而且成本昂贵。因此，Lott 等[10]提出一种计算混合气体灭火浓度的理论模型，通过协同作用因子 S_F 来

预测复合灭火介质临界灭火体积分数。基于此，Vahdat 等[11]和 Zhou 等[12]通过研究物理灭火介质和化学灭火介质的协同作用进行探讨，进一步证实了该模型的可靠性。

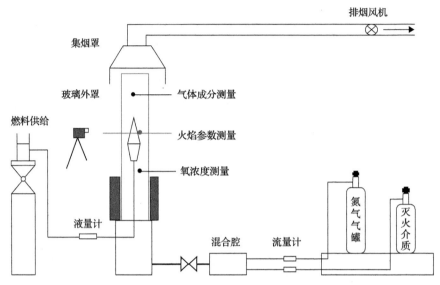

图 1-10　杯式燃烧器协同灭火试验装置示意图

1. 协同作用因子 S_F

根据 Lott 的假设，协同作用因子 S_F 可以作为灭火剂协同效应的评价因子，用来说明复配混合介质灭火过程中灭火剂摩尔含量变化对混合灭火介质协同作用的影响，计算公式见式(1-21)。

$$S_F = \frac{n_i}{n_i^0} + \frac{n_c}{n_c^0} \tag{1-21}$$

式中，n_i 为灭火介质 A 在空气中的物质的量；n_i^0 为灭火介质 A 单独灭火达到灭火体积分数时在空气中的物质的量；n_c 为灭火介质 B 在空气中的物质的量；n_c^0 为灭火介质 B 单独灭火达到灭火体积分数时在空气中的物质的量。

式(1-21)主要用于评价气体灭火剂之间的协同灭火效应，当 $S_F = 1$ 时，表明灭火剂 A 与 B 之间不存在协同灭火作用；当 $S_F < 1$ 时，表明灭火剂 A 与 B 之间存在积极的协同作用；当 $S_F > 1$ 时，表明灭火剂 A 与 B 之间存在消极的协同作用。

当两种灭火介质进行混合时，其灭火机理会变得更为复杂。以物理灭火介质与含溴烃化学灭火介质混合为例，物理灭火介质能够降低火焰温度，减少燃烧过程中自由基的数量，从而降低灭火所需要的溴烃数量。通过温度的关联，可以确定两种灭火介质的用量，以下从假设两种灭火介质存在协同作用和不存在协同作用两个角度对复合灭火介质的临界灭火浓度进行理论建模。

1) 预测复合灭火介质临界灭火浓度的理论模型

Lott 等人提出了预测复合灭火介质临界灭火体积分数的理论模型，模型如式 (1-22) ~式 (1-27) 所示。

$$T = \frac{\dfrac{T_f(T_{ex} - T_{in})}{T_f - T_{ex}} + \dfrac{n_i}{n_i^0}T_{in}}{\dfrac{n_i}{n_i^0} + \dfrac{T_{ex} - T_{in}}{T_f - T_{ex}}} \tag{1-22}$$

$$n_c = n_c^0 \exp\left[-B\left(\frac{1}{T - T_{ex}} - \frac{1}{T_f - T_{ex}}\right)\right] \tag{1-23}$$

$$n_i^0 = \frac{\varphi_i^0}{100 - \varphi_i^0} \tag{1-24}$$

$$n_c^0 = \frac{\varphi_c^0}{100 - \varphi_c^0} \tag{1-25}$$

$$n_i = \frac{\varphi(1 - X)}{100 - \varphi} \tag{1-26}$$

$$n_c = \frac{\varphi X}{100 - \varphi} \tag{1-27}$$

式中，T 为火焰温度；T_{ex} 为火焰刚好熄灭时的温度；T_{in} 为入口处的温度；φ_i^0 为灭火介质 A 的临界灭火体积分数；φ_c^0 为灭火介质 B 的临界灭火体积分数；φ 为复合灭火介质的临界灭火体积分数；X 为灭火介质 B 的摩尔分数；B 由数据拟合得到。

联合以上 6 式即可解得复合灭火介质在不同物质的量比下的临界灭火体积分数。

2) 假设不存在协同作用下的理论预测模型

Lott 等也提出了假设不存在协同作用下的理论预测模型，模型如式 (1-28)，在此模型下可得出不存在协同作用时复合灭火介质的灭火体积分数。

$$\frac{\varphi}{100-\varphi}=\frac{1}{\dfrac{X(100-\varphi_c^0)}{\varphi_c^0}+\dfrac{(1-X)(100-\varphi_i^0)}{\varphi_i^0}} \tag{1-28}$$

2. 协同灭火作用分析

1) 物理/物理作用复合灭火介质

当物理灭火介质混合时，通常不会表现出协同作用。因为物理灭火介质主要是通过吸热和稀释氧浓度等方式达到灭火目的。而物理灭火介质并不会因为混合而提升其吸热等方面的能力。所以，当物理灭火介质混合时，其灭火能力基本可以认为是物理灭火介质灭火能力的加和。

以 CO_2 和 N_2 混合气体为例[13]，其协同作用因子 S_F 随混合灭火介质配比变化并未发生明显改变(图 1-11)，基本保持在 $S_F=1$ 附近，表明 CO_2 和 N_2 之间基本上不存在协同作用。

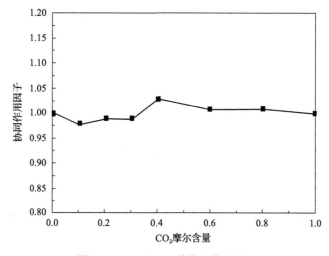

图 1-11 CO_2 和 N_2 的协同作用因子

2) 物理/化学作用复合灭火介质

众所周知，卤族元素在灭火过程中发挥着重要作用，卤素自由基可以吸收反应过程中的氢自由基，从而使燃烧反应中止，并且卤素自由基可以循环再生。研究发现，惰性气体和以化学灭火作用为主的含溴烃灭火介质混合使用时，能够表现出积极的协同灭火作用。实验过程中发现，Br· 自由基可循环再生，在灭火过程中其浓度能够基本保持不变，这一特性能够使含溴烃的灭火效能随火焰温度的降低而显著增强。物理灭火介质与含溴烃混合灭火时，物理灭火介质的存在能够降低火焰自由基的浓度，而 Br· 自由基的化学灭火作用并没有因物理灭火介质的引入而减弱，因此二者会表现出正向协同灭火作用。

惰性气体灭火介质对火焰的抑制作用主要通过降低空气中的氧含量和增加燃烧区域的热容等方式来实现，这些作用的最终结果都是使火焰温度降低。因此，当混合气体中物理灭火介质浓度减少一半，其火焰温度也会降低约 $1/2\Delta T$。火焰温度的降低可以有效减少燃烧反应中的活性自由基数量。因此，在存在惰性气体灭火介质的环境中，终止链式反应需要的化学灭火介质浓度比纯空气中要低很多。虽然物理灭火介质降低火焰温度的能力有限，但却明显减少了自由基生成的速率，只需要少量的化学灭火介质就可达到良好的灭火效果。

此外，当含溴烃的复合比例超过一定值时，随着溴烃灭火介质的不断增加，物理灭火介质和溴烃灭火介质的协同作用减弱。这是因为当具有化学灭火作用的灭火介质含量较低时，其含量的增加大幅降低了燃烧过程中产生的活性 H· 和 HO· 自由基的浓度；而当浓度比较高时，由于大部分的活性自由基浓度已经通过链式反应、浓度稀释等方式降低，这造成了并不是所有的灭火介质都可以与剩余的少量活性自由基反应，所以再增加化学灭火介质的剂量也不会增强消耗火焰自由基的效能。周晓猛等[13]曾对哈龙 1301、哈龙 1211 与 N₂ 混合时的协同效能进行了实验研究和理论计算，佐证了上述结论并验证了物理灭火介质和化学灭火介质之间的协同灭火作用(图 1-12、图 1-13)。

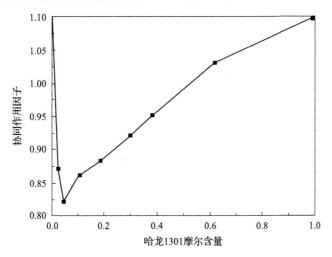

图 1-12　哈龙 1301 和 N₂ 的协同作用因子

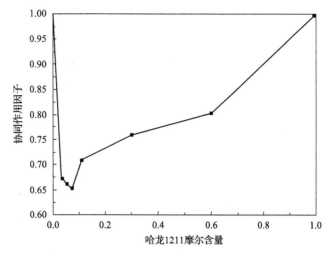

图 1-13 哈龙 1211 和 N$_2$ 的协同作用因子

3) 物理/弱化学作用复合灭火介质

氢氟烷烃是一种弱化学灭火机理的灭火介质。通常以物理作用为主,同时具有一定的化学灭火作用。研究发现,当氢氟烷烃与惰性气体灭火介质混合时会产生微弱的负协同作用。

以七氟丙烷(HFC-227ea)和 N$_2$ 混合为例[13](图 1-14),由于 HFC-227ea 与火焰作用时需要较高的活化能,当温度较低时,HFC-227ea 结合火焰自由基的能力下降,从而使得 HFC-227ea 的化学灭火能力降低。当 HFC-227ea 与 N$_2$ 混合时,N$_2$ 通过稀释和冷却作用降低火焰温度的同时,也会稀释 HFC-227ea 的浓度,从

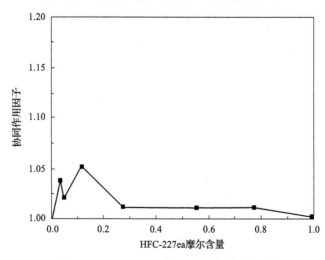

图 1-14 HFC-227ea 和 N$_2$ 的协同作用因子

而弱化 HFC-227ea 的化学灭火作用。而 HFC-227ea 和 N_2 的物理作用机理部分并不存在协同作用，所以，二者混合后 $S_F>1$，呈现出负协同作用。

4) 弱化学/化学作用复合灭火介质

研究表明，弱化学作用灭火剂和化学气体灭火剂共同作用时，会产生一定的正向协同作用。以七氟环戊烷(7FA)和 2-溴-3, 3, 3-三氟丙烯(BTP)为例[14]，二者形成复合灭火介质时，七氟环戊烷将会在物理灭火方面起主导作用，BTP 在化学灭火方面起主导作用。7FA 和 BTP 复合作用的理论计算与实验的结果对比如图 1-15 所示，从图 1-15 中可以看出，试验值与协同作用下的理论值吻合更好，从而验证了 7FA 和 BTP 之间确实存在协同灭火作用。

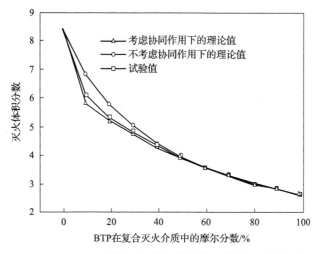

图 1-15　7FA/BTP 临界灭火体积分数的理论值与试验值对比

1.5　灭火的基本方法

1.3 节中有关灭火基本原理的分析结果显示，可以采用隔离、冷却和窒息等物理方式和切断自由基的化学抑制方式实施灭火。需要说明的是，这些灭火方法可以只采取一种，也可以同时采取多种，以达到更好的灭火效果[15]。灭火的基本方法可归纳如下。

1. 窒息法

窒息法主要是通过降低氧化剂的含量来有效降低燃烧的可能性。常用的窒息灭火方法是借助 N_2、CO_2 等惰性气体稀释空气中的含氧量，使可燃物的燃烧在氧气稀薄的情况下无法维持，从而达到窒息灭火的效果。相关研究表明，当环境中氧气含量为 14%～15%时，汽油燃烧就会停止，这也正是窒息法所要达到的效果。在具体的火灾事故案例中，可以通过降低火灾区域氧气浓度，来降低或消除燃爆危险，避免事故扩大化[16]。

常用的窒息举措包括：用干砂、帆布、土等进行可燃物的掩埋，阻止空气进入燃烧区域，从而降低燃烧区的氧浓度；采用惰性气体稀释氧气浓度；对于密闭空间内起火的建筑和设备等，可以考虑隔绝火焰与外界空气的接触，使密闭空间氧气消耗且得不到补充，达到窒息灭火的作用。

2. 隔离法

隔离法主要是通过将可燃物与空气隔离的方式进行灭火。在具体的灭火技术中，可以使用灭火泡沫或者石墨粉喷洒在可燃物表面，在可燃物和空气之间形成有效的阻隔，火焰会失去燃料的来源，而空气中的氧也被阻隔。通过这样的方式可以使物体燃烧自动阻断，在可燃物与空气隔离的情况下，达到灭火目的。

不仅如此，隔离原则在其他很多场所也得到了很好的应用。比如在水电站中，所有的含油设备都被放置在电站结构之外；在一些大城市的变电站中，所有的变压器和调节器都放在单独的隔间和一个防火房间里，基于隔离原则并配备其他灭火方法把发生在防火隔间中的火灾危险降到最低[17]。

3. 冷却法

冷却法主要是通过将可燃物的温度降低到燃点之下，使可燃物无法达到燃烧所需的温度而实现灭火。

在冷却法灭火的具体实践中，可以通过消防水枪的方式，将水等具有冷却效果的物质喷洒在火场，由于消防水具有较大的汽化潜能和冷却作用，能够有效降低火场温度和可燃物表面温度，破坏燃烧条件，达到灭火目的。

4. 化学抑制法

化学抑制法是通过抑制或切断有焰燃烧中的链式反应实现灭火。燃烧物中含氢量的高低是促使可燃物完成有效燃烧的重要判据。在有机物燃烧过程中，维持链式反应的主要是 H·、HO·和O·等自由基，通过借助灭火剂在火焰的高温中产生的 F·、Cl·、Br·以及干粉灭火剂中的粉粒来破坏燃烧的链式反应，达到灭火的目的。可以说，化学抑制法是抑制和熄灭物体燃烧最有效的方式之一，在消防灭火技术中得到了广泛应用。

常用灭火剂及其灭火方法列于表 1-2 中。

表 1-2　常用灭火剂及其灭火方法

灭火方法 灭火剂名称	冷却	窒息	隔离	化学抑制	可扑灭的火灾类型
水	√				A
水喷雾	√	√			A、B、E
细水雾	√	√			A、B、E
二氧化碳	√	√			A、B、C、E
七氟丙烷	√	√		√	A、B、C、E
1G541		√			A、B、C、E
泡沫	√	√	√		A、B
干粉	√	√	√	√	普通：B、C、E 多用途：A、B、C、E 专用：D

1.6　灭火技术现状与发展趋势

如何有效开展火灾扑救，控制火灾蔓延并降低其影响，关键在于正确选择和使用灭火剂。自哈龙灭火剂问世以来，因其出色的灭火能力、灭火速率以及低毒易储存等优点在消防领域获得了广泛应用。哈龙灭火剂主要指的是哈龙 1301(CF_3Br) 和哈龙 1211(CF_2ClBr) 两种气体灭火剂，该类灭火剂能够在火焰的高温条件下产生大量活性自由基，如 F·、Cl·、Br·等，并与燃烧产生的自由基反应，通过破坏燃烧链式反应，实现灭火。然而，由于该类灭火剂会严重破坏臭氧层，威胁人类的生存发展，因此联合国于 1987 年制定了《关于消耗臭氧层物质的蒙特利尔议定书》，借此限制哈龙灭火剂的进一步应用。截至 2010 年，全球已经停止了对哈龙灭火剂的生产以及在非必要场所的使用。

全球范围内对哈龙灭火剂的限用和淘汰引发了对哈龙替代品的急切寻找，研究并发展哈龙替代灭火技术已成为目前世界各国面临的迫切任务之一[18,19]。目前国际上已研制和正在研制的哈龙替代物主要包括[20-24]：

1. 水系灭火剂

顾名思义，水系灭火剂的主要灭火介质为水，一般借助冷却、窒息、乳化、冲击等作用灭火。水具有非常高的比热和汽化潜热，单位质量(kg)的水每升高 1℃可吸收约 4.2kJ 热量，汽化潜热更是高达 2259kJ/kg，加之水在自然界中不仅容易获取而且成本低廉，一直以来都是使用最广泛的灭火剂，很多手提式灭火器、固定式灭火装置及消防车都是以水为灭火介质。需要说明的是，传统的消防用水存在易流失、灭火效率不高、易造成水渍灾害或污染等缺点，可以通过改变水的物理形态或向水中添加化学试剂的方式来增强水的灭火效能、拓展水的灭火应用范围，如开发了细水雾、超细水雾、碱金属盐、有机酸金属盐等水系灭火剂，相关技术和产品目前已非常成熟。

2. 泡沫灭火剂

Johnson 于 1877 年首次提出可以将泡沫作为灭火剂扑救火灾，至今已有近一百五十年的历史。泡沫灭火剂通常由发泡剂、抗冻剂、助溶剂和水等成分组成，常见的有化学泡沫、空气泡沫、氟蛋白泡沫、水成膜泡沫和抗溶性泡沫等。泡沫灭火剂具有质量小、流动性好和抗烧性强等特点，能够迅速流散和漂浮在着火的液面上，形成严密的覆盖层，通过隔绝空气、阻断火焰的热辐射来阻止燃烧体和附近可燃物质的挥发。泡沫灭火剂主要通过窒息、冷却等物理作用进行灭火，可有效扑灭一般固体火灾和油类可燃液体。适用范围广但不可用于轻金属火灾和带电设备的火灾等。近年来，通过泡沫灭火剂配方优化，以及发泡剂等关键组分的研发与应用，进一步提升灭火剂的灭火效能，拓宽其应用范围，一直是广大科研工作者和相关企业的努力方向。

3. 气体灭火剂

气体灭火剂的种类也比较多，常见的有惰性气体灭火剂、卤代烃灭火剂、气溶胶灭火剂等，以及近些年来异军突起的氟化酮、含溴烯烃、含氟环烷烃等。其中，惰性气体灭火剂(如二氧化碳、烟烙尽等)主要以物理方式灭火，具有性质稳定、不污染环境、高温惰性等特点，但多以气态形式储存，灭火装置的占地面积较大且灭火效率不高；卤代烃灭火剂主要涉及氢氯氟烃(HCFC)、氢氟烃(HFC)、全氟烃(PFC)、氟碘烃(FIC)等多种类型的化学物质，早在 2001 年，我国公安部消防局就下发了《关于进一步加强哈龙替代品及其替代技术管理的通知》，明令禁止氢氯氟烃(HCFC)、氢溴氟烃(HBFC)、全氟烃和五氟乙烷(HFC-125)气体灭火剂作为哈龙替代品使用，其他氢氟烃类灭火物质如三氟甲烷、六氟丙烷、七氟丙烷等虽然目前仍在大范围使用，但由于其具有非常高的温室效应潜能，终将难逃被淘汰的命运。为此，很多科研人员及企事业机构尝试在一些卤代烃的分子骨架上引入易降解的羰基、碳碳双键等基团，在保障优异灭火效能的同时，降低其大气存活寿命，以规避化学气体灭火剂的不良环境特性，开发出了诸如全氟己酮、2-溴-3，3，3-三氟丙烯等综合性能优良的替代灭火产品；气溶胶灭火剂因其出色的弥散性能经常也被归类为气体灭火剂，但从本质上讲，气溶胶灭火剂的基本灭火单元通常为固体颗粒，因而，也可以将其看作一类特殊的灭火粉体，这类灭火产品主要通过在火场中形成高分散度、高浓度的气溶胶，快速实现火灾的抑制。

4. 干粉灭火剂

干粉灭火剂主要是由粉体类灭火基料、防潮剂、防结块剂、流动促进剂等复配而成，外观表现为一种干燥且易于流动的细微粉末，兼具物理抑制剂和化学灭火剂的双重属性，灭火效能优异。目前干粉灭火剂多以碳酸氢钠、磷酸铵盐等盐类粉体为主要灭火基料。干粉灭火剂可用于可燃气体、带电设备以及水溶性和非水溶性液体等类型的火灾。目前主要面向更细粒径、更高效能、更广应用、更低成本等方向发展，有非常广阔的研究价值与应用前景。

1.7　粉体灭火技术概况

目前，世界各国都在寻找哈龙灭火产品的完美替代品，但至今尚未发现。随着经济社会的迅猛发展和科学技术的日新月异，以及联合国对哈龙灭火剂应用的进一步限制，人们对新型灭火剂及其综合性能的要求将更加严格。上述已知的各类灭火剂在灭火效率、环保性能等方面或多或少都存在一些不足，清洁、高效、低毒、环保型新型灭火剂的筛选与开发工作势必会在未来的科学研究与生产实践中长期持续。干粉灭火剂作为极具哈龙替代潜力的产品之一，具有灭火效率高、原料来源广、使用温度宽、对人畜无害等优点，在当前灭火剂市场占有重要份额，其未来发展之势不容小觑。

干粉灭火剂主要由细微固体颗粒组成，颗粒的大小和分布必然会对产品的灭火性能产生影响。常规干粉灭火剂的粒径普遍较大，一般在 $10\sim75\mu m$ 之间，已在国内外很多场所取得了广泛应用，但这种尺度的粒子弥散效果较差，容易沉降，灭火效能因此受到一定限制。为了改善这一问题，超细粉体应运而生，凭借灭火粒子粒径的降低改善干粉灭火剂的弥散性能，从而获得更佳的灭火效果。为了得到满足使用要求的高性能超细粉体，超细粉体的制备也成为当今超细粉体技术的重要研究方向，当然也是关键和难点所在。经过多年的努力，超细粉体灭火技术目前已取得了许多不错进展，灭火装置和相关产品屡见报道。

若进一步减小灭火粒子的粒径至亚微米甚至纳米级别，粉体的弥散性能可以预想会比超细干粉更优秀，灭火效率会进一步显著提升，具有广阔的应用前景。纳米干粉灭火技术把干粉灭火剂带入了一个崭新的时代，已成为当前干粉灭火剂的重要发展方向[25]。虽然目前大多数研究还处在实验室阶段，离批量化生产和实际应用还有一段距离，但随着纳米技术的不断进步，纳米干粉灭火剂的产业化生产终将实现。

全球性的哈龙淘汰行动已持续了很多年，寻找、开发新型环保高效的哈龙替代灭火剂依然困难重重但势在必行，粉体灭火技术是实现哈龙替代突破的关键技术之一，需要持续的、深入的研究和应用实践。另外，国际及国内社会对干粉灭火剂的综合性能，尤其是灭火能力和环保性能提出了更高要求和更严标准，传统干粉灭火剂很难满足未来发展需要，这也进一步推动了新型干粉灭火剂的系统化研究与开发。以超细和纳米为核心的新型高效干粉灭火剂有望成为比较理想的哈龙替代产品，为干粉灭火剂的发展注入新鲜血液和持久动力，引领干粉灭火技术走向更广阔的应用和更辉煌的未来。

参 考 文 献

[1] 郭铁男. 我国火灾形势与消防科学技术的发展[J]. 消防科学与技术, 2005 (6)：8-18.

[2] 张恒, 吕宗辉, 李昂, 等. 基于因子分析的全国重特大火灾统计分析[J]. 武警学院学报, 2019, 35 (2)：53-57.

[3] 陶钇希. 基于灰色 GM (1, 1)-Markov 的全国火灾形势综合评价与预测[J]. 武警学院学报, 2019, 35 (6)：5-10.

[4] 田冬梅. 火灾中安全疏散机理的研究[D]. 衡阳：南华大学, 2006.

[5] Bickerton, Jim. The Fire Triangle[J]. Loss Prevention Bulletin, 2012.

[6] 灭火设备与灭火系统标准规范-豆丁网-《互联网文档资源 (http：//www. docin. com)》.

[7] 杜文锋. 链锁反应理论在消防灭火中的应用[J]. 武警学院学报, 1995 (4)：12-55.

[8] 田宏, 王旭, 高永庭. 卤代烷 1211 和 1301 灭火剂替代物的灭火机理、使用情况及评价标准[J]. 沈阳航空工业学院学报, 1999 (4)：66-69.

[9] Saito N, Ogawa Y, Saso Y, et al. Flame-extinguishing concentrations and peak concentrations of N_2, Ar, CO_2 and their mixtures for hydrocarbon fuels[J]. Fire Safety Journal, 1996, 27 (3)：185-200.

[10] Lott J L, Christian S D, Sliepcevich C M, et al. Synergism between chemical and physical fire-suppressant agents[J]. Fire Technology, 1996, 32 (3)：260-271.

[11] Vahdat N, Zou Y, Collins M. Fire-extinguishing effectiveness of new binary agents[J]. Fire Safety Journal, 2003, 38 (6)：553-567.

[12] Zhou B, Jin X, Zhou X M, et al. Research of Fire-extinguishing concentration with binary blends agents of different ratio of 1-bromo-3, 3, 3-trifluoropropene and nitrogen[J]. Fire Safety Science, 2010, 19 (2)：60-67.

[13] 周晓猛. 洁净气基灭火介质制备及其灭火性能研究[D]. 合肥：中国科学技术大学, 2005.

[14] 卢大勇, 陈涛, 周晓猛. 7FA 临界灭火浓度的测定及 7FA/BTP 协同灭火作用研究[J]. 安全与环境学报, 2015 (4)：117-121.

[15] 荀国. 消防技术中灭火原理与灭火方法分析[J]. 河南科技, 2012 (24)：51.

[16] Sun C D, Liz H T, Chen L, et al. Inert technology application for fire treatment in dead end referred to high gassy mine[J]. Procedia Engineering, 2011, 26.

[17] None. Isolation for fire fighting[J]. Journal of the American Institute of Electrical Engineers, 1927, 46 (3)：271.

[18] Casias C R, Mckinnon J T. A modeling study of the mechanisms of flame inhibition by CF_3Br fire suppression agent[J]. Symposium on Combustion, 1998, 27 (2)：2731-2739.

[19] Yamamoto T, Yasuhara A, Shiraishi F, et al. Thermal decomposition of halon alternatives[J]. Chemosphere, 1997, 35(3): 654.

[20] 李伟国, 肖军, 苏龙, 等. 灭火剂分类与发展研究[J]. 山西建筑, 2014(19): 270-271.

[21] 吕志涛. 高效环保型水系灭火剂研究[D]. 南京: 南京理工大学, 2013.

[22] 韩郁翀, 秦俊. 泡沫灭火剂的发展与应用现状[J]. 火灾科学, 2011, 20(4): 235-240.

[23] 余明高, 廖光煊, 张和平, 等. 哈龙替代产品的研究现状及发展趋势[J]. 火灾科学, 2002, 11(2): 108-112.

[24] 刘静, 赵乘寿, 冒龚玉, 等. 我国哈龙替代灭火技术的现状及发展趋势[J]. 中国西部科技, 2010, 9(34): 8-10, 18.

[25] 董欣欣, 吕鹏, 舒中俊. 干粉灭火剂发展趋势综述[J]. 武警学院学报, 2012, 28(2): 5-7.

第2章 粉体特性

2.1 粉体的基本概念

粉体是指在常态下,以较细的粉粒状态存在的物料[1],是由大量的固体颗粒及其相互之间的空隙所构成的集合体,一般具有比较大的比表面积。也可以说,粉体由许多大小不同的颗粒状物质组成,而且颗粒与颗粒之间存有空隙。

2.1.1 粉体的分类

粉体由大量颗粒组成,只不过颗粒很细,故而在本质上也可以把粉体称为颗粒的集合体,为了制备、加工、应用及研究的方便,需要对粉体进行分类。粉体类别理所应当要根据颗粒的大小来划分。由于各个国家所使用的标准及对粉体研究的侧重点不同,对粉体的分类存在争议,表 2-1 的分类方式可作为参考。

表 2-1　基于粒径分类的粉体粒度范围

粒体	粉粒体	粉体	细粉
100μm 以上	100μm 左右	100μm 以下	44μm 以下
超细粉	微米粉	亚微米粉	纳米粉
5μm 以下	5～1μm	1.0μm～100nm	100～1nm

参考上述分类,参照干粉灭火剂相关标准规范,同时考虑粉体在灭火领域的应用现状,常见的干粉类灭火剂及其对应的粒径分布如下。

(1)普通干粉灭火剂。是对粒径分布在 10～75μm 的干粉灭火剂的统称,应用范围广泛。市面上常见的产品多为磷酸铵盐、碳酸氢钠、氯化钠、氯化钾类干粉灭火剂,将其填充到手提式、推车式等容器内形成不同规格的干粉灭火装置。

(2)超细干粉灭火剂。粒径一般小于 20μm,因其粒径小、流动性好、比表面积大、活性高等特点,能很好地分散并悬浮于灭火空间,灭火性能突出。

(3)纳米干粉灭火剂。当干粉灭火剂的粒径减小至亚微米或纳米尺度后,不仅具有常规粉体易存易用、灭火快速的特点,还表现出一些新的特征,如高效捕捉火焰自由基、协同多种组分灭火以及活跃的空间弥散性等,在高效灭火领域发展和应用潜力巨大。基于研究和应用现状,本书将粒径小于 1μm 的干粉灭火剂统称为纳米干粉灭火剂。

上述干粉灭火剂粒径之间的关系大致如图 2-1 所示。可以看出，各类干粉灭火剂之间的界限并不是非常明确，而是稍有重叠；另外，不同粒径的同一类灭火剂可能存在不同的叫法，以超细干粉灭火剂为例，平均粒径在 5～10μm 范围及以下的超细干粉灭火剂也常被称为冷气溶胶灭火剂。为此，本书在超细干粉灭火技术章节增加了与之对应的热气溶胶灭火剂的相关内容。

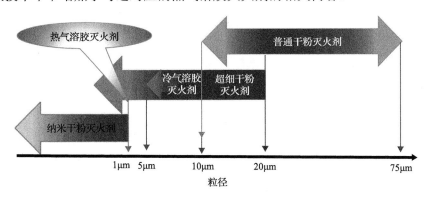

图 2-1　干粉灭火剂的划分

2.1.2　粉体科学与工程的发展

粉体科学与工程(或称粉体工学、颗粒学、粉体工程学)，作为一门专门性的学科，还只有短短几十年的历史。颗粒同人类有着极其广泛的联系，并在多个领域具有重要作用，国外从 20 世纪 30 年代便逐渐开始颗粒学的研究。20 世纪 60 年代以来，有关粉体科学与工程的研究日趋活跃，美国学者 J. M. Dallavalle 于 1943 年出版了世界上第一部颗粒学专著——《粉体学·微粒子技术》(*Micromeritics*)，首次把粉末制备和应用等归纳在一起。随后，德国学者 L. R. Meldau 编写了《颗粒体手册》(1960 年)，J. M. Dallavalle 的学生 Orr 出版了《颗粒学》(1966 年)，日本学者水渡、久保、早川和中川合编了《粉体——理论与应用》(1979 年)等，这些论著对于粉体科学与工程学科的发展起到了很大作用，大大促进了其学术水平的提高。

粉体工程学首先在日本被提出，日本的各工科大学及产业界在此项研究中投入了大量人力物力，取得了很大成就。目前我国粉体方面的教科书，大都以日本的教科书为基础编译整理加工而成。为了促进该学科的发展，日本成立了该学科的交流机构——日本粉体工程学会。几乎同时，欧美等国家和地区也相继成立了类似的粉体学会和颗粒学会。20 世纪 80 年代起，我国也开始重视粉体相关学科的发展，在中国科学院院士郭慕孙的倡导下，我国于 1986 年正式成立了中国颗粒学会，并于 1988 年在北京举办了首届中、日、美颗粒学术报告会，标志着我国正式加入了国际粉体研究的行列，经过几十年的发展，也已取得了诸多不错的成绩。以灭火粉体为例，我国自 1968 年开始研发和制造干粉灭火剂，先后出现包括第一代碳酸氢钠盐干粉灭火剂、经硬脂酸镁防潮处理的第二代碳酸氢钠盐干粉灭火剂、经有机硅硅化处理的第三代碳酸氢钠盐干粉灭火剂，开发了诸如氯化钠/氯化钾干粉灭火剂、磷酸铵盐干粉灭火剂、超细干粉灭火剂等系列产品，目前正向扩大基料及添加剂种类、提高灭火效能、制备纳米尺度超细干粉、扩大应用范围、降低成本等方向发展，前景广阔。

2.1.3 粉体的应用领域

20 世纪 80 年代以来，粉体的用途随高新技术的发展而不断拓展，灭火应用作为粉体应用的重要方向，一直是粉体研究的重要内容。特别是超细颗粒的相关研究，近年来热度不减。通过对粉体颗粒粒度细化至微细或超细状态后再进行组合、改性，使粉体获得更好的灭火效果。粉体科学与工程领域高新技术的出现促进了颗粒学的发展，丰富了颗粒学的内容，已成为推动新兴产业发展的关键。

同时，粉体科学发展也推动了其他学科及行业的技术进步、创新和发展，如冶金行业、煤炭行业、石油及化工行业、无机非金属行业和食品及制药行业等。

(1)冶金行业。金属矿石的磨矿、选矿、团矿、烧结，粉末冶金、硬质合金等[2]。

(2)煤炭行业。煤炭粉碎、选煤、配煤、烟气积尘、粉煤灰利用、煤浆水处理、煤尘爆炸防治等。

(3)石油及化工行业。固体催化剂制备、催化剂床层流化、塑料球晶化、化肥造粒、农药造粒、洗衣粉造粒等。

(4)无机非金属行业。水泥、玻璃、陶瓷、石灰、耐火材料、保温材料、碳素材料等工业原料的粉碎、热处理，感压材料、感热材料、荧光粉体的制备等[3]。

(5)食品及制药行业。面粉超细分级、果实超细粉碎、医药造粒、中药微细化、药物缓释剂等[4]。

现在用来生产粉体的粉碎机规格、式样各异，实现了粉碎工艺参数的自动控制，可以准确地控制粉体粒度，而且能制备粒度非常小的粉体，粉碎效率高，生产能力强。

2.2 粉体的基本特性及其表征

粉体是由大量颗粒组成的集合体，颗粒的性质决定了粉体的性质。参照粉体学设计的基本理论，粉体的基本特性包括自身颗粒及粒群的粒径和粒度分布之外，还包括粉体的理化特性和流体力学特性。

2.2.1 粉体的基本特性

1. 颗粒的粒径表征

形状规则的颗粒可用适当的特征尺寸来表示其大小，如球形颗粒可用直径表示，立方体颗粒可用棱长表示等。对于其他形状规则的某些颗粒而言，需要同时使用多个特征尺寸表征其大小，如用直径和高度表示锥体颗粒，用长、宽、高表示长方体颗粒等。事实上，均一、规则的粉体颗粒并不多见，很多粉体的组成颗粒彼此不同且规格各异。对于不规则的非球形颗粒，可以通过测定某些与颗粒大小有关的性质推导其大小，并使之与线性量纲有关，常用的参数和计算方法如下。

1) 三轴径

设一个颗粒以最大稳定度置于水平面上，此时颗粒的投影如图 2-2 所示。以颗粒的长度 l、宽度 b、高度 h 为计算参量，将计算得到的粒度平均值称为三轴径。表 2-2 列举了几种不同意义三轴径的计算式。

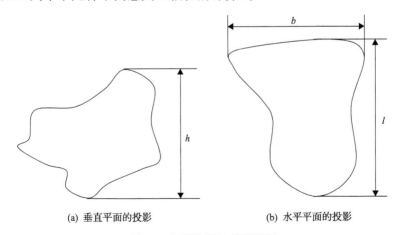

(a) 垂直平面的投影　　　　　(b) 水平平面的投影

图 2-2 不规则颗粒的投影图

表 2-2　三轴径的计算式

算术三轴径	调和三轴径	表面几何三轴径
$d_{3a1} = \dfrac{l+b+h}{3}$	$d_{3a2} = \dfrac{3}{\left(\dfrac{1}{l}+\dfrac{1}{b}+\dfrac{1}{h}\right)}$	$d_{3a3} = \sqrt{\dfrac{2lb+2bh+2lh}{6}}$

2) 当量直径

当量直径也是基于某些与颗粒大小有关的测定值推导而来的，从几何角度来看，球是最容易处理的，因此用得最多的当量直径是"球当量直径"，如图 2-3 所示。以球为基础，将不规则的颗粒看作相当的球，便可以得到相应的球当量直径。基于计算方法的不同，球当量直径还有等体积球当量直径、等表面积球当量直径、等比表面积球当量直径之分。以棱长为 1 的立方体为例，其体积等于直径为 1.24 的圆球体积，则 1.24 就是该颗粒的等体积球当量直径。类似地，可以得到等表面积球当量直径和等比表面积球当量直径。

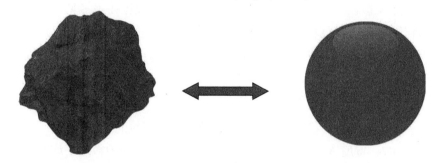

图 2-3　球当量直径的示意

其中，等体积球当量直径的计算公式为

$$d_V = \sqrt[3]{\frac{6}{\pi}V} \tag{2-1}$$

等表面积球当量直径的计算公式为

$$d_S = \sqrt{\frac{S}{\pi}} \tag{2-2}$$

等比表面积球当量直径的计算公式为

$$d_{S_V} = \frac{6V}{S} = \frac{6}{\left(\dfrac{S}{V}\right)} = \frac{6}{S_V} = \frac{d_V^3}{d_S^2} \tag{2-3}$$

对于薄片状的二维颗粒，通常将其与圆形颗粒进行类比，计算得到投影圆当量直径。投影圆当量直径包括等面积圆当量直径和等周长圆当量直径。其中，与颗粒具有相同投影面积的圆直径称为等面积圆当量直径，计算公式：

$$d_a = \sqrt{\frac{4a}{\pi}} \tag{2-4}$$

与颗粒具有相同投影周长的圆直径称为等周长圆当量直径，计算公式：

$$d_l = \frac{l}{\pi} \tag{2-5}$$

2. 粒群的平均粒径

粉体粒度测定中，通常采用平均粒径来定量表达颗粒群的粒度大小。平均粒径的计算方法多种多样，本书就一些工程技术领域常用的平均粒径做简要介绍。首先假设颗粒群粒径分别为 d_1、d_2、d_3、d_4、$\cdots$、d_i、$\cdots$、d_n；各粒径对应的颗粒个数分别为 n_1、n_2、n_3、n_4、$\cdots$、n_i、$\cdots$、n_n；总个数 $N=\sum n_i$；对应的颗粒质量为 w_1、w_2、w_3、w_4、$\cdots$、w_i、$\cdots$、w_n，总质量 $W=\sum w_i$。以颗粒个数和质量为基准的平均粒径计算公式如表 2-3 所示。

表 2-3 平均粒径计算公式

基准	个数长度平均径	长度表面积平均径	表面积体积平均径	体积四次矩平均径
颗粒个数	$D_{nL} = \dfrac{\sum(nd)}{\sum n}$	$D_{LS} = \dfrac{\sum(nd^2)}{\sum(nd)}$	$D_{SV} = \dfrac{\sum(nd^3)}{\sum(nd^2)}$	$D_{Vm} = \dfrac{\sum(nd^4)}{\sum(nd^3)}$
颗粒质量	$D_{nL} = \dfrac{\sum\left(\frac{w}{d^2}\right)}{\sum\left(\frac{w}{d^3}\right)}$	$D_{LS} = \dfrac{\sum\left(\frac{w}{d}\right)}{\sum\left(\frac{w}{d^2}\right)}$	$D_{SV} = \dfrac{\sum(w)}{\sum\left(\frac{w}{d}\right)}$	$D_{Vm} = \dfrac{\sum\left(\frac{w}{d}\right)}{\sum(w)}$

基准	个数表面积平均径	个数体积平均径	长度体积平均径
颗粒个数	$D_{nS} = \sqrt{\dfrac{\sum(nd^2)}{\sum n}}$	$D_{nV} = \sqrt[3]{\dfrac{\sum(nd^3)}{\sum n}}$	$D_{LV} = \sqrt{\dfrac{\sum(nd^3)}{\sum(nd)}}$
颗粒质量	$D_{nS} = \sqrt{\dfrac{\sum\left(\frac{w}{d}\right)}{\sum\left(\frac{w}{d^3}\right)}}$	$D_{nV} = \sqrt[3]{\dfrac{\sum w}{\sum\left(\frac{w}{d^3}\right)}}$	$D_{LV} = \sqrt{\sqrt[3]{\dfrac{\sum w}{\sum\left(\frac{w}{d^2}\right)}}}$

平均粒径表达式归纳如下。

以个数为基准：

$$D = \left[\frac{\sum nd^{\alpha}}{\sum nd^{\beta}} \right]^{\frac{1}{\alpha-\beta}} \tag{2-6}$$

以质量为基准：

$$D = \left[\frac{\sum wd^{\alpha-3}}{\sum wd^{\beta-3}} \right]^{\frac{1}{\alpha-\beta}} \tag{2-7}$$

3. 颗粒群的粒度分布

实践证明，多分散体粉体物料的颗粒大小服从统计学规律，具有明显的统计特性。将这种物料的粒径看成是连续的随机变量，从一堆粉体中按一定方式取出一个分析样品，当样品的量足够大，可以用数理统计的方法，通过研究样本的各个粒径大小的分布情况，来推断出总体的粒度分布。有了粒度分布数据，便不难求出这种粉体的平均粒径、粒径的分布和粒度分布的标准偏差等特征值。

其中在粉体样品中，某一粒度大小(用 D_p 表示)或某一粒度大小范围内(用 ΔD_p 表示)的颗粒(与之对应的颗粒个数为 n_p)样品出现的百分含量(%)，定义为频率，用 $f(D_p)$ 或 $f(\Delta D_p)$ 表示。用 N 表示样品中的颗粒总数，则有以下关系。

$$f\left(D_p\right) = \frac{n_p}{N} \times 100\% \tag{2-8}$$

或

$$f\left(\Delta D_p\right) = \frac{n_p}{N} \times 100\% \tag{2-9}$$

这种频率与颗粒大小的关系，称为频率分布。

粉体颗粒之间除了频率分布之外，还包括粒度的累积分布，即将颗粒大小的频率分布按一定方式累积，除了可以用累积直方图的形式表示，还可以用累积曲线表示。包括两种累积方式：一种是按照粒径从小到大进行累积，称为筛下累积，用 $D(D_p)$ 表示。另一种是从大到小进行累积，称为筛上累积，用 $R(D_p)$ 表示。二者之间有以下关系：

$$D\left(D_p\right) + R\left(D_p\right) = 100\% \tag{2-10}$$

根据频率分布和累积分布这两种粉体粒度分布的数据，表征粒度分布的特征参数主要包括中位粒径、最频粒径和标准偏差。

1) 中位粒径

中位粒径 D_{50} 指在粉体物料的样品中，将样品的个数（或质量）分成相等两部分的颗粒粒径，如图 2-4 所示。若已知粒度的累积频率分布，根据式（2-10），有 $D(D_{50})=R(D_{50})=50\%$，很容易求出该分布的中位粒径。

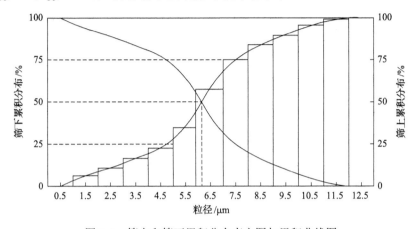

图 2-4　筛上和筛下累积分布直方图与累积曲线图

2) 最频粒径

最频粒径通常以 D_{mo} 表示。在频率分布坐标图上，最频粒径对应纵坐标的最大值，即在颗粒群中个数或质量出现概率最大的颗粒粒径，如图 2-5 所示。如果某颗粒群的频率分布式 $f(D_p)$ 已知，根据下式

$$
\begin{cases}
D(D_p) = \displaystyle\int_{D_{min}}^{D_p} f(D_p)\,\mathrm{d}D_p \\[2mm]
R(D_p) = \displaystyle\int_{D_{min}}^{D_p} f(D_p)\,\mathrm{d}D_p \\[2mm]
f(D_p) = \dfrac{\mathrm{d}D(D_p)}{\mathrm{d}D_p} \\[2mm]
f(D_p) = -\dfrac{\mathrm{d}R(D_p)}{\mathrm{d}D_p}
\end{cases}
\tag{2-11}
$$

则令 $f(D_p)$ 的一阶导数为零，便可求出 D_{mo}；同样，若 $D(D_p)$ 或 $R(D_p)$ 为已知，则令其二阶导数等于零，也可求出 D_{mo}。

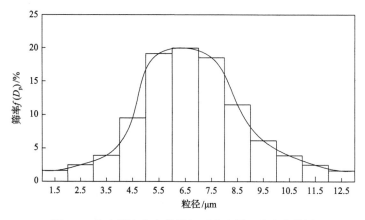

图 2-5 粒度频率分布的等组距直方图及分布曲线图

3) 标准偏差

标准偏差以 σ 表示，几何标准偏差以 σ_g 表示。它们是最常用的表示粒度频率分布离散程度的参数，其值越小，说明分布越集中。对于频率分布，σ 和 σ_g 与粒径 d_i 的计算公式如下：

$$\sigma = \sqrt{\frac{\sum n_i (d_i - D_{nL})^2}{N}} \tag{2-12}$$

$$\sigma_g = \sqrt{\frac{\sum n_i (\lg d_i - D_g)^2}{N}} \tag{2-13}$$

如图 2-6 所示，虽然个数平均粒径 $D_{nL(A)} = D_{nL(B)} = D_{nL(C)}$，但因 $\sigma_A < \sigma_B < \sigma_C$，故曲线 A 的分布最窄，C 分布最宽。

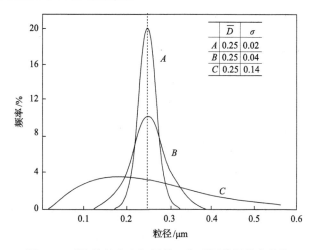

图 2-6 平均粒径完全相同的三条不同粒径分布曲线

2.2.2 粉体的理化特性

1. 堆积密度、填充率和空隙率

描述粉体的填充结构时，常用的参数包括：堆积密度、填充率、空隙率、空隙率分布、配位数、接触点角度等[5]。

1) 堆积密度 ρ_B

在一定填充状态下，单位填充层(包含颗粒实体、颗粒内孔隙和粒间空隙)体积的粉体质量称为堆积密度，也称表观密度或容积密度，单位为 kg/m³。表达式为

$$\rho_B = \frac{V_B(1-\varepsilon)\rho_p}{V_B} = (1-\varepsilon)\rho_p \tag{2-14}$$

式中，V_B 为粉体填充体积，m³；ρ_p 为颗粒的密度，kg/m³；ε 为空隙率。

2) 填充率 ψ

在一定填充状态下，颗粒体积与填充层粉体体积之间的比值称为填充率 ψ。表达式为

$$\psi = \frac{V_p}{V_B} = \frac{M/\rho_p}{M/\rho_B} = \frac{\rho_B}{\rho_p} \tag{2-15}$$

式中，V_p 为粉体颗粒体积，m³；M 为粉体的质量。

3) 空隙率 ε

粒间空隙体积与粉体填充层体积之间的比值称为空隙率 ε。

$$\varepsilon = 1 - \psi = 1 - \frac{\rho_B}{\rho_p} \tag{2-16}$$

其中，空隙率加上填充率为 1，且二者常用百分数标识。

2. 可压缩性

粉体的可压缩性主要由压缩度 C 来表示，C 的计算公式为

$$\begin{aligned} C &= \left(V_{B,A} - V_{B,T}\right) / V_{B,A} \times 100\% \\ &= \left(\rho_{B,A} - \rho_{B,T}\right) / \rho_{B,A} \times 100\% \end{aligned} \tag{2-17}$$

式中，$V_{B,A}$ 为松动堆积体积；$V_{B,T}$ 为紧密堆积体积；$\rho_{B,A}$ 为松动堆积密度；$\rho_{B,T}$ 为紧密堆积密度。

压缩度是粉体流动性的重要指标，其大小反映粉体的松软状态与凝聚性。当压缩度低于 20% 时，粉体的流动性较好，粉体的流动性随压缩度的增大而下降。

3. 颗粒间的摩擦性质

摩擦性质是指粉体中固体粒子之间以及粒子与固体边界表面因摩擦而产生的一种物理现象，以及由此表现出的一些力学性质[6]。表示该性质的物理量是摩擦角。由于测定方法不同，摩擦角有多种表达方式，常用的有休止角、内摩擦角、壁摩擦角和滑动角。

1）休止角

休止角（又称堆积角或安息角）是指粉体自然堆积时的自由表面在静止平衡状态下与水平面所形成的最大角度，用 α 表示，包括注入角、排出角等，用来衡量粉体的流动性。如图 2-7 所示，注入角是将粉体从一定高度注入足够大的平板上形成的休止角；而排出角是去掉装粉体的方箱的一面侧壁，箱内残留粉体所形成斜面的倾角。注入角和排出角的差别与粉体的附着性有关，对于无附着性的粉体而言，其注入角和排出角在数值上几乎相等，但实质上是不同的。

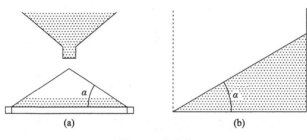

图 2-7　休止角
(a)注入角；(b)排出角

休止角的测定方法包括固定漏斗法、转动圆柱体法、倾斜箱法及固定圆锥槽法（图 2-8）。

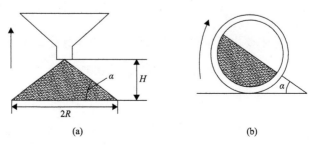

(a)　　　　　　　　　(b)

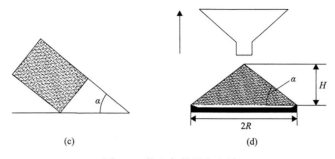

图 2-8 休止角的测定方法

(a)固定漏斗法;(b)转动圆柱体法;(c)倾斜箱法;(d)固定圆锥槽法

(1)固定漏斗法。将漏斗固定于坐标纸之上,漏斗下口距纸面高度为 H,小心地将微粉倒入漏斗,至锥体尖端接触到漏斗下口,锥体半径为 R,得

$$\tan \alpha = H/R \tag{2-18}$$

(2)转动圆柱体法。在圆柱筒内装入半满量的微粉,使其在水平面上按一定速率转动,微粉表面与水平面所成的角度为休止角。

(3)倾斜箱法。在矩形盒内装满微粉,松紧程度适宜,将矩形盒逐渐倾斜至微粉开始流出时,盒子的倾斜角度即为休止角。

(4)固定圆锥槽法。圆锥槽的底部直径固定,由漏斗不断注入微粉,等到形成最高的锥体为止,同样可由式(2-18)算出休止角。

影响休止角的因素包括料堆底圆直径、粒度大小、填充状态、球形度等,其中,粒度相同时,料堆底圆的直径愈大,测休止角愈小;粒度小于 0.2mm 时,粒度愈小,休止角愈大;颗粒球形度愈大,休止角愈小。

2)内摩擦角

内摩擦力能够抵抗一定的外来作用力,当外力较小时,粉体层的受力较小,外观上不会发生变化。然而当作用力增大到某一极限值时,粉体层会突然崩坏,崩坏前后的应力状态称为极限应力状态。换句话说,如果在粉体层任意面施加一个垂直应力,并逐渐增加该层面的剪应力,当剪应力达到某一数值,粉体层将沿着此层面滑移。

内摩擦角的测定方法包括剪切盒法和三轴压缩法。

(1)剪切盒法。把填充粉体的正方形盒重叠起来,沿着垂直方向施以压应力,在上盒或中盒施加剪应力,如图 2-9 所示。当对粉体施以水平剪切力(F)将粉体层沿内部某一断面(A),刚好切断产生滑动时,作用于此面的剪切应力 τ 与垂直应力 σ 满足:

$$\tau = \mu_i \cdot \sigma \tag{2-19}$$

$$\varphi_i = \arctan \mu_i = \arctan \frac{\tau}{\sigma} = \arctan \frac{F}{W} \qquad (2\text{-}20)$$

式中，μ_i 为内摩擦系数；φ_i 为内摩擦角；F 为水平剪切力；W 为砝码重力。

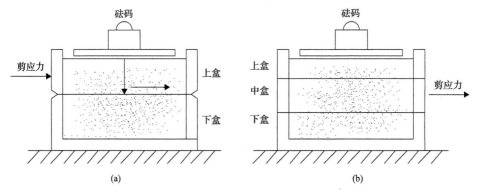

图 2-9　粉体剪切试验

(a) 单面剪切法；(b) 双面剪切法

(2) 三轴压缩法。将粉体试样填充到圆筒状橡胶膜内，置于压力机的底座，然后从橡胶膜的周围用流体均匀地施加水平压力，并在上方施加铅垂压力，如图 2-10 所示。当铅垂压力达到极限，粉体层发生崩坏，此时铅垂压力为最大主应力 F_1，周围水平压力为最小主应力 F_2。

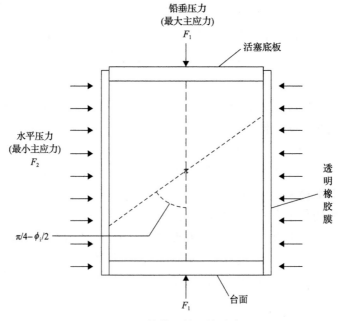

图 2-10　粉体三轴压缩试验

内摩擦力主要是由于层中粒子相互啮合产生，粉体的活动局限性主要是由于其内部粒子间存在内摩擦力。影响内摩擦角大小的因素有很多，包括内部粗糙度、水分含量、粒度分布、空隙率以及外部静止存放时间、振动等。其中，对同种粉体而言，内摩擦角一般随空隙率增加大致线性减少。

3）壁摩擦角与滑动摩擦角

壁摩擦角指粉体与壁面之间的摩擦角；滑动摩擦角是指粉体置于某斜面，当斜面倾斜至粉体开始滑动时，斜面与水平面之间的夹角。二者均是粉体与固体材料壁面之间存在摩擦行为的体现。

其中，粉体层与固体壁面之间摩擦特性用壁摩擦角表示，单个粒子与壁面的摩擦用滑动摩擦角 φ_s 表示。

壁摩擦角的计算公式为

$$\mu_w = \frac{F}{W_s W_w W_o} \tag{2-21}$$

$$\varphi_w = \arctan \mu_w \tag{2-22}$$

式中，F 为水平力；W_s 为粉料的重力；W_w 为砝码的重力；W_o 为容器的重力；φ_w 为壁摩擦角；μ_w 为壁摩擦系数。

影响壁摩擦角的因素主要有颗粒的大小和形状、壁面的粗糙度、颗粒与壁面的相对硬度、壁表面上的水膜形成情况、粉料静止时间等。

粉体上述各摩擦角之间一般满足 $\varphi_s > \varphi_w$，对于无黏性粉体来说，$\varphi_i > \varphi_w$，$\varphi_r \geqslant \varphi_s$；而对于黏性粉体，则有 $\varphi_s \geqslant \varphi_i$。

4. 表面与界面效应

由于物质的细化及超细化，尤其是处于亚微米及纳米状态的粒子，其表面原子排列、电子分布和晶体结构都发生了变化，产生了块体材料不具备的表面与界面效应[7]。

较大的比表面积和小尺寸的纳米粒子，使位于表面的原子占有相当大的比例，原子配位不足，会生成大量的悬空键和不饱和键，这些键的表面能高，因而使表面原子具有高的活性。纳米材料较高的化学活性，使其具有较大的扩散系数，大量的界面为原子扩散提供了高密度的短程快扩散路径。这种表面原子的活性就是表面效应。随着颗粒直径变小，与宏观物体相比，纳米粒子的表面原子数目增多，比表面积增大，其无序度随之增大；同时晶体的对称性也会变差，其部分性能被破坏，因而出现了界面效应。

表面原子的活性不仅引起了纳米颗粒表面原子结构变化，还引起了表面电子的自旋、构象和电子自旋能谱的变化。图 2-11 描述了原子配位数的原理。A、B、C、D、E 均为纳米颗粒表面原子，与内部原子相比，A 缺少三个相邻原子，B、C、D 缺少两个相邻原子，E 缺少一个相邻原子。它们均处于活跃状态，并且邻近缺位原子数越多，越不稳定。

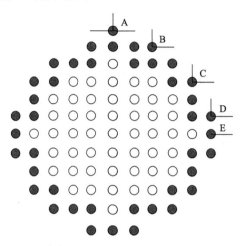

图 2-11　采取单一立方晶格结构的原子以接近球或圆进行配置的超细颗粒的结构图

纳米粒子的表面与界面效应，主要表现为熔点降低、比热容增大等。其中，熔点的降低主要是由于表面原子存在振动弛豫，即振幅增大，频率减小。

5. 量子尺寸效应

原子模型与量子力学可以用能级的概念进行解释。鉴于固体由无数原子构成，单独原子的能级因而就合并成能带，众多的电子数目使能带中能级的间距很小，也可以看作是连续的。基于能带理论，可以成功解释大块金属、半导体、绝缘体之间的区别与联系。对介于原子、分子与大块固体之间的超微颗粒而言，大块材料中连续的能带将分裂为分立的能级，能级间的间距随颗粒尺寸减小而增大。当热能、电场或者磁场能比平均的能级间距还小时，就会呈现一系列与宏观物体截然不同的反常特性，称之为量子尺寸效应[8]。

6. 粉体的团聚强度

颗粒的团聚问题是纳米粉体制备过程中面临的最突出问题。当粉体颗粒细化到纳米级别后，其表面积累的大量正、负电荷及其不规则的形状，造成颗粒表面电荷的聚集，使纳米粒子极不稳定而易发生团聚[9]。另外，由于其表面与界面效应，并且处于能量不稳定状态，很容易发生聚集而达到稳定状态，因而发生团聚。不仅如此，纳米颗粒之间的距离极短，相互间的范德瓦耳斯力远大于自身的重力，因此往往相互吸引而发生团聚，颗粒越细团聚就越强烈。

根据粒子彼此间相互作用力的大小，纳米粒子之间的团聚可以分为软团聚和硬团聚，如图 2-12 所示。对于粉体的软团聚机理人们的看法比较一致：是由范德瓦耳斯力和库仑力所引起的，可以通过一些化学作用或施加机械能的方式加以消除。而对于硬团聚，不同化学组成、不同制备方法得到的粉体有不同的团聚机理，无法用一个统一的理论来解释，目前已有的理论包括毛细管吸附理论、氢键理论、晶桥理论、化学键作用理论、表面原子扩散键合机理等。硬团聚在材料加工过程中不易被破坏，但会使材料性能变差。

原始颗粒

颗粒间的孔隙

颗粒内的
开口孔隙

颗粒内的
闭口孔隙

图 2-12　团聚类型

7. 机械力化学性能

物质受机械力作用而发生化学变化或物理化学变化的现象，称为机械力化学。从能量转换的观点可理解为机械力的能量转化为化学能。在固体材料的粉碎过程中，粉碎设备施加于物料的机械力除了使物料粒度变小、比表面积增大等物理变化外，还会发生机械能与化学能的转换，致使材料发生结构变化、化学变化及物理化学变化。这种固体物质在各种形式的机械力作用下所诱发的化学变化和物理化学变化称为机械力化学效应。目前，利用机械力化学作用[10]制备纳米材料和复合材料及进行材料的改性等已经成为重要的材料加工方法和途径。

1)机械力化学作用机理

固体物质受到各种形式的机械力(如剪切力、摩擦力和冲击力)作用时，会在不同程度上被“激活”。当体系仅发生物理性质变化而其组成和结构不变时，称为机械激活；当物质的结构或化学组成也同时发生变化时，则称为化学激活。

在机械粉碎过程中，由于机械力化学作用导致粉体表面活性增强的机理主要包括下面四点。

(1)在机械力作用下，物料粉碎产生新表面，因粒度减小、比表面积增大，故表面自由能增大，活性增强。在颗粒尖角、棱边及固体表面的台阶、弯折、空位等处的表面能大于平面上质点的表面能，称为活化位。随着物料粒度的减小，规整晶面在颗粒体系总表面积所占比例减小，键力不饱和的质点在总质点数中所占比例增大，从而提高了颗粒的表面活性。

(2)物料颗粒在机械力作用下，表层发生晶格畸变，其中储存了部分能量，使表层能位升高，活化能降低，活性增强。通过 X 射线衍射(XRD)分析，图谱上出现的不是理想晶体的衍射峰，而变为漫散峰。按照衍射峰的强度及半高宽，可以定量分析晶格畸变和无定形化的程度。在粉碎过程中，物料颗粒不断细化，从脆性破坏变为塑性变形。颗粒发生塑性变形需要消耗机械能，同时增值和移动的位错又存储能量，形成机械力化学的活性点，增强并改变了物料的化学反应活性。并且粉碎过程中机械力化学的主要特征是体系自由能增大。

(3)在机械力作用下，物料颗粒的晶体结构发生破坏，并趋于无定形化，内部存储大量能量，使得表层能位更高，因而活化能下降，表面活性提升。

(4)粉磨系统输入的大部分能量转化为热能，使塑料表面温度升高，提高了颗粒的表面活性。

2)机械力作用导致的化学变化

在粉磨过程中，粉体颗粒承受较大应力或反复应力作用的局部区域可以产生溶解反应、分解反应、水合反应、合金化、固溶化、金属与有机化合物的聚合反应等。在这些反应中，有的是热力学定律所不能解释的；有的对周围环境压力、温度的依赖性很小；有的则比热化学反应速率快几个数量级。机械力化学反应与一般的化学反应不同，其与宏观温度无直接关系，被认为主要是由颗粒的活化点之间的相互作用而产生的，这正是机械力化学反应的特点之一。

2.2.3 粉体的流体力学特性

流体力学是研究在力的作用下，流体运动规律的科学，而颗粒流体力学是从力学上研究固体颗粒与流体间发生相对运动的规律以及它们之间相互作用的规律。由此可知，颗粒流体力学是流体力学的一个分支。在工程实际中，颗粒流体力学大多表现为多相流动[11]，例如，泥浆的气力搅拌系统、矿物颗粒的浮选系统等，均存在水、气体及颗粒间的多相流动。其中最普通的一种是两相流动，主要指固、液、气、等离子体等两相组合中产生的相互间的流动。本章仅就颗粒-流体的两相流动进行简要介绍。

实际生产中的许多工艺过程，如分级、混合，输送，干燥、预热、浓缩、过滤、分解、煅烧，冷却等，都体现了颗粒-流体体系的应用。上述过程有的是单纯的流体与固体的相对运动，有的是伴随传质和传热过程的多相流动。无论哪种情况，都是基于外力、重力、惯性力、浮力、电力等的作用。颗粒-流体的两相流动可归纳为三种典型情况，即①颗粒在流体中的沉降现象，例如粉体的分级流态化过程、水泥生料的窑外分解、生料均化等；②流体透过颗粒层的流动现象，例如在工业装置中进行废水处理时水穿过活性颗粒层、催化反应时液态反应物穿过催化剂颗粒层、吸收塔内液体穿过填料层等；③颗粒在流体中的悬浮现象，例如气力输送、收尘、悬浮预热等。

1. 流体中粉体颗粒的受力分析

1) 重力和浮力

对于直径为 d_p、密度为 ρ_p 的球形颗粒，所受重力 F_g 为

$$F_g = \frac{\pi d_p^2}{6} \rho_p g \qquad (2-23)$$

在密度为 ρ 的流体中，颗粒所受的浮力 F_a 为

$$F_a = \frac{\pi d_p^2}{6} \rho g \qquad (2-24)$$

2) 离心力

指颗粒在离心力场中(如离心机内)做离心运动时受到的离心力作用。对于直径为 d_p、密度为 ρ_p 的球形颗粒，其在离心半径 r 处所受的离心力 F_τ 为圆周速度 u_τ 的函数：

$$F_\tau = \frac{\pi d_p^2 (\rho_p - \rho)}{6} \frac{u_\tau^2}{r} \qquad (2-25)$$

3) 压力梯度力

颗粒在有压力梯度的流体中运动时，受到压力梯度产生的作用力，称为压力梯度力，此力的作用方向与流场压力梯度相反。若球形颗粒的直径为 d_p，其在压力梯度 $\partial p / \partial x$ 为常数的流场中，所受的压力梯度 F_p 为

$$F_p = \frac{\pi d_p^2}{6} \frac{\partial p}{\partial x} \tag{2-26}$$

4) 流体阻力

颗粒在流体内做相对运动时，要受到阻力 F_d 的作用。阻力的大小与垂直于运动方向颗粒的横截面面积 A、颗粒与流体介质间相对运动速度 u、流体的黏度 μ 和密度 ρ 等因素有关，它们的关系可用函数式表示为

$$\begin{aligned} F_d &= f(A, u, \mu, \rho) \\ &= \xi A \mu \rho \frac{u^2}{2} \end{aligned} \tag{2-27}$$

式(2-27)为牛顿阻力定律。式中，ξ 为阻力系数，是雷诺数 Re 的函数，对直径为 d_p 的球形颗粒，式(2-27)可变换为

$$F_d = \frac{\pi}{4} \xi d_p^2 \rho \frac{u^2}{2} \tag{2-28}$$

当雷诺数 Re 较小时，流体处于层流状态，那么流体作用于球形颗粒的阻力 F_d 为

$$F_d = 3\pi \mu d_p u \tag{2-29}$$

式(2-29)为斯托克斯阻力定律。式中，μ 为流体黏度，是牛顿阻力定律在迎流面积 $A = \pi d_p^2 / 4$（圆球最大截面积）、阻力系数 $\xi = 24/Re$ 情况下的流体阻力。

2. 流体颗粒的阻力系数和雷诺数

模仿流体的雷诺数，将颗粒的雷诺数 Re 定义为

$$Re = \frac{d_p u \rho}{\mu} \tag{2-30}$$

式中，d_p 为粉体颗粒直径；u 为流体流速；ρ 为流体密度；μ 为流体黏度。

球形颗粒的 Re 值与阻力系数 ξ 的关系见表 2-4 和图 2-13。球形颗粒的沉降可划分为层流区（斯托克斯区）、过渡区（艾伦区）、湍流区（牛顿区）三个区域，阻力系数可近似为：层流区，$10^{-4} < Re < 0.3$，$\xi_S = 24/Re$；过渡区，$2 < Re < 500$，$\xi_A = 10/\sqrt{Re}$；湍流区，$500 < Re < 10^5$，$\xi_N = 0.44$。

表 2-4　球形颗粒的 Re-ξ 关系

Re	ξ	Re	ξ	Re	ξ	Re	ξ
0.01	2400	1	26.5	1×10	4.1	1×10^2	1.07
0.1	120	2	14.5	2×10	2.55	2×10^2	0.77
0.2	80	3	10.4	3×10	2.00	3×10^2	0.65
0.5	49.5	5	6.9	5×10	1.50	5×10^2	0.55
0.7	36.5	7	5.4	7×10	1.27	7×10^2	0.50
Re	ξ	Re	ξ	Re	ξ	Re	ξ
1×10^3	0.46	1×10^4	0.405	1×10^5	0.48	1×10^6	0.13
2×10^3	0.42	2×10^4	0.45	2×10^5	0.42	3×10^6	0.20
3×10^3	0.40	3×10^4	0.47	3×10^5	0.20		
5×10^3	0.385	5×10^4	0.49	5×10^5	0.084		
7×10^3	0.390	6×10^4	0.50	6×10^5	0.10		

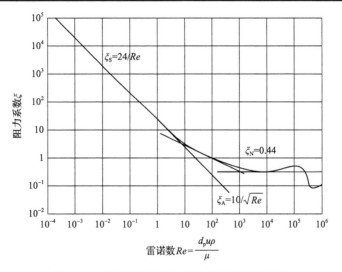

图 2-13　球形颗粒的阻力系数和雷诺数的关系

3. 粉体对流体的阻力

1) 层流透过流动阻力

气态或液态流体穿过粉体层或其他填料层，称为透过流动现象。自然界中，雨水穿过土层、海水穿过沙层、石油穿过页岩等都是透过流动现象。在工业装置中进行废水处理时水穿过活性炭颗粒层、催化反应时液态反应物穿过催化剂颗粒层、过滤时水冲洗滤饼、吸收塔内液体穿过填料层等，以及气体穿过粉体或其他料层，都是透过流动现象。

1896 年，法国学者达西对地下水流过砂层进行了实验研究。如果给定单位时间内流体的体积流量为 Q，流通面积为 A，流体黏度为 μ，颗粒层厚度为 L，阻力(压力损失，压强降)为 Δp，则流体的平均流速 u 为

$$u = \frac{Q}{A} = k \frac{\Delta p}{\mu L} \qquad (2\text{-}31)$$

式(2-31)称为达西公式。式中，k 为透过率，是取决于颗粒层物性的一个常数。

假定粉体层空隙分布均匀，任意断面的空隙率都等于 ε，近似为均一形状通道的集合体，通道的内表面积等于粉体层内所有颗粒的外表面积 S_V，可以得到用于计算层流状态的透过流动阻力公式：

$$\Delta p = 5\mu u L S_V^2 \frac{(1-\varepsilon)}{\varepsilon^2} \qquad (2\text{-}32)$$

2)湍流透过流动阻力

(1)奇尔顿-科尔伯恩公式

圆形直管内不可压缩流体的压强计算通式(对于层流和湍流均适用)为人们所熟知的范宁公式：

$$\Delta p = 4f \frac{\rho u_e^2}{2} \frac{L}{d} \qquad (2\text{-}33)$$

式中，f 为管壁摩擦因子；ρ 为流体密度；u_e 为管内平均流速；d 为管直径；L 为管长度。

将范宁公式推广应用到填料塔、圆管中填装各种填充物的场合。若以 S 表示断面上的开孔率，以 u 表示空塔速度(单位时间流量与圆管截面积的比值)，范宁公式中的 $u_e = u/S$，将 d 替换为填充物粒径 d_p，f/S^2 用修正摩擦系数 f' 代替，得到奇尔顿-科尔伯恩公式：

$$\Delta p = 4f' \frac{\rho u^2}{2} \frac{L}{d_p} \qquad (2\text{-}34)$$

式中，f' 可根据雷诺数 Re 近似计算，对于层流，$f'=850Re^{-1}$；对于湍流，$f'=38Re^{-0.15}$。粒径与填充圆筒直径相比其值较大时，f' 必须进行壁效应修正，填充为环状或圆柱状时也需要修正。

(2)利瓦公式

利瓦着重对催化反应塔的设计、催化剂颗粒层的压力损失问题进行了分析，并提出了催化用粉体或填充物的计算公式。考虑空隙率、颗粒形状及表面粗糙度，得到计算压降的利瓦公式：

$$\Delta p = \frac{2f\rho u^2 L\left(1-\varepsilon\right)^{3-n}}{d_{S_V}\Phi_C^{3-n}\varepsilon^3} \tag{2-35}$$

式中，d_{S_V} 为等体积比表面积球当量；Φ_C 为卡门形状系数。

层流区，$Re<10$，$n=1$，$f=100/Re$；湍流区，$Re>100$，$n=1.9$，f 随着填充物表面粗糙度不同而变化，可用下式表示：

$$\Delta p = 2a\frac{\mu^{0.1}u^{1.9}\rho^{0.9}L}{d_{S_V}^{1.1}\Phi_C^{1.1}}\frac{\left(1-\varepsilon\right)^{1.1}}{\varepsilon^3} \tag{2-36}$$

式中，对于玻璃、陶瓷等表面光滑的颗粒，$a=1.75$；对黏土和刚玉等，$a=2.63$；对硫砷钴矿、粒状 MgO 等表面粗糙的颗粒，$a=4.0$。

(3)欧根公式

欧根从雷诺数一般式出发，将填充层流动阻力用层流阻力与湍流层之和来处理：

$$\frac{\Delta p}{L} = au + b\rho u^2 \tag{2-37}$$

式中，a 和 b 为取决于流动系统的系数。当速度 u 较小，式(2-37)右边第一项起支配作用；对于高速流动状态，式中第二项起支配作用。欧根基于许多实验数据整理得到从层流到湍流均适用的欧根公式：

$$\frac{\Delta p}{L} = 150\times\frac{\left(1-\varepsilon\right)^2}{\varepsilon^3}\frac{\mu u}{d_p^2} + 1.75\times\frac{1-\varepsilon}{\varepsilon^3}\frac{\rho u^2}{d_p} \tag{2-38}$$

3)粉体的流化阻力

在粉体填充层内逐渐增大空气流速 u，观测 u 和流化阻力 Δp 的关系，得到图 2-14(a)的曲线，AB 为固定状态，Δp 随着 u 增大而增大，直到可以支撑粉体层的全部重力，粉体层的填充在一定状态上出现不稳定，一部分颗粒开始运动，颗粒重新进行排列，因此 BC 段 Δp 缓慢上升。

C 点是分体保持相互接触的最疏填充状态，过了 C 点，粉体不再保持固定床状态，粉体层开始悬浮运动，C 点称为流化开始点。一旦流化开始，由于粉体层膨胀，空隙率增大，所以越过 CD 段，即使 u 增大，Δp 也几乎不变。若 u 继续增加，流化床就变得不稳定，产生沟流和腾涌现象。流化床有如图 2-14(b)所示的几种情况，液态流体可形成均相流化床，但固体极难形成稳定的均相流化床，而是极易产生气泡和腾涌。

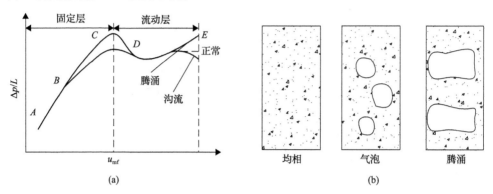

图 2-14　流化床状态变化

(a)阻力变化；(b)变化模型

气流速度 u 逐渐下降时，BCD 消失，而是沿着虚线变化。在稳定流化床状态下，粉体浓度的悬浊相呈现类似液体的状态。

粉体的最小流化速度 u_{mf} 是上述 C 点的流体表观速度，其存在条件是粉体层（厚度 L）的重力与流化阻力 Δp 平衡。如果以 ε_{mf} 表示该状态下的空隙率，Δp 可由式(2-39)确定：

$$\Delta p = L\left(1 - \varepsilon_{mf}\right)\left(\rho_p - \rho\right) \tag{2-39}$$

利瓦引入最小流化系数 C_{mf}，由式(2-40)计算最小流化速度 u_{mf}

$$u_{mf} = C_{mf}\frac{d_p^2 g\left(\rho_p - \rho\right)}{\mu} \tag{2-40}$$

根据归纳，最小流化系数 C_{mf} 和 $Re = d_p u_{mf} \rho / \mu$ 之间的近似关系式为：当 $Re < 1$，$C_{mf} = 6.05 \times 10^{-4} Re^{-0.0625}$；当 $20 < Re < 6000$，$C_{mf} = 2.20 \times 10^{-3} Re^{-0.555}$。基于此，当 $Re < 1$ 时，最小流化速度 u_{mf} 变为下式：

$$u_{mf} = 8.022 \times 10^{-3} \times \frac{\left(\rho_p - \rho\right)^{0.94} d_p^{1.82}}{\rho^{0.059} \mu^{0.88}} \tag{2-41}$$

计算时，先按式(2-41)计算 u_{mf}，然后按式(2-30)计算 Re。当 $Re > 10$，计

算 u_{mf} 需要再乘以图 2-15 所示的利瓦修正系数。

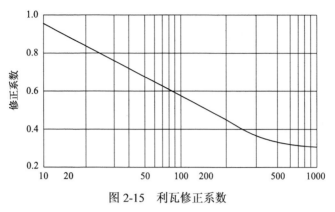

图 2-15　利瓦修正系数

2.3　粉体灭火的关键性能参数

当微细固体粉末具有良好的干燥性和流动性,同时为燃烧反应的非活性物质,且粉体本身或者遇热分解后所产生的自由基可捕捉燃烧反应产生的 H· 和 OH· 等自由基并终止链反应时,该类粉体就具备了成为干粉灭火剂灭火组分的潜能。碳酸氢盐类(如碳酸氢钠、碳酸氢钾)、磷酸盐类(如磷酸铵)、氯化物盐类(如氯化钾、氯化钠、氯化钡)等粉体都具有此类特点。

干粉灭火剂的主要组分是指干粉灭火剂的灭火组分,不包括用于改善灭火剂储存、防潮、流动性等性能的添加剂。依据灭火机理分析,主要组分的质量分数决定了灭火剂的灭火效能,质量分数越高,其捕获燃烧反应中产生的自由基的能力就越大,灭火效能越高。同时,不同类别的主要组分会有不一样的灭火能力,比如碳酸氢盐类干粉灭火剂可以扑灭油火、气体火灾,不能用于固体火灾。而磷酸铵类灭火剂却可以扑灭固体、液体和气体火灾。

干粉灭火剂[12]因灭火效率高、速率快、原料来源广泛、对人畜无毒害、对环境污染低、不需要特殊动力及使用温度宽等特点,获得了广泛应用。干粉灭火剂粉体的各项特性必须满足一定的技术指标,影响干粉灭火剂灭火性能的关键指标包括:主要组分类别与含量、粒度分布、松密度、含水率、吸湿性、抗结块性、斥水性、流动性、耐低温性等。

《GB 4066—2017 干粉灭火剂》对干粉灭火剂的各项性能指标作了如下要求,如表 2-5 所示。

表 2-5　干粉灭火剂主要性能指标

项目		技术指标
松密度/(g/mL)		≥0.85，公布值±0.07
吸湿率/%		≤2.00
抗结块性(针入度)/mm		≥16.0
斥水性/s		无明显吸水，不结块
流动性/s		≤7.0
粒度分布/%	0.250mm	0.0
	0.250mm～0.125mm	公布值±3.0
	0.125mm～0.063mm	公布值±6.0
	0.063mm～0.040mm	公布值±6.0
底盘	碳酸氢钠	≥70%
	磷酸铵盐	≥55%
耐低温性/s		≤5.0
电绝缘性/kV		≥5.00
喷射性能/%		≥90
灭火效能		三次灭火试验至少两次灭火成功

2.3.1　灭火性能参数

　　表征粉体灭火性能的参数主要包括粉体的粒径及粒度分布、灭火浓度、灭火时间和复燃性等。

　　粉体的粒径是影响其灭火效果的关键因素。粉体颗粒粒径越小，分散度越大，总面积越高，活性越强，易均匀分散于空气中并与周边媒介相互作用，在灭火过程中，受热分解速率加快，自由基捕获能力增强，灭火效能更好。当粒径小于 20μm，达到超细干粉灭火剂水平时，由于粉体颗粒比较细，喷出后很容易弥漫整个空间，可以作为全淹没灭火剂使用，具有类似气体灭火剂的效果，拓宽了干粉灭火剂的应用范围。

　　除粒径外，粒度分布情况也会对干粉灭火剂的灭火性能产生一定影响。每种灭火剂的灭火组分都有一个临界粒径(表 2-6)，小于临界粒径的粒子能充分分解，起主要灭火作用，而大于临界粒径的灭火组分粒子由于其粒径太大，不能在火焰中及时气化、分解，对灭火的贡献不大，主要起载体作用，以夹带小粒子到达灭火对象。因此要使干粉灭火剂达到最佳的灭火效能，需要严格控制粉体的粒度分布，使大小颗粒的比例达到一个最佳值。

　　小粒子最佳比的计算公式如下：

$$X_{\mathrm{A}} = 0.673 \left({10^4} \middle/ {S_{\mathrm{A}}^2} \right) + 0.332 \tag{2-42}$$

$$S_A = \int S dx \tag{2-43}$$

式中，S_A 为载体粒径加权平均值；S 为载体粒度分布；X_A 为载体粒子的质量分数。

表 2-6　不同灭火组分的临界粒径

灭火组分	临界粒径/μm	灭火浓度/(mg/L)	灭火效能(灭火浓度的倒数)/(L/mg)
$(NH_4)_2SO_4$	30	218	45.9×10^{-4}
$NaHCO_3$	16	50	200×10^{-4}
K_2SO_4	16	34	294×10^{-4}
$KHCO_3$	20	35	289×10^{-4}
NaCl	20	50	200×10^{-4}
KCl	20	51	196×10^{-4}

除了灭火浓度之外，还包括灭火时间和复燃性。灭火时间是指从灭火剂开始喷射至试验中的火被扑灭的时间。复燃性是指在指定的时间内被扑灭的火是否有复燃现象发生。

2.3.2　充装与释放性能参数

粉体的充装与释放性能参数主要包括粉体的松密度、流动性、扩散(悬浮)性、喷射性能及振实密度等。

1. 松密度

对于普通干粉灭火剂来说，松密度反映了单位体积普通干粉灭火剂的质量。对于超细干粉灭火剂，松密度反映了单位体积超细干粉灭火剂的质量。它主要对灭火装置的大小设计及充装性能产生影响，所以干粉灭火剂松密度测量方法的研究对于干粉灭火剂性能表征具有重要意义。

2. 流动性

粉体之所以能流动，其本质是粉体中粒子受力不平衡，对粉体流动性影响最大的是重力和颗粒间的黏附力。粉体颗粒之间的黏附力越强，其流动性越差。粉体的流动性对干粉灭火剂的输送和喷射率有重要影响。一般情况下，干粉灭火剂流动性越好，灭火时不易堵塞喷嘴、管、阀等，因而其喷射效率越高。

3. 扩散(悬浮)性

对于干粉灭火剂来说，特别是超细干粉灭火剂施放后所表现的运动特性主要包括运动过程中的弥散特性、波动特性、悬浮与沉降特性等[13]，这些都会影响施放后粉体浓度的分布，最终在物理机制上影响其灭火效能。因此，认识并研究干粉灭火剂的运动特性，对指导灭火剂制备、工程应用以及提高其灭火效能具有重要意义。

超细干粉灭火剂的粒径一般小于 20μm，具有非常出色的扩散(悬浮)性能。理论上，微粒直径级别越小，其波动特性就越接近气体性质，从而表现出较好的弥散特性，能够绕过障碍物到达火源区域参与链式反应，并能以三维方式迅速充满整个保护区域，均匀分布于保护区域的每个角落，形成全淹没状态，使得火灾不再复发。但是超细干粉灭火颗粒的数量会在弥散过程中因沉降、扩散、凝结等作用而减少。其中，当颗粒粒径大于 1μm 时，实施灭火时会由于沉降作用而使得超细干粉灭火颗粒的数量减少；当颗粒粒径在 0.1~1μm 时，超细干粉灭火颗粒的数量由于扩散作用而减少；当颗粒粒径小于 0.1μm 时，超细干粉灭火颗粒受上升热气流、分子力、静电力、流体动力的作用，易凝结成较大颗粒，数量随之减少。

2.3.3 储存性能参数

粉体的储存性能也是影响其灭火性能的重要参数，主要包括粉体的含水率、抗结块性、吸湿性和斥水性以及耐低温性等。

1. 含水率

含水率是粉体中所含水分与粉体总质量之比。含水率的高低会影响干粉灭火剂的储存时长和结块程度。若干粉灭火剂的含水率过高，会更容易引起结块固化，影响干粉灭火剂的长期储存和使用。同时，也会导致干粉灭火剂的电阻明显下降，影响对高压电气火灾的施救。

2. 抗结块性

结块性是物质从松散状态转变为团块的一种性质，抗结块性是衡量粉末是否易于黏结和结块的一个指标。影响结块的自身因素主要包括化合物化学成分、结晶形式、颗粒大小和其中的含水量等。干粉灭火剂粒度越小，其比表面积越大，更易吸潮；含水量越高，抗结块能力也会越小。干粉灭火剂如果发生结块，会直接影响其储存、运输和使用。

3. 吸湿性和斥水性

吸湿性是指将干粉灭火剂置于相对湿度较大的空气中，粉体会吸附空气中的水分，出现流动性降低或结块的现象。这是检验干粉灭火剂抗潮性好坏的标志之一。干粉灭火剂吸湿结块后会影响灭火剂的储存性能、流动性和喷射性能，从而影响其灭火效能。斥水性也是衡量干粉灭火剂防潮能力的表观指标，同时斥水性还可用来评价干粉灭火剂表面改性后的疏水效果。

一般情况下，斥水性和吸湿率存在对应关系，干粉灭火剂的斥水性好，其吸湿率相应来说较小，从而可以更好地覆盖在燃烧物表面，构成阻碍燃烧的隔离层，提高其灭火性能。

4. 耐低温性

由于干粉灭火剂本身具有一定的含水量，加之在大气中的吸湿性，在低温条件下，粉体会发生一定的附聚作用和结块现象，从而对干粉灭火剂的流动性及灭火装置的启动性能、喷射性能产生一定影响，降低其灭火性能。因此明确干粉灭火剂的耐低温性，一方面可以考查含水量对干粉灭火剂低温下使用的影响，另一方面可以考查干粉灭火剂在低温下所表现的附聚作用，进而分析评估干粉灭火剂在极寒或低温条件下的适用性。

2.3.4 适用性能参数

影响粉体灭火性能的适用性能参数主要包括粉体的电绝缘性、腐蚀性、适用扑救的火灾等。

1. 电绝缘性

大部分用来作干粉灭火剂的粉体都具有一定的电绝缘性，可以用来扑灭 E 类电器设备火灾。影响干粉灭火剂电绝缘性的因素主要包括以下两个方面。

首先，含水率越高电绝缘性越低。实验结果表明，当碳酸氢钠干粉灭火剂、磷酸铵盐干粉灭火剂的含水率大于 0.25% 时，其电绝缘性能急剧下降；含水率小于 0.20% 时，电绝缘性能大都在 5kV 以上，符合标准要求；进一步降低其含水率至 0.10% 以下，干粉灭火剂的电绝缘性能不再显著变化。

其次，不同的灭火组分，同样也有不一样的电绝缘性。对含水率接近的不同组分的干粉灭火剂进行电绝缘性测试时，不同的配方组成具有不同的物化性质，电绝缘性相差很大。实验证实，碳酸氢钠干粉灭火剂的电绝缘性要优于磷酸铵盐类干粉灭火剂(表 2-7)。

2. 腐蚀性

目前商用的干粉灭火剂多为钠盐组分，在制备中会残存微量水分，同时，灭火干粉与大气接触时也容易吸潮，一旦喷射到金属制品表面，潮解的粉体与金属形成原电池，从而对金属表面造成电化学腐蚀[14]。因此在扑救精密设备火

表 2-7 碳酸氢钠干粉灭火剂、磷酸铵盐类干粉灭火剂的电绝缘性对比

样品号 项目	碳酸氢钠干粉灭火剂		磷酸铵盐干粉灭火剂	
	含水率/%	电绝缘性/kV	含水率/%	电绝缘性/kV
1	0.22	8.30	0.22	4.98
2	0.21	5.40	0.21	7.02
3	0.20	5.79	0.20	5.60
4	0.19	9.30	0.19	4.55

灾时,不建议用干粉灭火剂进行灭火。如果使用干粉灭火剂进行灭火,施放后需要进行汽油洗、酸洗等步骤,存在一定困难且不易清洗干净,残留的粉体会对精密设备造成一定程度的腐蚀。

除此之外,潮解的干粉也会对储存容器造成很强的电化学腐蚀,该问题多年来一直困扰着干粉的安全储存。为防止干粉灭火剂对灭火器造成腐蚀,需要对充装干粉灭火剂的灭火器进行防腐蚀处理,如灭火器的喷头应采用铜合金、不锈钢等耐腐蚀的材料制造等。《GA 86—2009 简易式灭火器》对灭火器的抗腐蚀性测试作了明确要求,具体如下:

1)外部盐雾腐蚀试验

实验前先将灭火器及其附件清洗干净,保证表面没有杂质。将灭火器直立放入盐雾实验箱中,注意灭火器之间保持一定距离,同时也不能与箱壁接触。

盐雾试验箱的试验溶液由蒸馏水加入氯化钠配制而成,浓度为 50g/L±1g/L,常温的 pH 为 6.5~7.2。盐雾试验箱内的温度应保持在 35℃±2℃,喷雾速率为 1~2mL/h。试验箱内必要时应装有导流板,以防盐溶液直接冲击灭火器表面。

试验周期为 480h,试验周期内喷雾不能停止。试验结束后,从试验箱内取出,用温水清洗干净,仔细检查灭火器及附件表面腐蚀情况,试验后的灭火器不影响其操作和强度即为合格。

2)内部腐蚀试验

将充装灭火剂的灭火器放入试验箱内,按表 2-8 规定的温度和时间进行 8 次循环试验。

表 2-8 温度循环处理程序

试验程序	试验温度/℃	持续时间/h
1	灭火器最低使用温度±2	24±1
2	20±5	>24
3	60±2	24±1
4	20±5	>24

试验完成后，去除灭火器内的灭火剂，用温水清洗灭火器内部及附件表面，仔细检查其腐蚀情况。一元包装式灭火器(灭火剂与驱动气体同处于一个包装空间，完全喷射时驱动气体随灭火剂全部喷出的灭火器)筒体的内表面应耐灭火剂的腐蚀，表面腐蚀试验后灭火器的内表面不应有锈蚀和锈斑，涂层不应有肉眼可见的龟裂、气泡和剥落等缺陷。二元包装式灭火器(灭火器带有弹性胶囊的阀门，预先将驱动气体单独储存于筒体内壁与胶囊之间，然后再将灭火剂充装于胶囊内，当阀门开启时，驱动气体不随灭火剂一起喷出的一种灭火器)的灭火剂需充装在耐腐蚀的胶囊内，不与金属筒体直接接触，故筒体内壁无须内喷涂，可减少喷涂工艺设备。

2.4　主要性能指标的测定方法

2.4.1　粒径及粒度分布

在《GB 4066—2017 干粉灭火剂》中，颗粒粒度的检测方法为振动筛分法(图 2-16)。检测步骤为：称取适量干粉灭火剂，放入顶筛内，将套筛固定在振筛机上，振动 10min。取下套筛，分别称量留在每层筛上的试样质量。

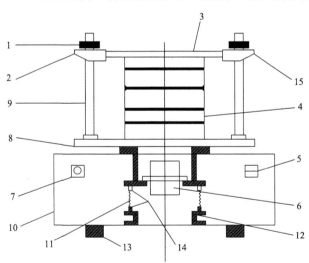

图 2-16　标准检验筛产品结构图

1-圆手柄；2-紧固手柄；3-顶盖；4-筛框；5-开关；6-振动电机；7-定时器；8-振动托盘；
9-螺杆；10-壳体；11-弹簧；12-底桶；13-地脚；14-弹簧座；15-压头

干粉灭火剂在每层筛上的质量分数 X 按式(2-44)计算：

$$X = m_1/m_2 \times 100\%$$

(2-44)

式中，m_1 为试样在每层筛上的质量，g；m_2 为试样的总质量，g。

取回收率大于 98%的两次试验结果的平均值作为测定结果。另外，也可以采用激光粒度仪测试超细干粉灭火剂的粒度分布和平均粒径。平均粒径多以 D_{50} 表示，也称颗粒的中位径，意思是粒径小于或等于此值的颗粒体积占粉体总体积的 50%。同理，$D_{90}(D_{10})$ 是指粒径小于或等于此值的颗粒体积占粉体总体积的 90%(10%)。根据《GA 578—2005 超细干粉灭火剂》中对超细干粉灭火剂的粒径要求，D_{90} 需要小于 20μm，若满足要求，则认为制得的超细干粉灭火剂的粒度分布是符合标准的。

2.4.2 松密度

参考《GB 4066—2017 干粉灭火剂》中测量松密度的方法，称取适量干粉灭火剂置于量筒中。将量筒装在松密度测定仪上，与水平面保持垂直，上下颠倒量筒数次后，静置 3min，记录试样的体积。

松密度 D_b 按下式计算：

$$D_b = \frac{m_0}{V} \tag{2-45}$$

式中，D_b 为松密度，g/mL；m_0 为试样的质量，g；V 为试样所占的体积，mL。

取差值不超过 0.04g/mL 的两次试验结果的平均值作为测定结果。

超细干粉灭火剂松密度较小，国家标准没有对其值作具体要求，仅要求其稳定在厂方公布值的±30%范围内。

2.4.3 含水率

参照《GB 4066—2017 干粉灭火剂》中含水率的测试方法。在恒重的称量瓶中，称取适量干粉灭火剂，在盛有硫酸的干燥器中干燥 48h。称量干燥后的干粉灭火剂质量。

含水率 x_1 按式(2-46)计算：

$$x_1 = \frac{m_1 - m_2}{m_1} \times 100\% \tag{2-46}$$

式中，m_1 为干燥前试样质量，g；m_2 为干燥后试样质量，g。

取差值不超过 0.02%的两次试验结果的平均值作为测定结果。

2.4.4 吸湿率

参照《GB 4066—2017 干粉灭火剂》中吸湿率的测试方法。利用如图 2-17 的恒湿系统,称取适量干粉灭火剂,置于恒湿系统中 24h,分别测量吸湿前和吸湿后的干粉质量。

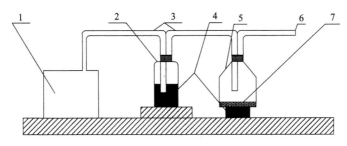

图 2-17 饱和氯化铵溶液恒湿系统

1-供气缓冲装置；2-广口瓶；3-玻璃管；4-饱和氯化铵溶液；5-ϕ250mm 增湿器；6-空气出口；7-增湿器孔板

吸湿率 x_2 按式(2-47)计算:

$$x_2 = (m_1 - m_2) / m_2 \times 100\% \tag{2-47}$$

式中, x_2 为试样吸湿率,%; m_2 为吸湿前试样质量,g; m_1 为吸湿后试样质量,g。

取差值不超过 0.05%的两次试验结果的平均值作为测定结果。超细干粉灭火剂的吸湿率也可采用同样的方法测得。

2.4.5 斥水性

斥水性的检测方法通常为以下两种。

1. 水滴法

将过量的干粉灭火剂试样放入直径为 65mm 的培养皿中,表面用玻璃棒刮平,在干粉表面三个不同点用注射器各滴加 0.3mL 蒸馏水。随后将培养皿放在温度为 20℃±5℃(相对湿度为 75%),盛有饱和氯化钠溶液的干燥器内,1h 后观察水粉界面变化情况,观察有无吸水、结块现象,根据时间长短所表现出的结块情况来判断干粉灭火剂斥水性的好坏。

2. 漂浮法

将产品放于 50℃±5℃的恒温干燥箱内干燥 1h,冷却,称量 10g,置于盛有 400mL 水(油)的 500mL 烧杯中,用玻璃棒搅拌 10min 后,记录粉体在油面上的变化情况。

2.4.6 抗结块性

对于干粉灭火剂来说，结块趋势通常以针入度和斥水性表示。目前对于粉末抗结块性标准与研究多用针入度法来测量。针入度愈大表示稠度越小，即粉体抗结块性越好。

针入度的测量方法参考《GB 4066—2017 干粉灭火剂》。测定针入度时，针尖要贴近试样表面，针入点之间、针入点与杯壁之间的距离不小于 10mm。针自由落入试样内 5s 后，记录针插入试样的深度，每只烧杯的试样测三个针入点。最终结果取与平均值偏差不超过 5%的 9 次试验结果的平均值。

用针入度法测定配方和制备工艺相同的干粉灭火剂效果较好，能够定量地反映结块趋势的差别。但是，对不同类别的干粉灭火剂，却表现出很大的局限性，有时针入度数据与吸湿结块的情况会出现完全相反的结果。为了弥补针入度法的局限性，在采用针入度测定干粉灭火剂的抗结块性的同时测定其斥水性，这样能较好地判定干粉灭火剂的结块性能。

2.4.7 流动性

《GB 4066—2017 干粉灭火剂》中采用玻璃砂钟(图 2-18)来测试干粉灭火剂的流动性。具体操作如下：

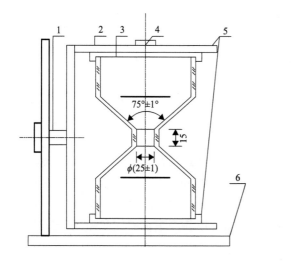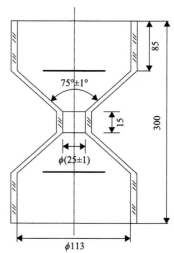

图 2-18　流动性测定仪
1-轴；2-支架；3-玻璃砂钟；4-紧固螺母；5-玻璃砂钟盖；6-底座

称取干粉灭火剂试样 300g，精确至 0.5g，放入玻璃砂钟内。将玻璃砂钟安装在支架上，然后将试样在砂钟内连续翻转 30s，使试样充气后，立即开始测定其连续 20 次自由通过中部颈口的时间。通过测定粉体在重力作用下，从规定的容器中流出的速度来判断粉体的流动性，实验结果取 20 次试验时间的算术平均值。

超细干粉灭火剂粒径很小，质量较轻，对于其流动性的评价不能像普通干粉灭火剂那样采用玻璃砂钟来测试。而是利用粉体的填充特性，通过测量其在冲击填充时压缩度的变化过程来描述粉体的流动性。

测试用实验仪器按照《GB 5162—1985 金属粉末—振实密度的测定》中的振实装置进行组装，如图 2-19 所示。该装置通过电机带动凸轮转动，来使定向滑杆上下滑动，敲击砧座，使量筒内粉末逐渐被振实，振幅为 3mm。

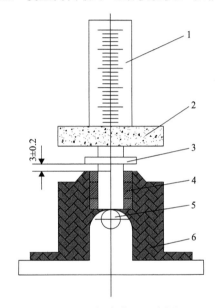

图 2-19 振实装置示意图
1-量筒；2-支座；3-定向滑杆；4-导向轴套；5-偏心轮；6-砧座

原理为粉末的流动性直接受粉末黏着力的影响，黏着力越大，粉末的流动性越差。在不同的振动次数下，测量粉末振实后的体积。粉末的黏着力和流动性根据式(2-48)、式(2-49)求出。

$$\frac{N}{C} = \frac{1}{a}N + \frac{1}{ab} \tag{2-48}$$

$$C = \frac{V_0 - V_T}{V_0} \tag{2-49}$$

式中，N 为振动次数；V_0 为松装粉末体积，mL；V_T 为振实后粉末体积，mL；a 为粉末流动性；$1/b$ 为粉末黏着力。

令 $Y=N/C$，$X=N$，便可得到一条斜率为 $1/a$(用 M 表示)，截距为 $1/ab$(用 B 表示)的直线方程，$Y=MX+B$，由实验曲线求出斜率 M 和截距 B，再由式(2-50)、式(2-51)分别求出粉末的流动性和黏着力。

$$a = \frac{1}{M} \tag{2-50}$$

$$\frac{1}{b} = \alpha \times b \tag{2-51}$$

此处的黏着力和流动性为无量纲单位，所示的数值只表示其量值的大小。粉末流动性数值越大，表示粉末的流动性越差。实际上，它表示的是粉末的流动时间。

2.4.8　耐低温性

参照《GB 4066—2017 干粉灭火剂》中对干粉灭火剂的耐低温性测试方法。

称取干粉灭火剂试样 20g±0.2g，置于试管中。将试管加塞后，放入−55℃环境中 1h。取出试管，使其在 2s 内倾斜直至倒置。用秒表记录试样全部流下的时间。取 3 次试验结果的平均值作为测定结果。通过试管倒置粉体全部流下的时间来表征干粉灭火剂的耐低温性能。

2.4.9　电绝缘性

参照《GB 4066—2017 干粉灭火剂》对干粉灭火剂的电绝缘性进行测试，测定用试验杯如图 2-20 所示，杯体由不吸潮的高绝缘性材料制成。

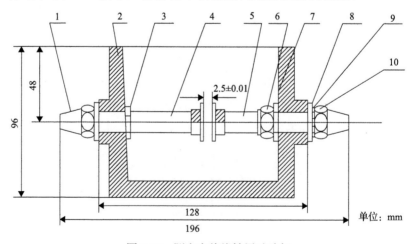

图 2-20　测定电绝缘性用试验杯

1-香蕉插头；2-杯体；3-挡片；4,5-电极；6-调节螺母；7-调节垫片；8-垫片；9-弹簧垫片；10-紧固螺母

将试验杯装满干粉灭火剂试样，放在跌落台上夹紧。在 1Hz 的频率、15mm 的下落高度下，跌落 500 次。用耐压测试仪将电压加到圆盘形电极上，在漏电流 1mA 挡的状态下迅速匀速升压直至击穿为止，记录击穿电压值。结果取两次试验结果的平均值作为测定结果。

参 考 文 献

[1] 周仕学, 张鸣林. 粉体工程导论[M]. 北京: 科学出版社, 2010.

[2] 赵沛, 郭培民. 利用粉体纳米晶化促进低温冶金反应的研究[J]. 钢铁, 2005, 40(6): 6-9.

[3] 胡宏泰, 朱祖培, 陆纯煊. 水泥的制造和应用[M]. 济南: 山东科学技术出版社, 1994.

[4] 崔福德, 游本刚, 寸冬梅. 粉体技术在制药工业中的应用[J]. 中国药剂学杂志(网络版), 2003(2): 68-74.

[5] 吴成宝, 胡小芳, 段百涛. 粉体堆积密度的理论计算[J]. 中国粉体技术, 2009, 15(5): 76-81.

[6] 胡学永. 粉体材料动摩擦系数的实验研究[D]. 北京: 北京化工大学, 2013.

[7] 余爱萍, 陈雪花. 抗紫外纳米 ZnO 粉体的制备与表面改性[J]. 上海化工, 2001, 26(20): 13-15.

[8] 马青. 纳米材料的奇异宏观量子隧道效应[J]. 有色金属, 2001, 53(3): 51.

[9] 崔洪梅, 刘宏, 王继扬, 等. 纳米粉的团聚与分散[J]. 机械工程材料, 2004, 28(8): 38-41.

[10] 苏小莉, 曹智, 张治军. 机械力化学法制备改性超细粉体的研究进展[J]. 金属矿山, 2007(8): 1-3, 15.

[11] 王奎升. 工程流体与粉体力学基础[M]. 北京: 中国计量出版社, 2002.

[12] 刘慧敏, 杜志明, 韩志跃, 等. 干粉灭火剂研究及应用进展[J]. 安全与环境学报, 2014, 14(6): 70-75.

[13] 华敏. 超细干粉灭火剂微粒运动特性研究[D]. 南京: 南京理工大学, 2015.

[14] 刘皓, 张天巍, 夏登友, 等. 凝胶型核壳结构粉体抑制 A 类火的有效性研究[J]. 化工学报, 2019, 70(4): 1652-1660.

第3章 粉体制备技术

粉体的生产流程主要包括物料的制备、改性和筛分分级等工艺，由于各个行业对于粉体的性能要求不同，从而选择不同的粉体制备设备和方法去满足不同领域和场景的应用。近年来，随着干粉灭火剂的普及应用，以及超细和纳米等干粉灭火剂研究的深入和需求的增加，干粉灭火剂的制备技术也越来越受到人们的关注。

由前面的章节可知，粉体的粒径大小、流动性和粒度分布等都是影响干粉灭火剂灭火效能的关键因素。选择合适的制备技术，可以获得粒径更小的干粉，并通过一定的筛分技术使干粉粒度更加均匀。同时对制得的干粉通过一定的技术进行表面改性，从而极大地提高干粉的流动性，对提高粉体的喷射能力和储存时长起到事半功倍的效果。

本章将结合干粉灭火剂的应用，从粉体的化学制备技术、物理制备技术、表面改性技术、筛分与分级技术四个方面进行阐述。

3.1 粉体的化学制备技术

粉体的化学制备技术主要是指依靠化学反应或电化学反应过程，生成新的粉末态物质的方法，主要分为液相合成法、气相合成法及固相合成法三大类。干粉灭火剂的制备多采用液相合成法和气相合成法，包括溶胶-凝胶法、喷雾法、冷冻干燥法、气相沉积法等，目前已用于超细干粉灭火剂的工业化生产，并在纳米级干粉灭火剂的研发中得到应用。

3.1.1 液相合成制粉法

液相合成制粉法广泛应用于实验室和工业上合成纳米粉体，适用于高纯度复合超细粉体的制备。液相合成法将制备目标粉体所需的各种试剂溶解在液体溶剂中构成均相溶液，再通过沉淀反应获得目标粉体的前驱体，最后经过热分解得到最终的微纳米粉体[1]。液相合成法能够较为准确地控制反应进程，包括控制微量组分的量、颗粒形状和尺寸等，并且利于后续精制提纯工艺的开展，但是溶液中形成的颗粒易团聚，分散性差，导致颗粒变大。根据微纳米粉体的生成途径和方式，液相法可以分为沉淀法、水热法、溶胶-凝胶法、溶剂蒸发法、微乳液法、冷冻干燥法、喷雾法和氧化还原法等。本节主要介绍在干粉灭火剂制备中经常使用的沉淀法、溶胶-凝胶法、微乳液法、喷雾法以及冷冻干燥法。

1. 沉淀法

沉淀法以沉淀反应为基础,利用溶液的过饱和特性,通过控制过饱和度、温度、沉淀剂的进料速度等条件去控制成核生长,最终获得粒径均一、分散度高的微纳米颗粒。沉淀法具有合成周期短、成本低、工艺简单、可重复性好的特点,有利于工业化生产,能够借助溶液中的各种化学反应直接得到化学成分均一、粒度分布均匀的粉体材料,在工业化制备粉体材料中应用广泛。然而,沉淀法制备的沉淀物中杂质的含量及配比难以精确控制,并且在沉淀法制备粉体的过程中,沉淀、晶粒长大、漂洗、干燥、煅烧的每一阶段均可能导致颗粒长大及团聚体的形成,干粉灭火剂对于粉体灭火成分的精度及抗结块性要求比较严格,因此工业上用沉淀法制备干粉灭火剂并不常见。

沉淀法制备粉体主要基于溶度积原理。在一定温度下,向一定量溶剂里加入某种溶质,当溶质添加到不能继续溶解时,所得的溶液就达到了饱和状态。在相同温度下小颗粒晶体的饱和蒸气压大于普通晶体的饱和蒸气压,从而导致其溶解度比普通晶体要高,即使溶液处于饱和状态,仍无法析出微小晶体,而是需要进一步提高溶液浓度,使微小晶体从过饱和溶液中析出。根据晶体成核和生长理论,在结晶沉淀时,颗粒的尺寸会随着溶液的过饱和度增大而呈现减小的趋势。控制较高的溶液过饱和度,会迅速产生许多细小的颗粒,利于微纳米粉体的制备。同时,沉淀物的溶解度决定了生成颗粒的尺寸:沉淀物的溶解度越大,相应的颗粒尺寸越大。

沉淀法制备粉体主要分为共沉淀法、均相沉淀法、水解沉淀法、反溶剂沉淀法等,其中反溶剂沉淀法在干粉灭火剂的制备中应用较多。

1)共沉淀法

共沉淀法是制备含有两种或两种以上金属元素的复合氧化物超细粉体的重要方法。通过化学反应,在含有一种或多种金属阳离子的溶液中加入适当的沉淀剂后,使所有离子完全沉淀。根据沉淀类型的不同,可分为单相共沉淀法和混合共沉淀法。

(1)单相共沉淀法。单相共沉淀法又称化合物沉淀法。沉淀物为单一化合物或单相固溶体。溶液中的金属离子按照倍比法则(当有两种以上金属元素时,金属离子的质量是简单的整数比)在溶液中均匀分散,以与目标粉体配比组成相等的化学计量比化合物的形式沉淀,因而沉淀物具有在原子尺度上的组成均匀性。

但是当目标粉体含有两种以上金属元素时，保证组分的均匀性存在一定的困难，并且单相沉淀法形成的固溶体体系十分有限，因此适用范围较窄。

(2)混合共沉淀法。混合共沉淀法是通过在含有两种或两种以上的金属离子的金属盐溶液中加入合适的沉淀剂，反应生成均匀的混合沉淀，来制备高纯超微粉体材料的方法。

混合共沉淀法的关键是保证沉淀物在原子或分子尺度上均匀混合，通常为使沉淀均匀，会将含有多种阳离子的盐溶液缓慢地加入到过量的沉淀剂中并搅拌，使所有沉淀离子的浓度远超过沉淀的平衡浓度，从而尽量使各组分按比例同时沉淀，得到较均匀的沉淀物。最典型的应用是四方氧化锆或全稳定立方氧化锆的共沉淀制备。

以 $ZrOCl_2 \cdot 8H_2O$ 和 Y_2O_3 为原料制备 $ZrO_2 \cdot Y_2O_3$ 超细粉体的过程为：Y_2O_3 用盐酸溶解得到 YCl_3，然后将 $ZrOCl_2 \cdot 8H_2O$ 和 YCl_3 配制成一定浓度的混合溶液，当加入沉淀剂 NH_4OH 后，便会有 $Zr(OH)_4$ 和 $Y(OH)_3$ 沉淀形成。反应式如下：

$$ZrOCl_2 + 2NH_4OH + H_2O \longrightarrow Zr(OH)_4 \downarrow + 2NH_4Cl$$

$$YCl_3 + 3NH_4OH \longrightarrow Y(OH)_3 \downarrow + 3NH_4Cl$$

得到的 $Zr(OH)_4$、$Y(OH)_3$ 共沉淀物经洗涤、干燥、煅烧可得到烧结活性良好的 $ZrO_2 \cdot Y_2O_3$ 微粒。

2)均相沉淀法

均相沉淀法是在均相溶液中，通过溶液中的化学反应有控制地使沉淀剂缓慢、均匀生成，使整个溶液缓慢析出密实、无定形沉淀或大颗粒晶态沉淀的过程。均相沉淀法克服了从外部溶液添加沉淀剂时，由于沉淀剂的不均匀性，导致沉淀产物在整个溶液分布不均匀的缺点[2]。

用均相沉淀法制备超细氧化物粉体时，尿素是最常用的沉淀剂，尿素的水溶液在 70℃ 左右可发生分解反应生成 NH_4OH，从而起到沉淀剂的作用。

$$(NH_2)_2CO + 3H_2O \longrightarrow 2NH_4OH + CO_2$$

生成的 NH_4OH 沉淀剂在金属盐溶液中均匀分布，使得沉淀产物能够均匀生成。在粉体制备过程中，尿素的分解速率受加热温度和尿素浓度的影响，通过合理地控制这两个因素，来降低尿素的分解速率，利用低的尿素分解速率有序制备单晶微粒。均相沉淀法可用于制备多种盐的均匀沉淀，例如球形 $Al(OH)_3$ 颗粒以及锆盐颗粒等。

3) 水解沉淀法

水解沉淀法的原料包括各类无机盐，如硫酸盐、硝酸盐、铵盐、氯化物等，也包括金属醇盐。只要有高度精制的金属盐即可得到高纯度的微纳米粉体。水解沉淀法制备的产品颗粒均匀、致密，易于过滤洗涤，是目前工业化前景较好的一种方法。该方法具有制备工艺简单、能精确控制化学组成、粉体性能重复性好、产率高等优点；不足之处是原料成本高，若能降低成本，则具有极强的竞争力。

水解沉淀法可以分为金属醇盐水解沉淀法和金属无机盐水解沉淀法两种。

金属醇盐水解沉淀法的原理是部分金属有机醇盐可以溶于有机溶剂，并且发生水解反应，生成相应的金属氧化物、金属氢氧化物、水和金属氧化物的沉淀。截至目前，利用金属醇盐水解已制备了成百上千种金属氧化物或复合金属氧化物粉末。基于金属醇盐水解沉淀法制备 $BaTiO_3$ 的过程如图 3-1 所示，通过该方法制得的 $BaTiO_3$ 超细粉体微粒粒径可达到 $10\sim15nm$。

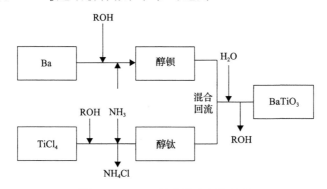

图 3-1　$BaTiO_3$ 纳米粉末制备流程

金属无机盐水解沉淀法的原理是大部分无机盐(除了金属和部分碱土金属的盐类)可在水溶液中发生水解反应，生成可溶性碱式盐。通过控制水解条件，如 pH、初始浓度等，来合成单分散球形或立方体等形状的金属氧化物或水合金属氧化物超细粉体的方法。如通过钛盐溶液的水解形成沉淀，合成球状单分散形态的 TiO_2 纳米颗粒；将四氯化锆和锆的含氧氯化物在水中循环地加水分解制备氧化锆纳米粉体；水解并沉淀三价铁盐溶液，获得相应的氧化铁纳米颗粒等。

水解沉淀法是通过控制水解条件来合成超细粉体，因而水解反应的影响因素在超细粉体的制备中具有重要作用，影响水解反应的因素归纳为以下三个方面。

(1)金属离子的影响。金属离子所带的电荷越高、半径越小、离子极化作用越强，越容易水解。为了得到均匀分散的溶胶，可以考虑控制较低的金属离子浓度，或在溶液中加入表面活性剂、配位螯合剂等。

(2)反应温度的影响。水解反应是一个吸热反应，升高温度有利于水解反应的进行，由此得到的超细粉体材料一般为多晶体，也可直接得到氧化物。只要金属离子的浓度、溶液的 pH 控制准确，基本上都可以得到分散均匀的超细粉体。水解反应的加热可采用电热恒温法和微波辅助法。

(3)溶液酸度的影响。水解反应均会产生 H^+，因而，只要能够减小溶液的酸度，便可有利于水解反应向正向进行，得到氧化物的水合物沉淀或溶胶。

4)反溶剂沉淀法

反溶剂沉淀法是在已含有溶质和溶剂的饱和溶液中，添加另一种对溶质溶解性很差的溶剂(反溶剂)，降低原溶液中溶剂对溶质的溶解能力，从而使溶质过饱和而析出沉淀，实现粉体的提纯或制备。例如在氯化钠水溶液中加入醇可以大大降低氯化钠的溶解度，形成很大的过饱和度，从而结晶析出，常用的醇有乙醇、异丙醇、1,4-丁二醇。

反溶剂沉淀法利用的是过饱和沉淀机理。颗粒结晶过程主要包括成核和晶体生长，当饱和溶液与反溶剂混合后，将在局部立刻出现过饱和状态，晶体成核速率急剧升高，生长出沉淀。若过饱和度足够高，则成核将非常迅速，使粒子失去机会长大，从而沉淀出粒径非常小的粒子；若过饱和度没有达到一定程度，则晶体成核缓慢，使粒子有机会长大，沉淀的粒子粒径也会相应比较大。可以概括为，过饱和度是溶液生长晶体的驱动力。过饱和度与成核速率之间的关系可表示为

$$\gamma_N = \frac{dN}{dt} = K_N \Delta C^m \tag{3-1}$$

式中，γ_N 为成核速率，g/s；K_N 为速率常数；ΔC 为过饱和度，mol/L；m 为反应级数，通常为 1~2。

过饱和度与生长速率之间的关系为

$$\gamma_G = \frac{dL}{dt} = K_G \Delta C^l \tag{3-2}$$

式中，γ_G 为晶体长大速率，g/s；K_G 为速率常数；ΔC 为过饱和度，mol/L；l 为反应级数。

当成核速率大于生长速率时就能得到细颗粒。但过大的成核速率不利于晶体形态的控制，因此应根据实际情况选择合适的改性剂。反溶剂沉淀法中，溶质、溶剂及反溶剂的关系见图 3-2。

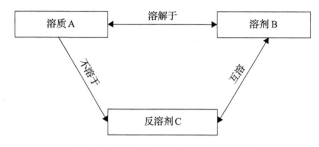

图 3-2 溶质、溶剂、反溶剂关系图

在干粉灭火剂的制备过程中,反溶剂沉淀法的研究越来越多。例如南京理工大学国家特种超细粉体工程技术研究中心利用碳酸氢钠在水和异丙醇中溶解度不同的性质,制备出 D_{50}=0.47μm 的超细碳酸钠粉体[3]。南京理工大学消防技术研究中心用反溶剂沉淀法制得了粒度为 11.74μm 的磷酸二氢铵超细粉体[4]。江苏大学与中盐镇江盐化公司开展科技合作,利用反溶剂沉淀法并结合真空干燥技术制备出平均粒径在 10μm 以下的超细氯化钠干粉。

2. 溶胶-凝胶法

溶胶-凝胶法是指金属有机(或无机)化合物经过溶液、溶胶、凝胶而固化,再经过热处理工艺形成固体氧化物或其他化合物的方法。由于溶胶-凝胶法工艺流程比较复杂,需要经过溶胶的形成、凝胶的形成、凝胶的干燥处理、煅烧等工序,成本相对较高,因此,溶胶-凝胶法通常不用于工业化制备干粉灭火剂,仅在实验室少量合成时应用。中国科学技术大学火灾科学国家重点实验室利用溶胶-凝胶法制备了经过氟碳化合物改性的功能性碳酸氢钠干粉灭火剂,与普通的碳酸氢钠干粉灭火剂相比,在扑灭航空煤油火上优势明显[5]。

在溶胶-凝胶法制备粉体过程中,将有机或无机金属化合物均匀地溶解在合适的溶剂中形成金属化合物溶液,通过加入催化剂或添加剂使化合物发生水解、缩聚反应,控制反应条件得到由颗粒或团簇均匀分散于液相介质中的分散体系,即为溶胶,如图 3-3(a)。分散的粒子通常是固体或者大分子,半径在微纳米尺度,具有很大的相界面,表面能高,吸附能力强。溶胶中的颗粒在温度变化、搅拌作用、水解缩聚等化学反应,或者在电化学平衡作用下发生聚集而成为网络状的聚集体,当分散体系的黏度增大到一定程度时,流动的溶胶变为略显弹性的凝胶,如图 3-3(b)。凝胶由固液两相组成,性质界于固液之间,结构强度有限,容易被破坏。凝胶经干燥脱去网络结构中的溶剂而形成多孔结构的材料,再经煅烧,即可获得目标粉体。

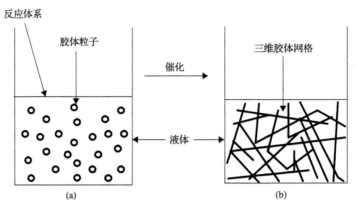

图 3-3　溶胶-凝胶过程示意图
(a)溶胶；(b)凝胶

　　许多胶体溶液能够长期保存，形成热力学不稳定而动力学稳定的体系，主要源于三方面原因：第一，根据 DLVO 原理，胶粒表面吸附相同电荷的离子，静电斥力使得胶粒聚沉变得困难；第二，胶粒的布朗运动在一定程度上克服了重力场的影响而避免聚沉；第三，根据斯特恩双电层理论，由于双电层结构的胶体颗粒发生溶剂化作用，形成一层弹性外壳，进而增加了溶胶聚合的机械阻力。针对上述原因，中和胶体颗粒所带电荷、减弱布朗运动或降低溶剂化作用，则会破坏这种动力学上的稳定性，使得胶体颗粒发生聚沉，形成网状结构的凝胶。凝胶经过干燥和烧结后即可形成高度分散的微纳米粉体。

3. 微乳液法

　　微乳液法制备粉体是指两种互不相溶的液体在表面活性剂的作用下，形成的热力学稳定、各向同性、外观透明或不透明的分散体系，该分散体系经反应、成核、聚结、热处理等过程得到微纳米粒子。微乳液由水溶液、有机溶剂、表面活性剂以及助表面活性剂构成，常用的表面活性剂有 AOT［二(2-乙基己基)琥珀酸酯磺酸钠］、SDS(十二烷基磺酸钠)、DBS(十二烷基苯磺酸钠)、CTAB(十六烷基三甲基溴化铵)，以及 Triton X 系列(聚氧乙烯醚类)等。助表面活性剂多为醇类物质，如甲醇、乙醇等，可以调节表面活性剂的水油平衡，参与胶束的形成。

　　微乳液法制备粉体的原理是表面活性剂溶解于有机溶剂中，当其浓度超过 CMC(临界胶束浓度)后，就会形成亲水性基团在内，疏水性基团在外(图 3-4)的油包水(W/O)微乳液或尺寸更小的反胶团。其内核可增溶水分子形成水核，水核在一定条件下具有小尺寸(几纳米到几十纳米)、稳定的特性，即使破裂后也能重新组合，与生物细胞的一些功能相似，故称之为智能微型反应器，它不仅拥有很大的界面，还能够增溶不同的化合物，是良好的化学反应介质。

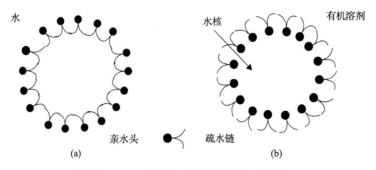

图 3-4　正胶团与反胶团的结构示意图
(a)正胶团；(b)反胶团

利用微乳液法制备微纳米粉体时，不同的化合物被限制在水核内发生化学反应，反应产物处于高度分散状态，表面活性剂在反应产物外形成一层保护膜，同时助表面活性剂又增强了保护膜的弹性与韧性，使得反应产物难以聚集，从而控制晶粒的生长。反应、成核、聚集以及最终得到的颗粒粒径受水核大小的控制，可通过控制胶束和水核的尺寸、形态、结构、极性、疏水性等条件，在分子级别上实现对微纳米粉体目标物大小、形态、结构及物性的控制。

微乳液界面强度较大时，微乳颗粒大小可控制在几十个原子半径尺度内，反应产物会以纳米微粒的形式分散在不同的微乳液水核中，且在水核中稳定存在。然后通过超离心或将水和丙酮的混合物加入至反应后的微乳液中等办法，使纳米微粒和微乳液分离，最后用有机溶剂清洗除去附着在微粒表面的表面活性剂，在一定温度下经干燥处理后得到纳米微粒。

微乳液法制备微纳米粉体的机理大致包括以下三种。

(1)一种反应物在增溶的水核内，另一种以水溶液的形式(如水合肼和硼氢化钠水溶液)与前者混合。水溶液内的反应物穿过微乳界面膜进入水核内与另一反应物作用产生晶核并生长，产物颗粒的最终粒径由水核尺寸决定，如铁、镍、锌纳米颗粒的制备。

(2)将分别含有不同反应物的两种微乳液(或反胶团)混合(2 个反胶团或微乳液的水油比相同)，胶团颗粒之间相互碰撞，水核内物质发生相互交换和物质传递，从而引起核内的化学反应。由于水核半径是固定的，所以水核内微纳米颗粒的尺寸可得到控制。

(3)一种反应物在增溶的水核内，另一种为气体(如 O_2、NH_3、CO_2)，将气体通入溶液中充分混合，使两者发生化学反应而制备纳米颗粒。

微乳液法是在各高分散的水核内进行的，可防止局部过饱和现象的发生，可以使纳米颗粒的成核及生长过程均匀进行。与其他液相法不同，通过微乳液法制备微纳米粉体一般不会发生团聚，并且其外表面包覆一层有机分子，可以制备有机分子修饰的纳米颗粒，以获得特殊的物化性质，因此可通过微乳液法制备高效的干粉灭火剂。但由于微乳液法大多用来制备纳米粉体，并且制备成本较高，目前很少有消防公司利用微乳液法制备干粉灭火剂。

4. 喷雾法

喷雾法包括喷雾干燥法、喷雾水解法、喷雾焙烧法等，其中，喷雾干燥法属于物理方法，后两种属于化学方法。

喷雾干燥法是通过雾化器，将物料溶液在干燥室中雾化后，以雾滴状态分散于热气流中，物料与热气体充分接触，使溶剂(包括水和有机溶剂)迅速蒸发，在瞬间完成传热和传质的过程，从而达到干燥的技术(图 3-5)。该法能直接使溶液、乳浊液干燥成粉状或颗粒状制品，从而省去蒸发、粉碎等工序。因此，喷雾干燥法在干粉灭火剂的制备中应用很广。英国 KIDDE 公司利用喷雾干燥法得到的超细干粉灭火剂粒径为 1～3μm[6]；德国 KIDDE DEUGRA 股份有限公司通过该技术制得的碳酸氢钾、碳酸氢钠干粉的粒径为 0.1～20 μm，其中大部分在 0.1～5μm 之间[7]。英国原子能管理局科技有限公司(AEA Technology plc)利用喷雾焙烧法，将 NaOH 配成溶液，在气压作用下使 NaOH 溶液形成雾粒并与二氧化碳反应，从而制得了粒径小于 5μm 的碳酸氢钠干粉灭火剂[8]。

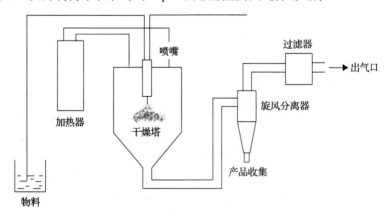

图 3-5　喷雾干燥原理图

喷雾干燥法的主要步骤为：原料液的配制→原料液的雾化→雾滴的受热干燥→干燥产品的分离和收集。其中，最重要的是雾化和干燥过程，会直接影响产品的质量。喷雾干燥过程非常迅速，可瞬间蒸发大量(95%～98%)的水分。喷雾干燥法所用的原料液可以是溶液、乳浊液或悬浊液，可满足多种生产需求，并且可直接将其干燥成粉末或小颗粒，省去了很多繁琐的操作工序，适用于大规模生产。相对于喷雾干燥法而言，喷雾水解法和喷雾焙烧法的步骤与之基本相同，只是在干粉分离与收集前多了一步热分解和焙烧的工序。

5. 冷冻干燥法

冷冻干燥又称真空冷冻干燥、升华干燥、冻结干燥，简称为冻干。是由Landsberg 和 Schnettler 等人开发出来的，由于冷冻干燥法制备的粉体具有形状规则、硬团聚少、粒径小且均匀、化学纯度高、分散性好、活性高等特点。近年来成为各类新型无机粉体材料制备技术的"后起之秀"。该技术在超细干粉灭火剂领域也有应用，但还都局限于实验室阶段。

冷冻干燥法制备粉体的基本流程：如果从盐的水溶液出发，首先利用氮气驱动，使溶液形成雾滴经一定压力、飞行一段距离后喷入冷冻剂(液氮)中，使得喷出的雾滴瞬间冻结成小冰珠，然后使其处于低温低压的环境下，由于低压条件可使水的蒸汽压升高，可在保持冻结状态而不经过液态的前提下，使冻结物中的水升华，从而得到干燥的超细粉体。除使用喷雾预冻外，还可对溶液直接预冻，即将溶液放于已预冷的冻干机或低温冰箱中，使溶液缓慢降温冷冻至全部冻结为固体。如果从熔融盐出发，预冻后可能还需要在低压环境下进行热分解制得相应的粉体。图 3-6 为实验室常用的冷冻干燥机主机的结构示意图，主要由一个真空泵和小型冷阱及一些附件组成。

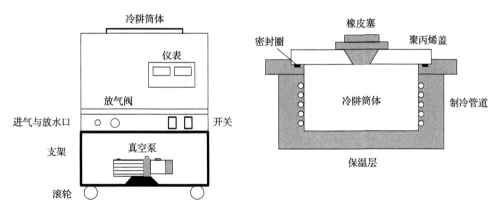

图 3-6 实验室常用冷冻干燥机主机结构示意图

冷冻干燥法具有以下特点：

(1)冷冻干燥法在低温下进行，且处于高真空状态，热敏性物质不会发生变性或失去生物活力，易氧化的物质也可得到保护。

(2)在冻结的状态下进行干燥，体积几乎不变，粉体可保持原来的结构，不发生收缩或浓缩现象。

(3)干燥后的物质疏松多孔，呈海绵状，加水后溶解迅速而完全，几乎立即恢复原来的性状，对于灭火剂来说可长时间悬浮在空气中。

(4)脱水彻底，含水量低(2%～5%)，质量小，储运方便，若采取真空或充氮气包装和避光保存，可保持 5 年不变质。

(5)避免了一般干燥方法常见的表面硬化和团聚现象。

实验结果表明，溶液浓度、喷射压力和雾滴的飞行距离是影响冷冻干燥法制备粉体粒径的关键因素，可通过合理控制这三个参数合成符合生产要求的干粉材料。中国科学技术大学火灾科学国家重点实验室采用冷冻干燥法制得了颗粒粒径在 3～10μm，且粒径分布均匀的磷酸氢二铵干粉。另有研究采用同样的技术制得了粉体粒径为 2.26μm 的碳酸氢钠干粉灭火剂。

3.1.2 气相合成制粉法

化学气相法是直接利用气体或通过各种手段将物质变成气体，在气相状态下发生化学反应，然后在冷却过程中凝聚长大形成超细粉体颗粒的方法。化学气相法的特点是粉末纯度高、颗粒尺寸小、颗粒团聚少、组分更容易控制且非常适于非氧化物粉末的生产。但化学气相制粉法在干粉灭火剂的制备中仅有少量应用，主要由于气相制粉法对于设备要求过高、成本较高不适用于工业生产、用于制备干粉灭火剂的原料通常不易蒸发气化等。因此，对于干粉灭火剂来说，用液相制粉法或者机械粉碎法效果更好。化学气相法包括化学气相反应法、化学气相蒸发法、化学气相沉淀法等。

1. 化学气相反应法

化学气相反应法适用于反应原料含有挥发性的金属化合物。利用挥发的金属化合物蒸气，通过气-气、气-固、气-液化学反应生成所需要的化合物，在保护气体的作用下快速冷凝，从而制备出各类物质的超微或纳米颗粒。为使化学反应更好地进行，在反应前，一般会利用加热或者射线辐射的方法对反应物系分子进行活化，常见的活化方法有电阻炉加热、等离子体加热、化学火焰加热、射线辐射及激光诱导等多种方式。所得纳米等超微粒子的性质，除了与反应体系的物理化学性质、反应物系的活化方式有关外，还与反应器的结构、反应物与气体导入到反应室的部位有关。这是反应器设计技术要解决的问题。

化学气相反应法制备超微粒子具有很多优点，如颗粒粒径小且粒度分布均匀、产物纯度高、分散性好、化学反应性高、分子活性高等。化学气相反应法适合于制备各类金属、金属化合物、非金属化合物的纳米颗粒。

1)气-气反应法

(1)气相分解法。气相分解法又称单一化合物热分解法，通过对可发生分解反应的化合物或经预处理的中间化合物进行加热蒸发转化为气态，然后在高温环境下发生气相分解反应，最终经快速冷凝得到目标产物的纳米颗粒。气相分解法制备纳米颗粒要求原料中必须含有制备目标产物纳米颗粒所需的全部元素，通常是易挥发、蒸气压高、反应性好的硅化物、金属氯化物或其他具有此类特性的化合物，如 $Fe(CO)_5$、$(CH_3)_4Si$、$Si(OH)_4$ 等。其热解反应如下：

$$Fe(CO)_5 \longrightarrow Fe(s) + 5CO(g)\uparrow$$

$$(CH_3)_4Si \longrightarrow SiC_4(s) + 6H_2(g)\uparrow$$

$$2Si(OH)_4 \longrightarrow 2SiO_2 + 4H_2O(g)\uparrow$$

热分解的一般反应形式为：

$$A(气) \longrightarrow B(固) + C(气)\uparrow$$

当用激光活化原料时，还要考虑原料对相应激光束的吸收情况，如果热解原料不能直接吸收激光光子，则需要在体系中加入光敏剂，才有可能得到相应的分解产物。例如，CH_3SiCl_3 一类的大多数有机硅化合物就不能直接吸收激光光子，当选用这类物质作为激光热解原料制备 SiC 时，需要在体系中加入光敏剂 SF_6，才能得到 SiC 超微粒子。通过气相分解法制备的疏水硅化物在干粉灭火剂的表面改性中有重要作用。

（2）气相合成法。气相合成法通常是利用两种及两种以上物质之间的气相化学反应，在高温下合成出相应的目标化合物，再经快速冷凝，从而制得目标纳米颗粒。气相合成法具有灵活性和互换性的特点，可以实现多种纳米颗粒的合成，其反应形式可以表示为：

$$A(气) + B(气) \longrightarrow C(固) + D(气)\uparrow$$

常见的气相合成反应有：

$$3SiCl_4(g) + 4NH_3(g) \longrightarrow Si_3N_4(s) + 12HCl(g)\uparrow$$

$$2SiH_4(g) + C_2H_2(g) \longrightarrow 2SiC(s) + 5H_2(g)\uparrow$$

$$3SiH_4(g) + 4NH_3(g) \longrightarrow Si_3N_4(s) + 12H_2(g)\uparrow$$

$$2BCl_3(g) + 3H_2(g) \longrightarrow 2B(s) + 6HCl(g)\uparrow$$

英国原子能管理局科技有限公司（AEA Technology plc）提出用卤化硼蒸气与水蒸气反应生成硼酸微粒制备冷气溶胶灭火剂[9]。此类灭火剂中的含硼化物不仅可以捕捉气相中反应活性强的 H· 或/和 OH·，干扰并中断燃烧的链反应，而且能在固相中促进生成致密而又坚固的碳化层。同时，硼化物在高温下还可在燃烧表面形成玻璃状固熔物，其灭火效果较普通干粉灭火剂好很多。

2）气-固反应法

在固体体系中通入某种气体，借助气体与固体反应而生成新颗粒的方法叫作气-固反应法。但采用气-固反应法制备纳米颗粒时，通常要求其固相原料也为纳米颗粒。例如，以气相还原反应法制备 Fe_4N 纳米颗粒，采用的固相原料为纳米级的 Fe 粉，使其在 NH_3 的气氛下低温氮化，在低温下，根据 Tamman 模型（玻璃形成是由于过冷液体晶核形成速率最大时的温度低于晶体生长速率最大时的温度），当整个体系的反应温度远低于 Fe_4N 的最大生长速率温度值时，Fe 纳米颗粒的短时间氮化不会导致颗粒的过分生长，从而可以制得纳米级的 Fe_4N 颗粒。

3）气-液反应法

侯氏制碱法是经典的气-液反应。氨气首先与水和二氧化碳反应生成碳酸氢铵，生成的碳酸氢铵然后与氯化钠反应生成氯化铵和碳酸氢钠沉淀。根据 NH_4Cl 的溶解度在常温时比 NaCl 的溶解度大，而在低温下比 NaCl 的溶解度小的原理，在 5～10℃时，向母液中加入食盐细粉，而使 NH_4Cl 单独结晶析出。反应方程式如下：

$$NaCl+CO_2+NH_3+H_2O \longrightarrow NaHCO_3\downarrow+NH_4Cl$$

$$2NaHCO_3 \stackrel{\triangle}{\longrightarrow} Na_2CO_3+H_2O+CO_2\uparrow (CO_2 可循环使用)$$

2. 化学气相蒸发法

化学气相蒸发法是在惰性气体（或活性气体）中使金属、陶瓷、合金等物质蒸发气化，然后使其与惰性气体发生碰撞而冷却凝结（或与活性气体发生化学反应后再冷却凝结），形成纳米超微颗粒。其中，在惰性气体气氛下制备纳米颗粒的化学气相蒸发法又称为蒸发-凝结技术，即通过适当的热源在高温下蒸发可凝结性物质，使其转化为气体状态，然后在惰性气体下骤冷形成纳米超微颗粒。蒸发-凝结技术需要在很高的温度梯度下完成，因此制得的粉体颗粒很小（<100nm）且粉体颗粒的形态特征（如颗粒的团聚、凝聚等）可以得到良好的控制。但是，此法不适用于高熔点物质，如金属氧化物、氮化物等纳米颗粒的制备。为此，相关研究人员对蒸发-凝结技术进行了改进，将加热源发展为电子束加热、电弧法加热、激光束加热、等离子体加热等，成功制备了 Al_2O_3、MgO、Y_2O_3、ZrO_2

等多种高熔点的纳米颗粒。在活性气体气氛下制备纳米颗粒的化学气相蒸发法则是在气相蒸发过程中引入其他反应性气体，使反应性气体与蒸发的蒸气在高温下进行反应，从而合成新物质(如 TiN、AlN)，后经冷却凝结制得目标产物的纳米超微颗粒。

3. 化学气相沉积法

化学气相沉积法(chemical vapor deposition，CVD)制备粉体的基本原理是在远高于原料间发生化学反应的临界温度下，使反应产物的过饱和蒸气自动凝聚，形成大量晶核，这些晶核不断长大并聚集成颗粒，随气流进入低温区，最终在收集室内得到微纳米颗粒。化学气相沉积法是利用气态或蒸气态的物质在气相和气-固界面上反应生成固态沉积物，在本质上属于原子范畴的气态传质过程，是近几十年发展起来的制备无机材料的新技术。

化学气相沉积法在特殊复合材料、原子反应堆材料、微电子材料等多个领域有广泛应用，适用于制备各种金属氮化物、碳化物、硼化物等纳米颗粒，后来也用于制备碳纤维、碳纳米管等材料，目前被普遍应用于制备粉末、块状和纤维状物质。此外，该方法还可以用于物质的提纯、新晶体的研制，也可用于沉积各种单晶、多晶或玻璃态的无机薄膜材料，这些薄膜材料可以是氧化物、硫化物、氮化物、碳化物，也可以是多元的元素间化合物，产品的物理性能可以通过气相掺杂的沉积过程精确控制。

3.2 粉体的物理制备技术

粉体的物理制备就是利用粉碎机对固体物料进行粉碎的方法。"粉碎"是指由外力克服固体物料各质点间的内聚力使固体物料颗粒破裂，尺寸由大变小的过程，包括"破碎"和"粉磨"。"破碎"是指固体物料由大块料转变成小块料的过程，而"粉磨"则是物料由小块料变成粉体的过程。

影响粉碎的因素主要有两方面：一是原料本身的结构特性(如块度、强度、硬度、组织均匀性、可塑性等)；二是所用设备的特性、粉碎产物的粒度要求。通常粉碎比(物料粉碎前与粉碎后的平均直径之比)越大，粉碎机的生产能力就越低。

机械粉碎法实际上就是利用介质和原料固体之间的相互作用，使块状物料或颗粒发生变形进而破裂形成更小粒径的粉体的过程。当粉碎机的粉碎力足够大、足够迅猛时，块状物料或颗粒之间瞬间产生的应力会大大超过物料的机械强度，致使物料发生破碎，进而粉碎成粉体。固体物料粉碎所用的机械方法主要有五种，即挤压、弯曲、劈裂、研磨和冲击。根据物料的物理特性、料块的大小和所要求的细化程度来选择不同的粉碎方法。对于脆性物料，多采用冲击和劈裂，而对于坚硬物料，多采用挤压、弯曲和劈裂。对于大块物料，多采用劈裂和弯曲，而小块物料或目标产物的粒度要求较小时，则多采用冲击和研磨。由于各种物料的粉碎特性互有差异，便产生了按不同工作原理进行粉碎作业的多种粉碎机械。绝大多数粉碎机械选用两种及以上的粉碎方法完成物料粉碎，例如球磨机主要用于小颗粒粉体的制备，因此采用的是冲击、研磨的粉碎方式。在粉体的制备过程中，如果粉碎方法选择不当，就会导致粉碎困难或过度粉碎，从而增大粉碎过程中的能量消耗。

国内商用干粉灭火剂的制备工艺大多经过以下几个阶段[10]：粉碎机将具有灭火作用的组分粉碎；将粉碎的粉体分离；分离后满足干粉灭火剂技术要求的粉体与各种添加剂混合搅拌，并根据要求进行改性处理；改性后的半成品干燥、过筛处理，得到最终成品。过程中主要借助物理手段实现粉体的粉碎，包括机械粉碎、气流粉碎等，常见的球磨粉碎即是机械粉碎的一种。

3.2.1　球磨法制备粉体技术

球磨法制备粉体技术是物理机械粉碎法中应用最广泛的，球磨机主要借助冲击、剪切和研磨方式实现对物料的"粉磨"过程，使固体物料从小块物料变成粉体。干粉灭火剂的制备原料大多都是粒径较大的粉体，因此多数情况下采用球磨法进行制备。同时，为满足不同产品的粒度要求，可以挑选不同类型和规格的球磨机进行研磨。例如，普通球磨机可制备 5～45μm 的粉体产品，而行星式球磨机可以用于加工超细粉体，颗粒粒度可达 0.5～10μm 的任意级别。本节主要介绍普通球磨法、振动球磨法和行星球磨法三种。

1. 普通球磨法

球磨机的使用至今已有 100 多年的历史，虽然现在已经出现了效率更高的辊式磨机(立磨)、挤压磨等粉碎设备，但在工业中球磨机仍然是最主流的粉磨设备。现代干式球磨机配置精细分级设备后可用于加工 5～45μm 的粉体产品，而且可按不同细度要求生产多种不同细度及粒度分布的产品。此外，球磨机的单机加工能力较强，可用于大批量生产粉体，在普通干粉灭火剂的工业化生产中使用广泛，很多消防公司也采用球磨法，将碳酸氢钠或聚磷酸铵与白炭黑、滑石粉等添加剂进行混合粉碎，制备商用干粉灭火剂。通过多次球磨，也可获得超细干粉灭火剂，例如浙江福兴消防设备有限公司采用机械球磨粉碎，经多次球磨后得到了 90%粉体粒径处于 7～16μm 以下的高效能 ABC 超细干粉灭火剂[11]。

1) 球磨机的结构

如图 3-7 所示，球磨机由给料部分、出料部分、回转筒体、传动部分(减速机、小传动齿轮、电机、电控)等组成。

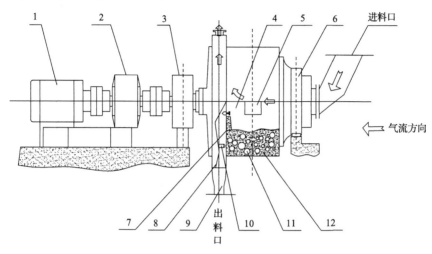

图 3-7　球磨机示意图

1-电机；2-减速机；3-支撑装置；4-破碎腔；5-检修人孔；6-进料装置；7-出料板；
8-出料腔；9-集料罩；10-甩料孔；11-研磨介质；12-环沟衬板

2) 球磨机的工作原理

物料由进料装置经入料中空轴螺旋均匀地进入破碎腔，腔内装有不同直径的研磨介质(研磨介质的种类包括钢球、钢棒或砾石等)，当整个破碎腔筒体以一定转速绕水平轴线旋转时，破碎腔内的研磨介质和物料在离心力及摩擦力的作用下，随筒体达到一定高度，当介质和物料的自身重力大于离心力时，便脱离粉碎腔内壁抛射下落，再借由下落过程中的冲击力实现物料的粉碎，粉碎后的物料经出料口排出。同时在球磨机的整个工作过程中，由于筒体的转动，研磨介质相互间产生滑动，也对物料具有一定的研磨作用。

为了有效地利用球磨机的研磨作用，球磨机还被设计成单仓筒磨和双仓筒磨两种形式。对进料颗粒较大的物料进行粉碎时，通常把球磨机的粉碎腔用隔仓板分隔成双仓，大块物料进入第一仓室时，被研磨介质研磨成小块物料，进入第二仓室时，小块物料被研磨介质研磨成细小颗粒，粒径达到合格标准的颗粒从出料口排出。对进料颗粒小的物料进行粉碎时，如碳酸氢钠、聚磷酸铵等粉体，磨机筒体可不设隔仓板，成为一个单仓筒磨。

3)特点

由于生产情形不同，球磨法制备粉体技术的流程可有不同的方式。如图 3-8 所示。

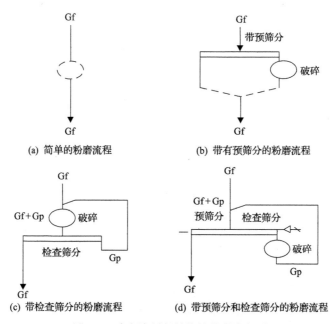

(a) 简单的粉磨流程　　　　　(b) 带有预筛分的粉磨流程

(c) 带检查筛分的粉磨流程　　(d) 带预筛分和检查筛分的粉磨流程

图 3-8　球磨法制备粉体的基本流程图

图 3-8(a)所示流程中，只有球磨机，没有设置筛分设备，从球磨机出来的物料就是产品，此种粉磨流程称为开路(或开流)流程。采用这种流程的球磨机原理及操作简单，设备少，粉尘污染小，但是对于产品粒径要求较小时，球磨效率较低，所得产品中会存在部分粒度不合格的粗颗粒物料，有时甚至难以满足生产要求。图 3-8(b)所示流程也属于开路流程，但设置了预筛分装置，可以在球磨之前去除物料中无须粉碎的细颗粒，适用于原料中含有细小颗粒较多的情况。这种流程可增加球磨机的生产能力、减小设备的动力损耗、增加球磨机工作部件的使用寿命。

图 3-8(c)、(d)所示流程中，球磨机带有检查筛分设备，从球磨机中出来的产品经检查筛分设备后，粒度合格的颗粒经出料口排出，不合格的粗颗粒作为循环物料重新回到球磨机中再次粉碎，直到大部分颗粒的粒径大小合格为止，此种粉磨流程称为闭路(或圈流)流程。采用这种流程的球磨机制粉效率较高，为后续工序创造了有利条件。但这种流程原理及操作较复杂，设备多，投资大，操作管理工作量也大，因此主要用于最后一级粉碎作业。

2. 振动球磨法

振动球磨法是利用振动磨机,将研磨介质与物料在高频振动的研磨机内冲击、摩擦、剪切,使物料粉碎到微米级别的超微粉碎方法。研磨介质通常分为球形和棒状,所用的材料有三氧化二铝、钢等。其中,球形研磨介质对粉体进行研磨时接触于一点,物料受到的粉碎力大,容易造成物料颗粒碎裂,适用于较小颗粒的研磨;棒状介质质量较大,易于粉碎大块物料,制得的产品粒度均匀。采用球形研磨介质制备粉体的方法称为振动球磨法。北京保宁源消防公司通过振动球磨法,添加少量粉碎助剂对磷酸二氢铵干粉进行细化处理,制得了超细磷酸二氢铵粉体,并利用甲基含氢硅油在高速粉体混合机内进行改性,制得了表面形态规整,平均粒径 4.12μm,比表面积 880.43m²/kg 的超细磷酸二氢铵灭火剂[12]。

振动球磨法具有高效、节能、节省空间、产品粒度均匀等优点,粉碎比可达 300 以上,易于调整粉磨产品的细度。振动球磨法可同时实现粉体的干燥和细化粉碎,比较适用于对易吸潮或低熔点的无机盐进行粉碎。同时,振动球磨设备价格低、易操作,因此在干粉灭火剂的制备中具有重要地位。

1)振动磨的基本构造

振动磨是由驱动电机、磨机筒体、激振器、支承弹簧等主要部件组成,图 3-9 为 M200-1.5 惯性式振动磨的示意图。

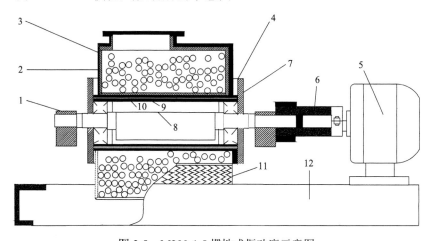

图 3-9　M200-1.5 惯性式振动磨示意图

1-附加偏重;2-筒体;3-耐磨橡胶衬;4-锥形环;5-电动机;6-弹性联轴器;7-滚动轴承;
8-偏心激振器;9-振动器内管;10-振动器外管;11-弹簧;12-支架

2) 工作原理

如图 3-10 所示,物料在冲击力的作用下沿着最薄弱的结构缺陷发生疲劳破坏,高频冲击使物料最薄弱处所形成的显微裂缝尚来不及"愈合"时,就又受到连续不断的冲击,使裂缝迅速扩大而达到宏观破坏。除了高频冲击作用,物料在钢球之间还受到研磨作用,研磨介质的自转和公转运动产生对物料的研磨,使物料在较大程度上处于剪切应力状态。由于固体物料(特别是脆性物料)的抗剪强度远小于其抗压强度,在剧烈的研磨作用下,物料极易粉碎。振动磨的工作原理可以表述为:将物料和研磨介质装入磨筒内,由偏心激振器驱动磨机作圆周运动,通过磨机的高频振动使筒内的研磨介质对物料做冲击、摩擦、剪切等作用而将其粉碎。

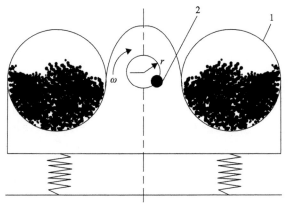

图 3-10　振动磨工作原理
1-磨筒体;2-偏心激振器

3) 振动球磨的特点

振动球磨与普通球磨均属介质研磨,其原理都是通过向介质和物料的混合物供给能量来粉碎或粉磨物料,两者的区别在粉磨能量的提供上。

与普通球磨相比,振动球磨有如下特点。

(1)振动磨机可直接与电机相连,省去了减速设备,故机器质量轻,占地面积小。

(2)振动球磨机筒内的研磨介质不以抛落或泻落状态运动,而是通过振动、旋转与物料发生冲击、摩擦及剪切而实现物料的粉碎。同时通过调节振幅、频率、研磨介质配比等可对产物的粒度进行调整,对物料进行微细或超细粉磨,所得产品的粒度分布均匀。

(3)由于介质填充率高,振动频率高,所以单位筒体体积生产能力大。处理量较同体积的普通球磨机大 10 倍以上,单位能耗低。

以 XZM 系列振动磨为例,该设备生产能力高,可用于加工中等粒度(0.3mm)到较细粒度(0.074mm)的粉体颗粒,不仅研磨性能好,而且可以用于多种物料,对石墨及其同性质材料的粉磨效果尤为理想。

3. 行星球磨法

行星球磨法是近些年来兴起的利用行星式球磨机进行粉体制备的超微粉碎方法。行星式球磨机是一种内部无运动件的球磨机,仅借助筒体的公转和自转来带动磨腔内的球磨介质,使物料和球磨介质相互摩擦、冲击,进而粉碎物料,产品的粒径可达几微米甚至数百纳米[13]。

1) 行星式球磨机结构

图 3-11 为一种实用新型立式行星式球磨机,由机座、球磨罐、主轴、公转盘及传动装置等组成。

图 3-11　立式行星式球磨机

2) 行星式球磨机工作原理

行星式球磨机与普通球磨机的最大不同在于:球磨机中的物料和磨球在一个二维旋转空间作高速运动,运动方式见行星式球磨机工作原理图(图 3-12)。图 3-12 中公转盘上对称装有四个球磨筒,当公转盘逆时针旋转时,球磨筒围绕各自的中心轴作顺时针自转,筒中的磨球在高速运动中对物料进行混合和研磨。研磨中,公转盘产生的较强离心力使物料与磨球从磨筒的内壁分开,并在自转的高速运动下，从筒的一侧飞越到另一侧，通过相互撞击实现物料的粉碎和细化。由于公转与自转两个离心力同时作用在磨球和物料上，且两者的合力方向在不断变化，造就了磨球与物料在磨筒中杂乱无序的运动轨迹。这样，就可以通过提高转速，使磨球与物料获取足够的碰撞能量，达到高效研磨的效果。

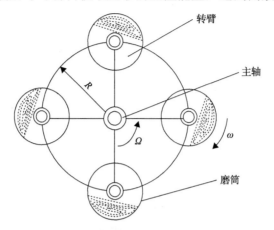

图 3-12　行星式球磨机工作原理图

3）行星式球磨机制备粉体的特点

在普通球磨机中，作用在磨球和物料上的离心力会降低碰撞概率、减少碰撞能量，而在行星式球磨机中，该离心力却起到了提高碰撞概率、增加碰撞能量的积极作用。常见的行星式球磨机可以在一个公转盘上对称安装四个球磨筒，能够根据实验需要，一次实现最多四种不同物料或不同配比成分的研磨。行星式球磨机也可以选配真空球磨筒，使材料在真空状态下或在惰性气体保护下进行研磨，有效防止目标产品的氧化。机器的旋转方向也可以调整，通过控制筒体的正转、反转，提高粉体的粉碎质量和球磨效率。

行星式球磨机是混合、细磨、小样制备、纳米材料分散、新产品研制和小批量生产高新技术材料的常用装置，广泛应用于地质、矿产、冶金、电子、建材、陶瓷、化工、轻工、医药、美容、环保等领域。此外，行星式球磨机能用干、湿两种方法研磨和混合粒度不同、材料各异的产品，很好地实现各种工艺参数要求，同时由于其小批量、低功耗、低价位的优点，是学校、研究院所、公司等进行粉碎工艺、新材料、涂料研究的首选设备。目前，行星式球磨机已广泛应用于超细粉体的加工，所得产品的粒径低至 0.5～10μm，最小粒径甚至可达 0.1μm。南京理工大学、中国科学技术大学等高校也常采用行星式球磨机来制备超细干粉灭火剂，开展干粉灭火剂的相关研究。

3.2.2 气流粉碎法制备粉体技术

气流粉碎法利用气流粉碎机(又称气流磨),在高速气流(300～500m/s)或过热蒸汽(300～400℃)的能量作用下,使颗粒相互冲击、碰撞、摩擦而实现粉体的超细粉碎。传统的机械粉碎技术生产的粉体粒径一般为 5～45μm,行星式球磨法虽然能制得粒径为 0.5～10μm 甚至更细的超细粉体,但产量较低,仅适用于实验室研究或者少量制备。而气流粉碎法制得的产品细度通常可达 1～5μm,并制得的粉体具有粒度分布窄、颗粒表面光滑、形状规则、纯度高、活性大、分散性好等特点。不仅如此,在气流粉碎过程中,压缩气体的绝热膨胀会产生焦耳-汤姆逊降温效应,因此,该方法还适用于易吸潮、低熔点、热敏性物料的超细粉碎。自 1883 年有关气流磨的第一项专利问世以来,气流粉碎法在矿山、冶金、化工、陶瓷、电子、制药等领域得到了广泛应用,同时在超细干粉灭火剂的制备方面也发挥了重要作用。Clark 等利用气流粉碎法,结合真空干燥制得了超细氯化钠粉体,粉体的平均粒径可达 7μm[14]。唐聪明等[15]利用超音速气流粉碎的超细化技术及硅化处理工艺,制备出了比表面积为 1.80m²/cm³、平均粒径为 7.28μm 的超细磷酸铵盐干粉灭火剂。中国科学技术大学火灾科学重点实验室的赵军超利用山东经欣粉体设备科技有限公司提供的气流粉碎机,制备了优良的碳酸氢钠粉末。将射流磨频率调整到 60Hz 后,可使 90%的碳酸氢钠颗粒粒径碾磨至 1μm。近年来,随着气流粉碎设备制造技术的更新换代和愈趋成熟,在超细干粉灭火剂制备方面,气流粉碎机正逐步代替其他粉碎设备成为主流。

1. 气流粉碎机结构及基本工作原理

气流粉碎机与旋风分离器、除尘器、引风机等组成一整套粉碎系统。气流粉碎机的一般工作原理为:物料经进料口被送入粉碎室,压缩空气通过喷嘴高速喷入粉碎室,物料在粉碎室内随气流运动,在多股高压气流的交汇点处被反复冲击、碰撞、研磨而粉碎。粉碎后的物料随上升气流运动至分级区,分级涡轮高速旋转并产生强大的离心力,使粗细物料分离,符合粒度要求的细颗粒在产品出口排出,粗颗粒则下降至粉碎区继续粉碎,直至达到所需的细度要求而被排出为止。

2. 气流粉碎法的特点及适用范围

与其他粉碎方法相比,气流粉碎法制备粉体具有以下优点:
(1)产品粒度好。物料的平均粒度(D_{50})一般在 5μm 以下,且粒度分布窄。
(2)产品纯度高,特别适用于不允许被污染物料的粉碎。

(3)可粉碎易吸潮、低熔点和热敏性物料。

(4)产品颗粒活性高，分散性好。

(5)生产过程连续，生产能力大，自动化程度高。

在气流粉碎机的发展前期，其相关研究主要侧重于如何制得粒径更小的粉体，随着技术及工艺的不断改进，这一问题已经得到有效的解决，目前气流粉碎机制备的产品粒径可达到1~5μm以下，于是研究重点逐渐转向控制粉体颗粒的粒度分布、杂质去除等方面。气流粉碎技术目前在超细粉体领域的应用仍存在粉碎极限具有局限性、能量利用率低等缺点，但由于其能够将超细颗粒分散在空气中并在分散状况下收集的特点，还是在许多领域用于制造超细粉体。

3. 气流粉碎机的主要类型

工业上应用的气流粉碎机主要有以下几种类型：扁平式气流粉碎机、流化床气流粉碎机、冲击环式气流粉碎机、对撞式气流粉碎机、靶式气流粉碎机。在这几种类型气流粉碎机中，又以扁平式气流粉碎机、流化床气流粉碎机、冲击环式气流粉碎机应用较为广泛。

1)对撞式气流粉碎机

对撞式气流粉碎机也称对喷式气流粉碎机，物料通过两股高速气流的裹挟相互冲击、碰撞，从而实现粉碎的目的。对撞式气流粉碎机有较高的能量利用率，可防止由于气流的高速冲击对机器部件造成磨损，有效地降低粉碎颗粒对设备的损坏问题。如图3-13所示，设备的工作原理为：在待粉碎物料通过螺旋加料器进入粉碎室的同时，两股压力、速度完全一致的压缩气体由粉碎室两端以直线形式喷入粉碎室内，气流与物料混合之后物料颗粒间通过高速冲撞实现粉碎，完成粉碎的颗粒将会随着气体的流动向上运动，达到技术要求的细粉通过上部的产品出口排出，达不到生产要求的粗粉随着二次气流回归至粉碎室继续粉碎。设备的优势主要体现在撞击力强、粉碎速率快、能耗低等方面。

2)扁平式气流粉碎机

扁平式气流粉碎机的工作原理(图3-14)为：首先将空气进行压缩处理，利用与粉碎室半径方向构成特定角度的喷嘴，将气流加速成超音速气流后进入粉碎室，同时物料经加料喷射器被吸入到粉碎室，喷气射流携带物料以极高的速率做循环运动，使物料颗粒之间(包括颗粒与粉碎室内壁之间)发生剧烈撞击、摩擦而粉碎，被粉碎的颗粒由于旋转气流产生的巨大离心力、喷射气流产生的向心力两种力量的相互影响，完成粉体颗粒的分级。

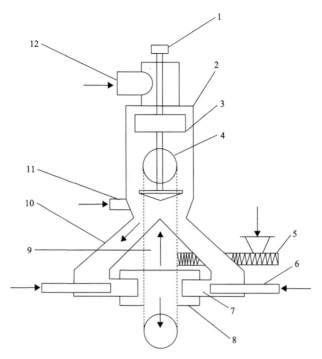

图 3-13　对撞式气流粉碎机结构图

1-传动装置；2-分级转子；3-分级室；4-物料入口；5-螺旋加料器；6-喷嘴；7-混合管；
8-粉碎室；9-上升管；10-粗颗粒返回管；11-二次风入口；12-产品出口

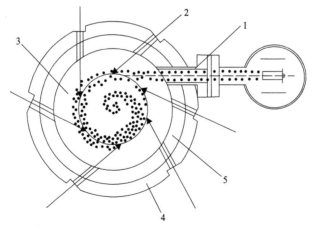

图 3-14　扁平式气流粉碎机工作原理图

1-加料喷射器；2-喷嘴；3-粉碎室；4-外壳；5-内衬

与其他气流粉碎设备相比，扁平式气流粉碎机最大的优点就是具备自动分级功能，同时其结构简单且操作简便，因而应用广泛。但是，如果待粉碎物料(如碳化硅等)的硬度较大，粉碎室内壁会因随高速气流运动的物料产生的剧烈冲击与摩擦遭到严重损坏，同时粉碎室内壁损坏后也会对产品造成一定程度的污染。

3）流化床气流粉碎机

流化床气流粉碎机的工作原理为：将待粉碎物料添加到粉碎机后，压缩空气通过在粉碎室底部设置的3～7个喷嘴加速成超音速气流后，射入粉碎室使物料流态化，颗粒在气流交汇处相互碰撞粉碎。粉碎后的物料随气流上升至顶端的分级设备，细粉从出口进入旋风分离器和过滤器被捕集；粗粉在重力作用下又返回粉碎室中，再次进行粉碎，从而实现对物料的粉碎和分级（图3-15）。

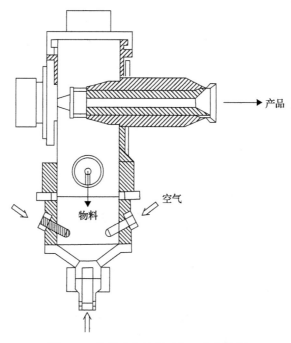

图 3-15　流化床气流粉碎机工作原理图

与对撞式气流粉碎机相比，流化床气流粉碎机可凭借分级设备调节产品粒度，并且具备更加优异的分散性能，同时粉碎颗粒机冲击气流对设备部件所造成的磨损相对较小，能耗也较低，因此可被应用到规模化的粉体材料生产中。

4）冲击环式气流粉碎机

将固定冲击部件更换为可旋转的冲击环，能够避免扁平式气流粉碎机等某些气流粉碎机中高速气流或气固流对某固定位置的长时间持续冲击而造成的粉碎机局部磨损现象。冲击环使整个环面各个位置轮流充当被冲击面，各部位的冲击磨损因而非常接近，也就延长了粉碎机的使用寿命[16]。此外，冲击环式气流粉碎设备的优势还体现在：冲击环的运动方向和气流喷射相反，从而提高了相对速度，增强了粉碎效果。

3.3　粉体的表面改性技术

粉体的表面改性是指通过物理、化学、机械等方法对粉体颗粒表面进行处理，从而有目的地改变粉体表面的物理化学性质，包括粉体表面的结构组成、所含官能团、表面能、表面润湿性、吸附能力和反应特性等，以满足新材料、新工艺和新技术发展的需要[17]。随着哈龙灭火剂淘汰计划的推进，超细干粉由于其高效的灭火性能，有望在多个领域实现对哈龙灭火剂的替代。超细干粉灭火剂由于粒径小、比表面积大，微粒之间团聚趋势强，对干粉灭火剂的喷射性能和灭火效能都有较大影响，因此超细干粉灭火剂的表面改性工作显得尤为重要。

3.3.1　粉体表面改性的目的

在添加了无机粉体的有机/无机复合材料中，通过对无机粉体进行表面改性处理，可以增强无机粉体与有机基体(有机高聚物或树脂等)材料的相容性及其在有机基体表面的分散性，提高复合材料的综合性能。可以说，粉体表面改性是使无机填料具有特定功能所必需的加工处理方式之一，粉体表面改性技术在无机粉体填料与有机高分子材料及高聚物基复合材料领域具有重要地位，表 3-1 列举了部分无机填料经过表面化学改性后的应用及功能。

表 3-1　部分表面改性无机填料的应用和功能

无机填料	主要用途	主要功能
氢氧化铝	电线电缆、PVC、EPDM	阻燃、改善工艺性能
碳酸钙	PVC 管	提高填充量
高岭土	轮胎、EPDM、电线电缆	颜料代用品、电性能
硅灰石	尼龙	改善物理性能、代替玻璃纤维
云母	聚烯烃	改善物理性能
石英粉	环氧树脂的磨铸料	电性能
滑石	工艺橡胶	改善物理性能
有机黏土	涂料	改善分散性、触变性等

在无机/无机复合材料中，粉体的表面改性也非常关键。通过对无机粉体的表面改性提高无机组分之间的分散性，这对于材料的最终性能有很大影响。例如陶瓷颜料的分散性直接影响陶瓷制品色彩的均匀性和产品的档次。使用分散性能好的陶瓷颜料不仅可以提升最终产品的色泽，还可以减少颜料的用量。

表面改性不仅对上述复合材料的综合性能有重要影响，对干粉灭火剂的使用性能和灭火效能同样影响显著。前面提到，干粉灭火剂的粒径大小和粒度分布情况对灭火剂的灭火效能有很大影响。一般情况下，减小干粉的粒径可以显著提升其灭火效能。目前，干粉灭火剂正在向更小尺度的灭火粉体迈进，已研制成功了诸多超细干粉灭火剂以及纳米级别的干粉灭火剂。可以实现类似于哈龙气体灭火剂的全淹没式灭火，在飞机防火系统等高精尖领域具有巨大的应用潜力[18]。但是随着干粉灭火剂的逐渐细化，粉体的表面能成倍提高，微粒之间团聚的趋势增大，并且更容易吸水返潮，在制备、储运和使用过程中很容易造成二次、三次团聚，形成更大的颗粒，难以发挥其应有的高效作用，对干粉灭火剂的喷射性能和灭火效能产生较大影响。因此干粉灭火剂的表面处理或表面改性技术就显得尤为重要，这对改善和提高干粉灭火剂的分散性、疏水疏油性、抗复燃性等综合应用性能，加速其工业化应用具有至关重要的意义。

综上所述，虽然粉体表面改性的作用因材料的组成及应用领域的不同而存在部分差别，但共同的目的是改善或提高粉体材料的应用性能或赋予其新的功能以满足新材料、新技术发展或新产品开发的需要。

3.3.2 粉体表面改性的方法

1. 物理涂覆

1）方法原理

利用高聚物或树脂等改性剂对粉体表面进行处理而达到改性的工艺。将改性剂和粉体混合并搅拌分散均匀，使改性剂通过范德瓦耳斯力或静电引力吸附在粉体颗粒表面，形成多层或单层膜包覆的复合颗粒。

2）粉体改性剂

主要包括树脂类材料（如酚醛树脂、呋喃树脂、丙烯酸树脂等）和分散剂（如聚酯型超分散剂、聚醚型超分散剂、聚丙烯酸酯型超分散剂、聚烯烃类超分散剂等）。通过此类改性剂包覆的粉体材料，其黏结性、滤油性、分散性等性能会有所提升。

3）工艺方法

物理涂覆法一般包括冷法涂覆和热法涂覆两种。冷法涂覆通常在室温下完成，工艺过程为：先将改性剂与粉体混匀，然后加入有机溶剂（如工业酒精、丙酮或糠醛等），继续混碾至溶剂完全挥发，干燥后经粉碎、筛分后制得目标粉体产品。热法涂覆是将粉体加热进行涂覆，工艺过程为：将粉体加热后与改性剂在混砂机中混匀，这时改性剂被热的粉体软化，包覆在粉体表面，随着温度的降低，体系的黏度增加，此时加入一定量的固化剂和硬脂酸（防止结块），经粉碎、过筛、冷却等过程得到最终产品。

4) 影响因素

物理涂覆的影响因素包括比表面积、孔隙率、涂覆剂的种类及用量、涂覆处理工艺等。

Iley 用 Wurster 流化床研究了高聚物涂覆无机颗粒时颗粒粒度和孔隙率对表面涂覆效果的影响[19]。结果表明，颗粒越细(比表面积越大)，颗粒表面高聚物的涂覆率越高，所需的改性剂越多，涂层也越薄、越均匀(表 3-2)。另外，对于存在孔隙的颗粒，由于孔隙的毛细管作用，涂覆过程中使一部分高聚物材料进入孔隙中，表面涂覆效果不太理想；与之相比，无孔隙高密度球形颗粒的涂覆效果较好。

表 3-2　不同粒径颗粒的涂层厚度和涂覆率

粒度分布/μm	平均粒径/μm	涂覆率/%	估算的涂层厚度/μm
180～250	215	47.8	43.4
250～355	320	42	43.8
355～500	490	31.4	57.1
500～710	605	24.3	62.5

5) 适用粉体

物理涂覆是一种非常简单的表面改性方法，改性剂与粉体表面并无化学反应发生，几乎适用于所有粉体的表面改性。以氯化钠干粉灭火剂为例，可以通过控制适当的 pH，利用疏水二氧化硅对其进行物理表面包覆，以有效提高干粉的分散性。但对于干粉灭火剂而言，所要求的储存时间一般较长(8～10 年)，对改性粉体的稳定性要求很高，物理涂覆方法获得的干粉灭火剂很难满足实际需要，因而在工业上较少使用物理涂覆的方法对干粉灭火剂进行表面改性。

6) 优缺点

物理涂覆方法的优点是制备工艺简单、适用范围广，且适合大量生产。

缺点是由于改性剂与粉体之间主要是靠分子间作用力(范德瓦耳斯力)或者静电作用结合，作用强度不够，粉体在使用过程中容易与改性剂分离，从而更适用于粒径较大的粉体表面改性。另外，冷法涂覆对有机溶剂的需求量比较大，不太适用于大规模生产；热法涂覆工艺控制较为复杂，并需要专门的混砂设备。

2. 化学包覆

方法原理：利用改性剂中的特殊官能团能在粉体表面发生化学吸附或反应的特点，对颗粒表面进行包覆的表面改性方法。化学包覆通过改性剂与粉体表面发生自由基反应、螯合反应、溶胶吸附、有机官能团插入等实现对粉体的表面包覆。干粉灭火剂大多采用这种方法进行表面改性。

1) 粉体改性剂

用于化学包覆对粉体表面进行改性的改性剂种类繁多，选用改性剂时要综合考虑粉体的表面性质、改性后产品的质量要求和用途、表面改性工艺以及表面改性剂的成本等因素。

(1) 偶联剂。如硅烷、钛酸酯、磷酸酯、铝酸酯、有机铬等。偶联剂是一种具有两性结构的化合物，其分子中的一部分基团可与无机粉体填料表面的各种官能团反应，形成有力的化学键，另一部分基团则可与有机基体发生某些化学反应或物理缠结，从而使无机粉体填料和有机基体之间产生具有特殊功能的"分子桥"，将两种性质不同的材料牢固结合，提高二者之间的相容性。

(2) 表面活性剂。如高级脂肪酸及其盐、有机铵盐、有机硅等。表面活性剂分子中包含两个组成部分，一个是较长的非极性烃基，称为疏水亲油基；另一个是较短的极性基，称为亲水疏油基，可改变粉体表面的疏水疏油性。图 3-16 为阴离子表面活性剂对氢氧化镁及镁铝双金属氢氧化物阻燃剂进行改性的吸附机理。由于氢氧化镁和镁铝双金属氢氧化物带有正电荷，在制备过程中，加入少量阴离子表面活性剂后，活性剂会与原来吸附于粉体表面的阴离子进行离子交换而吸附于粉体表面[图 3-16(b)]；进一步增加表面活性剂的用量，粉体表面吸附更多的活性剂形成反胶团，增加了粉体表面的疏水性，并且提高了无机粉体

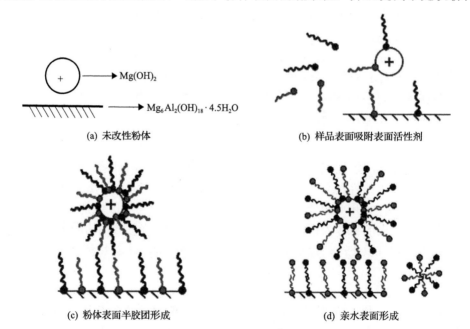

(a) 未改性粉体   (b) 样品表面吸附表面活性剂

(c) 粉体表面半胶团形成   (d) 亲水表面形成

图 3-16 表面活性剂改性机理

阻燃剂在有机基体表面的分散性[图 3-16(c)]；再增加表面活性剂用量，粉体表面活性剂的疏水链发生相互作用，又赋予固体表面亲水性，吸附趋于饱和，多余的改性剂也会在溶液中形成胶团[图 3-16(d)]，则会降低阻燃剂在有机基体表面的分散性，甚至低于未改性时的阻燃剂。因此要控制好表面活性剂的用量，以免适得其反。

2) 工艺方法

表面化学包覆改性工艺可分为干法和湿法两种。干法工艺一般在特定的粉体表面改性设备中进行，如高速加热混合机、流化床、连续式粉体表面改性机、涡流磨等。湿法工艺一般在反应釜或反应罐中进行，经过滤、干燥脱水等后续处理后得到目标粉体产品。

3) 影响因素

表面化学包覆改性的影响因素主要包括粉体的表面性质、粉体改性剂的配方、改性工艺等。

(1)粉体的表面性质。粉体的比表面积、粒度大小、比表面能、官能团或基团、水分含量等均会对化学包覆改性的效果有影响。

粉体的粒径越小，比表面积越大，表面改性剂的用量也就越大；比表面能大的粉体物料，一般倾向于团聚，这种团聚体如果不能在表面改性过程中解聚，就会影响表面改性后粉体产品的应用性能；粉体表面官能团的类型，也会影响表面改性剂与颗粒表面之间作用力的强弱，如果粉体表面的官能团能与表面改性剂分子产生化学键合，表面改性剂在颗粒表面的包覆一般会比较牢固；颗粒表面的含水量也对颗粒与某些表面改性剂的作用产生影响，耐水性较差的改性剂，不适用于含水量较高的粉体材料。

(2)表面改性剂的配方。粉体的表面化学包覆改性是通过表面改性剂在粉体表面的化学吸附与反应来实现的，因此，表面改性剂的配方(种类、用量和用法等)对改性效果和改性后粉体的性能有重要影响。

表面改性剂的种类：首先，选取的表面活性剂能与粉体表面发生化学吸附或反应。其次，选取的表面活性剂要满足目标产品的用途和相关性能要求(如分散性、表面润湿性、电性能、耐候性等)。

表面改性剂的用量：理论上，在颗粒表面达到单分子层吸附所需的用量为最佳用量，但对于湿法改性，总有一部分表面改性剂在过滤时流失，未能与粉体颗粒作用，因此实际用量总是大于该用量。一般来说，在化学包覆改性开始时，随着改性剂用量的增加，粉体表面包覆量呈现一个先快速上升后增速减慢的趋势，当改性剂增加到一定用量后，表面包覆量不再增加，趋于一种稳定状态。因此，从经济角度来说，用量过多是不必要的。

在干粉灭火剂的改性过程中，主要注重于分散性、抗复燃性和疏水疏油性的提高。在扑灭油火时，干粉灭火剂的抗复燃性与其表面所具有的表面能有直接关系。表面能越高、越容易被油润湿，处于油火表面的干粉越容易下沉，从而发生复燃。这就要求干粉灭火剂经表面改性后必须具有极低的表面能和非常差的油润湿性能，只有这样灭火时喷射出的粉体才能不被油品所浸湿，而在油面上形成封闭层，阻止油品向气相挥发，从而达到抗复燃的目的。这也就是干粉灭火剂的改性多选用氟碳表面活性剂、甲基含氢硅油、硅烷等改性剂的原因。

(3)改性工艺。目前，化学表面改性工艺主要包括干法和湿法两种。对于干法工艺不必考虑表面改性剂的水溶性问题，但对于湿法工艺为确保表面改性剂与粉体颗粒在湿法环境下可以充分地接触与反应，因此要考虑表面改性剂的水溶性。例如，碳酸钙粉体干法表面改性时可直接在粉体中添加硬脂酸或者使用有机溶剂溶解后添加，实现对碳酸钙粉体的改性。但在湿法表面改性时，如直接添加硬脂酸，不仅难以达到预期的表面改性效果(主要是物理吸附)，而且利用率非常低，过滤后表面改性剂流失严重，导致滤液中有机物排放超标[20]。其他类型的有机表面改性剂也存在类似的情况。因此，对于不能直接水溶而又必须在湿法环境下使用的表面改性剂，必须对其进行皂化、胺化或乳化等预处理，使其能在水溶液中溶解和分散。

4)适用粉体

石英砂、硅微粉、碳酸钙、高岭土、滑石、膨润土、重晶石、硅灰石、云母、硅藻土、水镁石、硫酸钡、白云石、钛白粉、氢氧化铝、氢氧化镁、氧化铝等与可改性剂发生化学反应的粉体。化学包覆法在干粉灭火剂的表面改性中应用最为广泛。例如采用阳离子或非离子表面活性剂来对聚磷酸铵粉体进行改性，改性后的聚磷酸铵具有强疏水性能。

氟碳表面活性剂由于其分子间的范德瓦耳斯引力小，具有很强的表面吸附力和很低的表面张力，使含氟链定向排列在物质表面，形成不透湿、不粘连的表面层，兼具"憎水""憎油"的双重特性。氟碳表面活性剂首先应用于泡沫灭火剂以降低蛋白泡沫体系的表面张力和泡沫在液面上流动的剪切力，提高泡沫的流动性，添加氟碳表面活性剂的泡沫灭火剂灭火速率提高了3～4倍，同时提高了其抗复燃能力。后来很多研究人员将其应用在干粉灭火剂的表面改性中，也得到了很好的抗复燃效果。20 世纪 70 年代，美国 W.R.Warnock 采用氟碳表面活性剂和湿法工艺对干粉灭火剂进行表面处理，研制出了抗复燃干粉灭火剂，具有很好的抗复燃效果[21]。

有机硅如甲基含氢硅油，由于其分子中含有易水解的端甲氧基，水解后的硅醇基反应活性较高，不仅可以在分子间发生聚合反应，还可以与粉体表面的羟基发生脱水缩合反应，因此经常被用于干粉灭火剂的表面改性处理。经有机硅油改性后的干粉灭火剂与甲基硅油改性后的干粉灭火剂相比，其疏水保持率、吸湿率和抗结块性都有很大提升。20 世纪 80 年代，天津消防研究所对硅化处理设备与工艺条件进行了升级，将其用于 BC 类干粉灭火剂的表面改性处理，进一步提高了产品质量，其主要技术指标达到美国联邦标准的要求[22]。北京保宁源消防科技有限公司也使用甲基含氢硅油对 ABC 类干粉灭火剂进行表面改性，得到了性能优良的灭火剂产品。

5) 优缺点

优点：粉体表面通过化学作用与改性剂相结合，其作用力主要是化学键力，这种结合力要比物理吸附牢固得多且更加稳定，改性剂分子俨然成了粉体结构的一部分，粉体表面主要以改性剂分子的官能团为特征。另外，这种方法对粒径较小的粉体(包括纳米材料)同样适用。

缺点：在选择改性剂时要考虑粉体是否与改性剂发生化学反应，是否相容等问题，限制条件较多。

3. 机械力化学改性

1) 方法原理

使用超细粉碎及其他机械设备，利用机械力作用有目的地对粉体表面进行激活，在一定程度上改变颗粒表面的晶体结构、溶解性能、化学吸附和活性基团数量等。

2) 改性设备及药剂

改性中使用的设备及药剂为球磨机(旋转筒式球磨机、行星式球磨机、振动球磨机、搅拌球磨机、砂磨机等)、气流粉碎机、高速机械冲击磨等，助磨剂、分散剂、改性剂等。

3) 影响因素

影响因素包括改性设备的类型、机械作用的方式、机械力的作用时间、改性环境(干、湿、气氛等)、添加剂的种类和用量、粉体物料的晶体结构、粒径大小及粒度分布等。

改性设备的类型决定了机械力的作用方式，如挤压、摩擦、剪切、冲击等，机械力作用的时间越长，机械力的化学效应就越强烈。除气流粉碎机主要是冲击作用外，其他用于机械激活的粉碎设备一般都是多种机械力的综合，如振动球磨机是摩擦、剪切、冲击等机械作用力的综合，搅拌球磨机是摩擦、挤压和剪切作用的综合，高速机械冲击磨是冲击、剪切作用的综合。

许多研究表明，多数情况下在同一设备，如振动磨中，同样的粉碎时间，干式超细粉碎对无机粉体的机械激活作用（晶格扰动、表面无定形化等）较湿式超细粉碎要强烈。另外，在添加助剂或表面改性剂的机械粉碎操作中，机械化学效应或机械化学反应与这些添加剂有关，这些添加剂往往参与表面吸附，能够降低系统的黏度并减少颗粒的团聚。

4）适用粉体

在高岭土、滑石、云母、硅灰石、钛白粉等粉体粉碎过程中加入改性剂，促进表面改性剂分子在粉体表面的化学吸附或化学反应。也可在一种无机粉体的粉碎过程中添加另一种无机粉体，使无机粉体材料表面包覆另一种无机粉体，或由于机械化学反应生成新相。例如将石英和方解石一起研磨时，生成 CO_2 和少量 $CaO \cdot SiO_2$。商用的普通干粉灭火剂制备基本上都采用机械力化学改性的方法，通过将灭火组分干粉、疏水白炭黑等疏水成分以及菱镁矿等惰性成分经过高速混合机混合，将混合物料添加到粉碎设备中进行研磨，进而改变干粉的表面性质，提高干粉灭火剂的抗结块性和流动性。与此类似，在冷气溶胶灭火剂的制备过程中，将灭火组分（如 $NH_4H_2PO_4$）、抗絮凝剂、助流剂、助磨剂等成分充分混合，并利用气流粉碎的方法进行改性，提高其分散性；然后将处理后的粉末与表面改性剂（H201 甲基硅油、ND-42 偶联剂、硬脂酸镁、NA 改良剂、S 型纳米填料、ST 卤代烷等）通过球磨机研磨，使它们混合均匀，从而得到改性后的冷气溶胶干粉灭火剂。

5）优缺点

优点：依靠机械力的作用对粉体表面进行激活，简单易行，在一定程度上改变粉体表面的物理化学性质和反应活性（增加活性基团或表面活性点）。经过这样的处理，一方面粉体颗粒表面的活性被激活，活性基团数量增加，粉体颗粒与其他材料的作用效果提高；另一方面，改性后的粉体表面产生的游离基可引发烯烃类聚合，形成聚合物接枝的复合粉体。

缺点：机械力化学改性一般只增加了活性基团和表面活性位点，仅依靠机械力对粉体表面进行改性大多难以满足目前市场的工艺要求。

4. 微胶囊化改性

1) 方法原理

微胶囊化改性指在粉体颗粒表面上覆盖一层有一定厚度的薄膜，而对粉体的原有化学性质丝毫无损，在使用时通过某些外部刺激或缓释作用使粉体释放的一种表面改性方法。粉体的微胶囊化改性主要指微小颗粒胶囊化。这种微小胶囊一般是 $1\sim500\mu m$ 的微小壳体，壳体的壁膜(外壳、皮膜、保护膜)通常是连续又坚固的薄膜(其厚度从几百纳米到几微米不等)。

2) 微胶囊化方法

在粉体表面形成胶囊的方法很多，依据囊壁形成机制以及合成囊的条件，大致可以分为三类十四种。

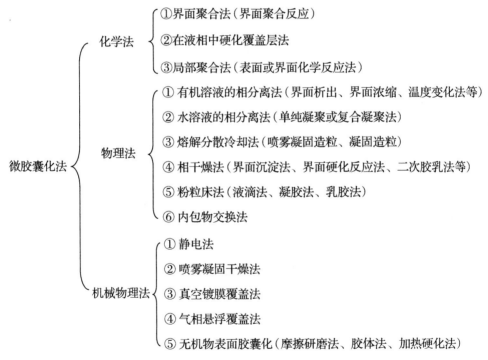

3) 适用粉体

微胶囊化改性最初是为了满足药效的缓释而发展起来的，现在也用来改变粉体表面的性质，包括钛白粉、彩色颜料、氢氧化镁[23]、聚磷酸铵(APP)[24]、红磷、卤素阻燃剂、香料、片状铝粉、硫磺、石蜡等。微胶囊化在阻燃剂的表面改性方面应用广泛，例如聚磷酸铵除了是一种干粉灭火组分外，还是一种高效的阻燃剂，采用三聚氰胺甲醛树脂包覆聚磷酸铵，制备出微胶囊化聚磷酸铵粉末。与未改性的聚磷酸铵相比，微胶囊化的粉末疏水率大大提高，阻燃性能得到大幅度改善。当然，也可以使用微胶囊化改性对干粉灭火剂进行表面处理，提高其灭火效能。例如利用硅油使粉体表面形成具有网状结构的聚硅氧烷有机膜，聚硅氧烷分子中的 Si—O 键具有明显的极性，氧原子会紧紧吸附在极性无机盐粉体颗粒表面，烷基远离颗粒表面，定向排列在颗粒表面形成一个疏水性很强的微胶囊，从而起到防潮、防结块与防腐蚀的作用。

4) 优缺点

微胶囊化是一种比较成熟的技术，在众多领域都有应用。粉体经过微胶囊化后形成了一种核壳结构，在药物方面可以减小药物粉末对胃部的刺激，在阻燃方面，可以改善阻燃剂与高聚物的相容性并提高阻燃剂的热稳定性。微胶囊化改性后的阻燃剂在生产和使用过程中无毒无害，燃烧时也不产生浓烟和有毒气体，不会污染环境，因此在干粉灭火剂的改性领域也成为研究热点。

缺点是粉体颗粒微胶囊化后，会显著增大颗粒的粒径，同时，针对超微胶囊的研究进展较慢，技术更新迟缓，目前在超细干粉灭火剂改性中的应用较少。

5. 其他表面改性方法

1) 高能表面改性

高能表面改性是指利用红外线、紫外线、等离子体照射、电晕放电、微波辐射和电子束辐射等方法对粉体进行表面改性。该法主要是通过高能粒子活化粉体表面和有机改性剂，使有机改性剂在粉体表面聚合形成一层薄膜。如用 ArC_3H_6 低温等离子处理 $CaCO_3$ 可改善 $CaCO_3$ 与聚丙烯的界面黏结性。这是因为经低温等离子处理后的 $CaCO_3$ 表面存在非极性有机层作为界面相，可以降低 $CaCO_3$ 的极性，提高与聚丙烯的相容性。用红外线照射法在炭黑表面接枝聚苯乙烯等聚合物，可显著改善炭黑在介质中的分散性。高能表面改性具有速率快、适用性强、环境友好等优点，但高能表面改性效果不够稳定，改性技术复杂，成本高且生产能力小，因此难以实现大规模工业化生产。

2) 插层改性

插层改性仅适用于具有层状结构的粉体改性。利用层状粉体颗粒晶体层间较弱的结合力(如分子键或范德瓦耳斯力)或阳离子可交换的特性，通过离子交换或化学反应改变粉体的界面特性和其他性质。

在自然界中，有很多无机粉体具有层状结构，例如石墨、高岭土、云母、层状硅酸盐、金属氧化物等。其中石墨是一种最典型的层状结构粉末，经过插层改性处理的石墨层状材料(图 3-17)，其性质远优于未改性的石墨，具有耐高温、抗热振、防氧化、耐腐蚀、润滑性和密封性好等优良性能。对石墨进行一定处理，可使其用作专门灭金属火的干粉灭火剂。

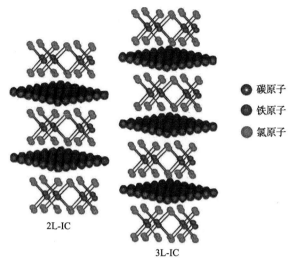

图 3-17 插层改性石墨

3) 复合改性

复合改性是采用两种或两种以上改性方法(如机械、物理或化学)改变颗粒的表面性质以满足应用需要的改性方法。例如：物理/化学包覆、机械力化学/化学包覆、沉积/化学包覆等。综合考虑以上粉体表面改性方法的优缺点，进行合理的复合改性，以更好地提高改性效果，是目前粉体改性技术的一个重要发展趋势。

3.3.3 改性粉体的评价参数

1. 粉体在煤油中的沉降率

采用测量装置测定改性前后粉体在煤油(有机非极性溶剂)中的沉降率。首先记录一定时间内粉体在煤油中沉降到沉降盘的粉体质量，计算其与沉降区粉体总质量的比值，即可得出该粉体在此段时间内的沉降率。比较相同沉降时间内粉体在不同改性条件下的沉降率，可衡量粉体的团聚与分散行为，进而评价粉体的表面改性效果。颗粒在煤油中的沉降率小，说明改性后的粉体团聚性差，即分散效果及疏水效果好。

2. 粉体在煤油中的分散度

一定量的粉体与煤油混合形成体积为 V 的悬浊液，搅拌均匀后静置一段时间，测其上层清液体积 V_1，则分散度 $\alpha(\%)$ 为

$$\alpha = \frac{V - V_1}{V} \times 100\% \tag{3-3}$$

分散度越大，表明粉体在煤油中的分散程度高，改性效果好；反之，改性效果不好。

3. 粉体活化指数

质量为 W 的粉体与水在烧杯中混合，搅拌一定时间后静止至水澄清，刮出漂浮在水面的粉体，称其质量 W_1，则活化指数 H 为

$$H = \frac{W_1}{W} \times 100\% \tag{3-4}$$

粉体活化指数反映了粉体是否改性和改性的程度，H 值越大，说明改性效果越好。改性完全则 $H \rightarrow 100\%$，未改性时 $H \rightarrow 0$。此外，通过测试改性粉体经不同温度干燥处理后活化指数的变化，对改性剂的热稳定性及改性产物的温度适应性进行评价，可为干燥方式的选择提供重要依据。

4. 润湿接触角

为评判改性前后粉体的表面润湿性质，并为表面能的计算提供依据，对改性粉体被液体介质润湿产生的接触角进行测量。首先将测试粉体放于压片机上，以 30～40MPa 的压力将其压成表面光滑的薄片，用动态接触角/润湿角测量仪分别测量 3 次，取平均值。

5. 粉体吸湿率

将粉体样品置于温度和水蒸气饱和度均固定的环境中，测量样品吸附水蒸气的量，并计算出所吸附水蒸气占样品量的比例，即为吸湿率(%)。吸湿率可反映粉体颗粒表面对水的亲和性质，并由此评判改性效果和产物性能。

称取充分干燥的质量为 m 的粉体样品放于玻璃皿上，将玻璃皿置于底部装有一定量水的干燥器中，然后将瓶口封紧，在恒温条件下放置一定时间，取出并称量矿粉的质量，记为 m_1，则吸湿率为

$$\frac{m_1 - m}{m} \times 100\% \tag{3-5}$$

6. 粉体填充塑料制品的性能

将粉体作为填料填充到聚乙烯(PE)树脂中，测量塑料制品的抗拉强度、抗

压强度和伸长率等力学性能及填充时熔体流动指数。聚乙烯塑料制品的制备方法为：粉体、树脂和其他助剂高速搅拌混合→挤出造粒+注塑样片（条）→车床成型→测试样品。

3.4 粉体的筛分与分级

根据粉体的应用领域、生产工艺、经济效益等方面的要求，制备出的粉体产品通常需要控制在一定的粒度分布范围内，粒径过大或过小都会影响粉体的使用效能。然而，粉碎机实际生产出的粉体粒度分布范围往往比所要求得更广，很多情况下无法满足产品粒度的要求。因此，需要通过一定的筛分和分级技术对粉体进行处理，一是可以把不同大小的颗粒进行分离，去除粉体原料或产品中不符合使用要求的颗粒，提高其使用价值；二是将粉体样品通过按一定顺序排序的套筛，使粉体筛出若干个粒级，对产品进行粒度分布的检验，从而掌握生产线的工作情况和粉体产品的合格情况。干粉灭火剂对于粉体粒径大小、粒径分布、堆积密度都有严格的要求，对干粉灭火剂进行筛分和分级至关重要。

3.4.1 筛分机理

广义的分级是利用粉体颗粒的某些物化性质的不同将颗粒分为不同的几个部分，例如粒径、形状、颜色、密度、磁性、化学成分、放射性等；狭义的分级是根据不同粒径颗粒在介质（通常采用空气和水）中受到离心力、重力、惯性力等的作用，产生不同的运动轨迹，从而实现不同粒径颗粒的分级[25]。

随着现代工业新技术的发展，对于粉体材料的粒径要求越来越小，粒度范围越来越窄，粉体材料的分级问题制约着粉体材料应用范围的扩大。为了解决这一瓶颈，国内的研究人员对粉体分级进行了广泛的理论和工程实践研究。其中相关的分级理论引导着分级设备的研制，常用的分级理论归结起来有以下几种。

1. 附壁效应分级理论

附壁效应是由 Rumft 博士和 Leschonski 博士共同发现的。如图 3-18 所示，当气流从喷嘴高速喷出时，若在喷嘴一侧设置成弯曲的壁面，则这股气流就会由于附壁效应发生偏转。具体原理为：喷嘴与侧壁的距离分别为 $S1$ 和 $S2$，气流以一定的速率从喷嘴射入，因此气流两侧裹挟粉体颗粒的动能相等，当 $S1$ 和 $S2$ 不相等时，距离大的一侧裹挟粉体的速率会明显小于距离小的一侧，造成压力差，使裹挟着粉体颗粒的气流向压力小一侧偏转。此过程中动量较小的细颗粒会随气流沿壁面附近运动，较大的粗颗粒由于惯性力的作用被抛出，从而使颗粒分级。

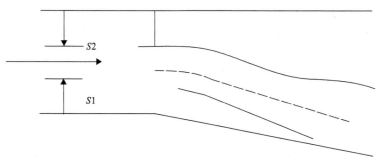

图 3-18　附壁效应原理图

2. 惯性分级理论

1）一般惯性分级理论

当颗粒运动时会具有一定的动能，运动速度相同时，质量大者动能也大，即运动惯性大。当向粉体颗粒施加改变其运动方向的作用力时，由于不同质量的颗粒运动惯性大小不同，会形成不同的运动轨迹，从而实现大小颗粒的分级。图 3-19 为一般惯性分级原理图。通过导入与一次气流不同方向的二次气流使粉体颗粒的运动轨迹发生偏转，大颗粒基本保持原运动轨迹，小颗粒则由于运动惯性小，运动轨迹被改变，最后从相应的出口排出。目前，采用一般惯性分级理论的分级机的分级粒径已能达到 1μm，使用过程中通过调节各出口通道的压力实现对二次控制气流的入射速度和入射角度的改变，从而在较大范围内调节

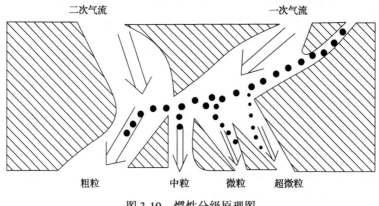

图 3-19　惯性分级原理图

分级机的分级细度。并且若能有效避免颗粒的团聚和分级室内涡流的存在，分级粒径有望达到亚微米级，分级精度和分级效率也会明显提高。

2) 特殊惯性分级器

(1) 有效碰撞分级器。颗粒在进入直圆筒时发生碰撞，小于分级粒度的颗粒从侧向出口排出。分级粒度值取决于侧向出口尺寸、加速圆筒的喷嘴直径、清净空气流量比率以及总流量等。该分级器的部分分级效率为

$$\eta = \alpha\eta_0 - \beta \tag{3-6}$$

式中，η_0 为无清净空气流时的分级效率；α 为总流量与料流量之比；β 为中心气流量与料流量之比。

有效碰撞分级器的特点为分级操作不因物料性质而异，对于针状颗粒也能以空气力学原理进行正确的分级。有效碰撞分级器的碰撞作用有利于物料分散，可完全避免细粉中混入粗粒。其分级区设在两个圆筒之间，有利于物料的迅速分级，并且机器内部无运动部件，结构简单，耐用且易维护。该类分级器的分级粒度一般为 0.3～10μm，处理能力大约为 0.45～1800kg/h。

(2) 叉流弯管式分级器。裹挟着粉体颗粒的主气流由入口进入，辅助(调节)气流与之交叉，以控制主气流的偏转角度。粉体颗粒除受惯性作用外，最细颗粒还存在 Coanda 效应，由此进行分级。叉流弯管式分级器的分级粒度可达 0.5μm，分级精度较高，分级效果再现性好。

3.4.2 筛分效率

1. 牛顿分离效率

分离粒度、密度、形状或电性等性质不同的 a 颗粒和 b 颗粒组成粉体混合物，其分离模型如图 3-20 所示。

理想的分离效果应该是 a 颗粒受料器中只有 a 颗粒，b 颗粒受料器中只有 b 颗粒，但实际上，受料器中的粉体颗粒是相互混杂的。入料中的 a 颗粒被实际收入 a 颗粒受料器的质量分数为 a 颗粒的回收率 γ_a。

$$\gamma_a = \frac{Ax_{a,A}}{Fx_{a,F}} \tag{3-7}$$

式中，F 为入料总质量；A 为 a 受料器中的物料质量；$x_{a,A}$ 为 a 颗粒受料器中 a 颗粒的质量分数；$x_{a,F}$ 为入料中 a 颗粒的质量分数。

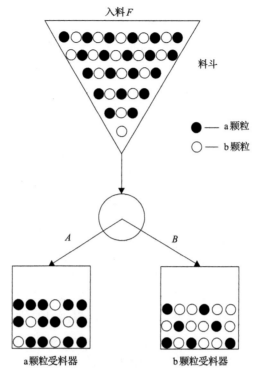

图 3-20　粉体分离模型

入料中的 b 颗粒实际被收入 b 颗粒受料器的质量分数称为 b 颗粒的回收率 γ_b

$$\gamma_b = \frac{B\left(1 - x_{a,B}\right)}{F\left(1 - x_{a,F}\right)} \tag{3-8}$$

式中，B 为 b 颗粒受料器中的物料质量；$x_{a,B}$ 为 b 颗粒受料器中 a 颗粒的质量分数。

倘若 $\gamma_a = 1$、$\gamma_b = 0$ 表示 a 颗粒受料器中 a 颗粒全被回收，但 b 颗粒受料器中 b 颗粒完全未被回收，即 b 颗粒全部混入 a 颗粒受料器中，此时的分离效率为零。由此可见，仅用 γ_a 表达分离效率是不够的，必须同时采用 γ_a 和 γ_b 评价。牛顿分离效率 η_N 定义为有用成分的回收率减去无用成分的残留率。

$$\eta_N = \gamma_a - \left(1 - \gamma_b\right) = \gamma_a + \gamma_b - 1 \tag{3-9}$$

$$\eta_N = \frac{a_1}{a_1 + a_2} + \frac{b_1}{b_1 + b_2} - 1 \tag{3-10}$$

式中，a_1 为粗粉中的大颗粒含量；a_2 为细粉中的大颗粒含量；b_1 为细粉中的小颗粒含量；b_2 为粗粉中的小颗粒含量。

上述粗粉和细粉是指分离后的产品。分离效果可使用频率分布表示(图 3-21)。一般而言，细粉包含大部分小颗粒和一部分大颗粒，而粗粉包含大部分大颗粒和一部分小颗粒。

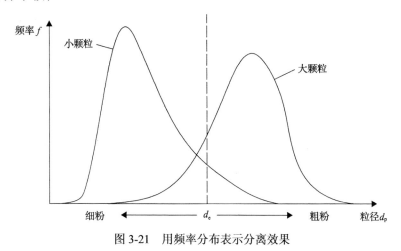

图 3-21　用频率分布表示分离效果

2. 牛顿分离效率的物理意义

分离结果可表示为"理想分离"与"旁路"的组合，前者可将混合物完全分离为 a 和 b，而后者却完全不能分离，各组分的质量分配关系如图 3-22 所示。分离结果如式(3-11)。

$$\gamma_a = \frac{\alpha W_a + \beta(1-\alpha)W_a}{W_a} = \alpha + \beta(1-\alpha) \tag{3-11}$$

$$\gamma_b = \frac{\alpha W_b + (1-\beta)(1-\alpha)W_b}{W_b} = \alpha + (1-\beta)(1-\alpha) \tag{3-12}$$

$$\eta_N = \gamma_a + \gamma_b = \alpha \tag{3-13}$$

式中，W_a 为入料中 a 颗粒的质量；W_b 为入料中 b 颗粒的质量；α 为进入理想分离的质量分数；β 为旁路中进入 a 颗粒受料器的质量分数。

也就是说，牛顿分离效率 η_N，与图 3-21 所示的模型装置中进入理想分离的质量分数 α 相等。换言之，它表示进料中能实现理想分离的质量比。

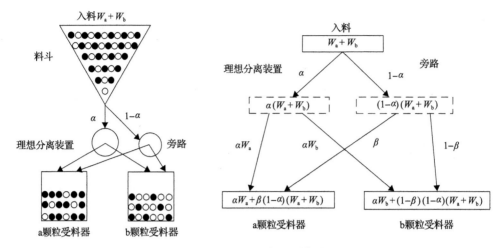

图 3-22　牛顿分离效率模型

3. 牛顿分离定律的实用计算式

根据物料平衡有

$$F = A + B \tag{3-14}$$

$$F_{x_{a,F}} = A_{x_{a,A}} + B_{x_{a,B}} \tag{3-15}$$

分别消去 A 或 B，经变换得

$$\frac{B}{F} = \frac{x_{a,A} - x_{a,F}}{x_{a,A} - x_{a,B}} \tag{3-16}$$

$$\frac{A}{F} = \frac{x_{a,F} - x_{a,B}}{x_{a,A} - x_{a,B}} \tag{3-17}$$

将式(3-16)、式(3-17)代入式(3-11)～式(3-13)，得到如下公式，式中的牛顿分离效率根据 a 颗粒的含量计算得到：

$$\gamma_a = \frac{x_{a,A}\left(x_{a,F} - x_{a,B}\right)}{x_{a,F}\left(x_{a,A} - x_{a,B}\right)} \tag{3-18}$$

$$\gamma_b = \frac{\left(1 - x_{a,B}\right)\left(x_{a,A} - x_{a,F}\right)}{\left(1 - x_{a,F}\right)\left(x_{a,A} - x_{a,B}\right)} \tag{3-19}$$

$$\eta_{N} = \frac{\left(x_{a,F} - x_{a,B}\right)\left(x_{a,A} - x_{a,F}\right)}{x_{a,F}\left(1 - x_{a,F}\right)\left(x_{a,A} - x_{a,B}\right)} \tag{3-20}$$

4. 部分分离效率

将粉体按粒度特性分为若干粒度区间，分别计算各区间颗粒的分离效率。如图 3-23（a）所示，已知原始粉体和分级后粗粉部分的频率分布曲线，设任一粒径区间 d_i 和 $(d_i+\Delta d_i)$ 之间的原始粉体（原粉）和粗粉的质量分别为 W_i 和 W_a，则以粒径 d_i 为横坐标，以粗粉质量分数 $(W_a/W_i)\times100\%$ 为纵坐标，可绘出如图 3-23（b）所示的曲线，该曲线称为部分分离效率曲线。部分分离效率曲线也可用细粉的频率分布计算并绘制。

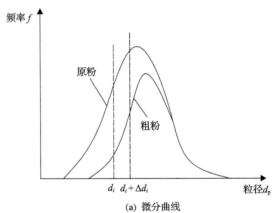

(a) 微分曲线

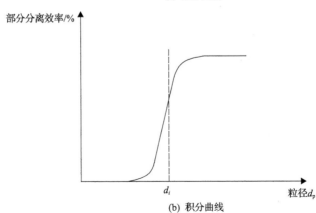

(b) 积分曲线

图 3-23　部分分离效率

3.4.3 筛分的影响因素

影响粉体筛分的因素主要包括物料和机械两个方面。

1. 物料方面

1)堆积密度

物料堆积密度较大(大于 0.5t/m³)的情况下，筛分能力与颗粒密度成正比；堆积密度较小时则不然。

2)粒度分布

细粒多，处理能力大；最大允许粒度不应大于筛孔的 2.5～4 倍，难筛粒(粒度大于筛孔尺寸的 3/4 而小于该筛孔尺寸的颗粒)和阻碍粒(粒度大于筛孔尺寸而小于 1.5 倍筛孔尺寸的颗粒)数量愈少，分级愈容易，筛分效率也愈高。

3)含水量

干法筛分时，如果物料的含水量达到一定程度，筛孔易堵塞，使筛分能力下降；若因势利导改成湿法筛分，反可使处理能力提高。

2. 机械方面

1)开孔率

筛面的开孔率越小，筛分处理能力越小，但筛面使用寿命会有所延长。

2)筛孔大小

在一定范围内，筛孔大小与处理能力成正比，筛孔越大，单位筛面积的处理能力就越高。

3)筛孔形状

一般情况下，正方形筛孔的处理能力比长方形要小，但是筛分精确度要优于长方形筛孔。

4)振动的振幅与频率

粒度小的适宜用小振幅与高频率。

5)加料的均匀性

单位时间加料量应该相等，粉体颗粒沿筛面宽度的分布应该均匀。

6)料速与料层厚度

筛面的倾角越大，料速越快，处理能力越好，但同时也会使筛分效率降低；料层越薄，处理能力越低，但筛分效率越高。

3.4.4 筛分与分级设备

1. 筛分设备

筛分操作是让物料与筛面产生相对运动而过筛，把固体颗粒置于具有一定大小孔径或缝隙的筛面上，通过筛孔的成为筛下料，被截留在筛面上的成为筛上料。筛分设备的效率指筛下料与总入筛料质量的百分比。由于运动着的筛面加强了颗粒与筛孔之间的相对运动，会对筛分设备的筛分效率与处理能力有所强化，因此工业上筛分设备的分类，大多按筛面的运动方式来划分。表 3-3 列举了几种常见的筛分设备[26]。

各类筛分设备的特点分述如下。

1) 固定筛

筛面倾斜固定，构造简单，所需动力很小或不需动力，一般用作破碎作业之前的预筛分。

2) 回转筛

回转筛由筛板或筛网制成的回转筒体、支架和传动装置等组成，工作时筛筒绕自身轴线回转，物料在筒内滚转而筛分。回转筛具有工作平稳、冲击和振动小、易于密封收尘、维修方便的特点。其主要缺点是筛面利用率较低，与同产量的其他筛分设备相比，体形较大，且筛孔易堵塞，筛分效率低。

3) 摇动筛

筛网制成的筛面装在机架上，利用曲柄连杆结构，使筛面作往复摇晃运动，其摇动幅度为曲柄偏心距的一倍。摇动筛有单筛面和双筛面之分，筛分效率一般不超过 70%～80%。

4) 振动筛

振动筛工作时，物料在筛面上以小振幅、高频率作强烈振动，从而消除物料在筛面的堵塞现象，提高振动筛的筛分效率和处理能力。振动筛与其他类型的筛分设备相比不仅动力消耗小，而且构造简单，维修方便，使用范围非常广，适用于各种粒径等级(细、中、粗)的筛分作业。

筛分设备对干粉灭火剂的制备至关重要，以球磨或气流粉碎前的预筛分为例，通过筛分设备将原料中过大的料块进行分离，使进入粉碎机的物料均匀，进而确保颗粒在研磨过程中均匀受力，以提高粉体的制备效率并使产品粉体的粒度分布更加集中。

表 3-3 常见的筛分设备

机种		筛面形状	倾斜角度/(°)	传动方式	筛面运动 运动轨迹	振幅/mm	频率/(次/分钟)	适用粒度/mm	处理能力/[t/(m²·24h·mm)]
固定式	栅筛	平面	20~50					25~200	10~60
	弧形筛	曲面						0.3~0.6	
运动式	回转筛	曲面(圆筒、藏头圆锥或角锥)	3~10(平均为5)	中心轴	圆		15~20(为临界转速的0.33~0.45)		
	摇动筛	平面	10~20	偏心轴	直线往复	10~100	60~300	10~50	20~28
	旋动筛	平面	0~5	偏心轴	与筛面平行的封闭曲线或局部为直线往复，以利于卸料	50	15~600	12~60	
	振动式 电磁式	平面	30~40	电磁式	直线往复(与筛面垂直或平行)	0.8~30	900~7200	0.15~2.5	50~200
	振动式 机械式	平面	干式为0~29，湿式为10~50	不平衡块、偏心轴凸轮	封闭曲线或直线往复(与筛面垂直、倾斜或平行)	2~12	1000~1500	0.4~15	100~150

2. 流体分级设备

筛分分级虽然操作简单、经济，但受筛面制作的限制，理论上只适用于粒径在 38μm 以上的粉料。在实际操作过程中，当粉体粒径介于 38～100μm 时，少量粉料筛分作业的准确程度也不可靠。因此，对于粒径在 100μm 以下的物料，一般采用流体分级技术，其原理是利用粒度变化对流体阻力和颗粒受力的平衡来进行分级。流体分级设备适用的粒径范围更广，可用于粗粉和细粉，甚至是超细粉的分级处理。由于流体分级设备适用领域广泛，并且具备对超细粉体进行精细分级的能力，在粉体工业快速向超细粉体生产过渡的大前提下，流体分级设备逐渐成了分级设备的主流。

流体分级按所用流体介质的不同可分为干法分级(介质为空气)与湿法分级(介质为水或其他液体)。干粉灭火剂对粉体的干燥性以及分散程度有一定要求，考虑到干法分级不需要脱水、干燥等复杂的额外处理，常使用干法分级设备处理干粉灭火剂的筛分分级。另外，干法分级设备多与粉碎机联合使用，使生产工艺更连续和完整。

干法分级也称气流分级或气力分级，与之对应的干式超细分级机大多采用离心或惯性力场，根据颗粒的比重、粒度和形状及在空气中所受重力和介质阻力的不同进行有区别的沉降，进而实现分级。颗粒的分散在干粉灭火剂的分级中是最关键的一环。干法分级设备主要利用气流的急剧加速，使团聚在一起的粒径大小不同的颗粒受到不同作用力、利用剪切流场的速率差、采用障碍物的冲击等方式使粉体达到分散的目的。

1)重力沉降式分级设备

重力沉降式分级是利用粉体重力与空气阻力之间的平衡关系，对粉体进行分级。图 3-24 为重力式分级机的结构示意图。首先，设想颗粒在流体中自然沉降，颗粒所受的阻力随其速率的增加而增大，自由沉降的加速度逐渐减小，当加速度减到零时，颗粒受到的重力和流体阻力平衡，速率保持一定，此后颗粒即在流体中匀速沉降，此时的沉降速率称为颗粒的沉降末速率。当被分级的物质一定，所采用的介质一定时，沉降末速率只与颗粒的直径大小有关。因此，根据不同直径颗粒的末速率差异，可实现粒度不同颗粒的分级。

重力沉降式分级设备可用于粒径为 200～2000μm 粗颗粒的分级，其特点是结构简单，无运动部件、动力消耗少，但是设备的分级性能在很大程度上取决于气流的平稳性和粉体的分散程度，很难得到较高的分级精度，也不能采用较高的粉体浓度，单位容积的处理量小。因此，现在很少单独选用重力沉降式分

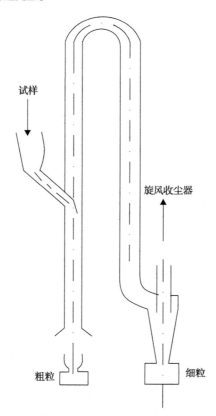

试样

旋风收尘器

粗粒

细粒

图 3-24　重力式分级机的结构示意图

级设备进行粉体的分级操作，当然，对于那些粒径较大的粉体，如果不需要较高的分级精度，也可以考虑选用重力沉降式分级设备，也可以将其作为去除粗颗粒的前置分级设备使用。

2) 离心式分级设备

离心式分级机也称为转子式分级机，具有高速旋转的分级叶轮(转子)，能够在分级室内形成较大的离心力流场，使粉体颗粒受到的离心力和气流阻力处于平衡状态，从而实现对粉体颗粒的分级。在离心式分级设备中，颗粒所受的离心力是其重力的数百倍甚至上千倍，因此，离心式分级机具有物料处理多、分级粒径小、分级精度高等特点，设备的规格和种类多样，在工业生产中使用最为广泛。

(1) 锥形离心气流分级机。锥形离心气流分级机内部没有任何运动部件，如图 3-25 所示，一次气流与待分级的物料从顶部进入分级机的分散区，在二次气流的作用下，物料得到充分分散后通过分布锥进入分级机的分级区，在离心力的作用下实现粗粒和细粒的分离。三次气流通过导流片进入分级区，将分离出的粗粉再次带入分级区，实现二次分级。该设备具有结构紧凑、分级效率高、运行安全可靠等特点，并且其导流片的角度可以随意调整，所分选得到的粉体粒度可达 1μm，分级精度 $d75/d25$ 可达 1.16。

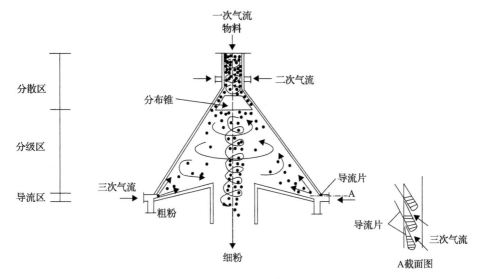

图 3-25　锥形离心气流分级机

（2）MS（micron separator）叶轮式分级机。如图 3-26 所示，待分级物料和一次气流经进料管、位置调节管进入分级机内，再经气流分配锥进入分级区，分级

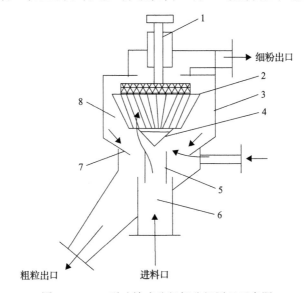

图 3-26　MS 型叶轮式分级机分级原理示意图

1-旋转轴；2-分级叶轮；3-圆柱形筒体；4-气流分配锥；5-位置调节管；6-进料管；7-环形体；8-分级腔

叶轮在旋转轴的带动下旋转并产生强大的离心力场，由于细粒级物料所受的离心力小于分级机后部引风机所产生的向心力，因此细粒会随气流经叶片间隙向上运动，通过机体上部的细粉出口排出。而粗粒级物料受到的离心力大于向心力，经环形体从机体下部的粗粒出口排出。MS 分级机还通过在机体中部引入二次气流，冲洗掉粗粒物料中夹带的细粒，使细粒向上运动，再次进入分级区分级，从而提高了分级效率和分级精度，这是 MS 分级机区别于其他离心式分级设备的显著特点。人们在实际的研究和生产中发现，分级机中分级叶轮的转速对粉体颗粒的分级效果起决定性作用。叶轮的转速越高，所得产品的粒径越小，但这也降低了分级机的生产能力。可以通过增大分级叶轮的直径改善生产力下降这一缺陷。

MS 型分级机分级范围比较宽，能够实现 3～150μm 范围粉体颗粒的分级，所获得的粒径小于 10μm 的超微粉，其含量可以高达 97%～100%。另外，MS叶轮分级机的分级精度也比较高，$d75/d25$ 为 1.1～1.5，而且分级效率高，利于分级转子和二次进风的风筛作用，使牛顿效率 η 达 60%～90%。而且设备的适用领域广，可用于大多数的有机、无机粉体分级，也可与粉碎机联合使用形成闭路流程制粉，使生产能力提升一倍。闭路流程制粉也可制备具有热敏性和低熔点的粉体颗粒。

(3)MSS 超细分级机。MSS 超细分级机是 MS 型分级机的改进型，基本结构如图 3-27 所示。与 MS 型分级机相比，其特点为在分级叶轮的圆柱形壳体壁上增加了切向气流喷射孔，从孔中向机内喷射气流，从而使叶轮在离心力作用下

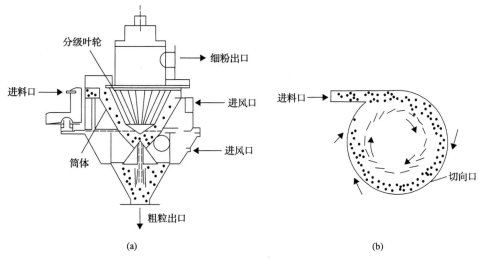

图 3-27　MSS 型超细分级机结构及分级原理示意图

(a)结构示意图；(b)分级原理示意图

抛向筒壁的粗颗粒中所夹带的细颗粒能从中彻底分离[27]。MSS 型超细分级机的分级粒度比 MS 型更小，产品粒度可达 2~20μm，可使 97%的粉体颗粒粒径达到 5μm 以下，甚至当粉体密度为 2.7t/m³时，理论分级粒度可达 1.5μm。

（4）ATP 型分级机。ATP 型分级机是德国 HOSOKAWA ALPINE 公司研制的叶轮转子型分级机，注册商标为 Truboplex®，有上部给料式和下部给料式两种。图 3-28 为上部给料和下部给料两种单分级机的结构及工作原理示意图，由分级轮、给料阀、排料阀、气流入口等部分构成。在图 3-28（a）所示的上部给料式装置中，工作时物料通过给料阀进入分级室，通过分级轮产生的强大离心力和分级气流的阻力实现对粉体颗粒的分级，得到的细粉颗粒通过上部的微细产品出口排出。对于下部给料式分级设备，原料与部分气流经给料阀一起进入分级机，不需要额外设置物料和气流分离的装置，方便与气流粉碎机等用空气输送物料的超细粉碎机联合使用。

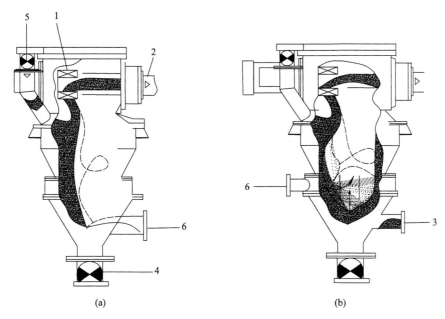

(a)　　　　　　　　　　　(b)

图 3-28　ATP 型分级机

(a)上部给料；(b)下部给料

1-分级轮；2-微细产品出口；3-气流(或气流与物料一起)入口；4-粗粒物料出口；5-给料阀；6-气流入口

ATP 型分级机为克服叶轮转速过快导致的生产能力下降问题，将多个小直径的分级叶轮水平安装于分级机顶部并联使用。ATP 型分级机具有分级粒径细、精度较高、分级机结构紧凑、工作时对机器部件磨损小、分级能力强等优点。其主要技术参数见表 3-4。

表 3-4 ATP 超微细分级机的主要技术参数

型号	分级轮					机功率/kW
	产品细度 D_{97}/μm	处理能力/(kg/h)	转速/(r/min)	直径/mm	数目/个	
50	2.5～120	3～100	1500～22000	50	1	1
100	4～100	50～200	1150～11500	100	1	4
100/4	3～60	150～400	1150～11500	100	4	16
200	5～120	200～1000	600～6000	200	1	5.5
200/4	4～70	600～3000	600～6000	200	4	22
315	6～120	500～2500	400～4000	315	1	11
315/3	6～120	1500～7500	400～4000	315	3	33
500	8～120	1250～8000	240～2400	500	1	15
750	10～150	2800～19000	160～1600	750	1	30
1000	15～180	5000～35000	120～1200	1000	1	45

　　国内也有公司对 ATP 型分级机进行了改进，并在 2001 年投放市场，分级效果明显提高，与 ACM-A 系列冲击式粉碎机形成闭路流程联合使用，使粉碎机的粉碎效果大幅度提高。

　　(5) MC(micron classification)型微粉分级机。MC 型微粉分级机与锥形离心气流分级机一样，内部也没有任何运动部件，主要靠气固两相流沿器壁旋转所产生的离心力场实现粉体颗粒的分级。其原理(图 3-29)是：分散的物料颗粒及

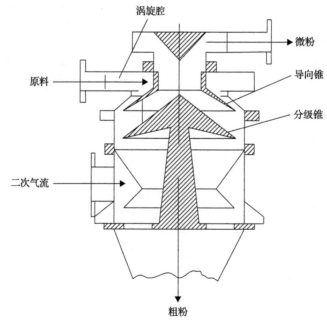

图 3-29　MC 型微粉分级机

气流在进料口负压的作用下进入涡旋腔形成气固两相流，随后以稳定的浓度在导向锥的引导下进入分级室，在离心力的作用下被分离成粗细两种颗粒。细粉在二次气流的作用下，通过分级锥上部的中心通道经细粉出口排出；粗粉则沿分级锥落入粗粉室，经粗粉出口排出。该分级机的处理能力约为 0.5～1000kg/h，分级粒径可达到 5～50μm，使用过程中通过改变导向锥和分级锥之间的缝隙、二次气流大小以及不同区域的压力实现分级细度的调节。

(6) DS 型分级机。DS 型分级机是一种无旋转叶轮的半自由涡式分级机 (图 3-30)。工作时，含有粉体颗粒的气固两相流在负压的作用下形成涡旋进入分级机，在上部筒体沿器壁旋转分离后，部分空气和微粉通过插入管离开分级机。剩余的物料需要进一步分级，在重力和涡流离心力的作用下通过中心锥进入到分级区，粗粉颗粒由于所受的离心力更大，分散到筒壁附近，经分级锥分离，由环形通道进入卸料仓，而细粉从中心锥与分级锥中间经细粉出口排出。二次空气的作用是使颗粒充分分散，提高其分级效率，通过调节二次空气进口的叶片可改变进气量。DS 型分级机的处理量为 10～4000kg/h，分级细度为 1～300μm，使用过程中通过调整中心锥的高度和二次风量可实现分级细度的调节。

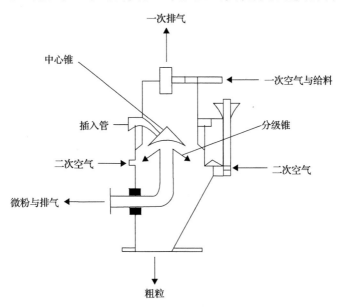

图 3-30　DS 型分级机

(7) ACUCUT 型分级机。ACUCUT 型分级机是一种分级室回转型分级机，最早由美国研发并生产。如图 3-31 所示，该分级机的分级室包括分级转子和固定壁两部分，固定壁与分级转子间的间隔约为 1mm。分级转子由分级叶片和上下盖板组成，分级叶片以中心转轴为顶点沿径向呈放射状分布。分级机工作时，物料和气流经进料口喷嘴喷射进入分级室，转子的高速旋转会形成强大的离心力场，同时在转轴空心部分产生负压区，产生压力场。气固两相流随转子旋转，如果颗粒受到的径向压力大于离心力，则粉体颗粒沿径向流向中心转轴空心部分，通过细粉出口排出。粗粉则在后续两相流的带动下沿固定壁做圆周运动至粗粉出口切向飞出分级机。进料口喷嘴的喷射方向与分级叶片具有一定角度，防止后续进入的颗粒直接射入分级室中心。ACUCUT 型分级机的处理量为 0.5～2000kg/h，分级细度为 0.5～60μm，使用过程中通过改变转子转速就能实现分级细度的调节。

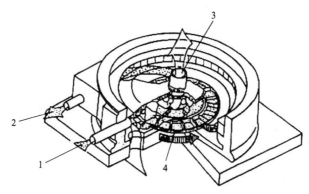

图 3-31　ACUCUT 型分级机
1-进料口；2-粗粉出口；3-细粉出口；4-分级区

　　粉体的分级理论涉及空气动力学、磁学、电学等多学科体系，到目前为止，粉体的分级问题早已不仅仅是一个简单的分离问题，应鼓励具有多学科知识的人才加入到粉体分级理论研究和分级设备研发中来，促进我国粉体分级事业的发展。此外，国产的、具有独立自主知识产权的高性能分级机少之又少，开发和研制此类分级设备，解决一些关键的卡脖子技术问题，势必意义深远。干粉灭火剂是一类特殊的粉体，近年来，随着科技的发展以及需求的变化，消防部门及社会公众对干粉灭火剂的要求也越来越高，粉体粒径和粒度分布都要满足更高级别要求，随之而来的就是更高性能的筛分技术与分级设备。因此，深化粉体筛分理论基础研究，强化粉体分级技术与组装备研发，对干粉灭火剂的性能提升和推广应用具有非常重要的指导性意义。

参 考 文 献

[1] 姜奉华, 陶珍东. 粉体制备原理与技术[M]. 北京: 化学工业出版社, 2018.

[2] 李凤生. 超细粉体技术[M]. 北京: 国防工业出版社, 2000.

[3] 叶明泉, 韩爱军, 马振叶, 等. 超细粒子及其复合技术在冷气溶胶灭火剂中的应用[J]. 南京理工大学学报(自然科学版), 2005(2): 236-239.

[4] 朱红亚. 超细化磷酸二氢铵制备新工艺研究[D]. 南京: 南京理工大学, 2009.

[5] Zhao J C , Fu Y Y, Yin Z T, et al. Preparation of hydrophobic and oleophobic fine sodium bicarbonate by gel-sol-gel method and enhanced fire extinguishing performance[J]. Material and Design, 2020, 186: 108331.

[6] 石秀芝, 韩伟平. 超细粉体在消防灭火技术上的应用前景[J]. 消防技术与产品信息, 1998(12): 8-9.

[7] 石秀芝. 浅谈冷气溶胶灭火技术[J]. 消防技术与产品信息, 2000(10): 27-28.

[8] 张玉倩. 冷冻干燥法制备超细碳酸氢钠工艺研究[D]. 南京: 南京理工大学, 2010.

[9] Morton D, Alexander V. Fire suppressant powder[P]. US 5938969, 1999.

[10] 吴颐伦, 陈辉勇. 干粉灭火剂生产线[J]. 消防技术与产品信息, 2001(1): 21-36.

[11] 柴永福, 顾华, 徐明亮. 一种高效能 ABC 超细干粉灭火剂及其制备方法[P]. CN102974 066A, 2013.

[12] 邢军, 杜志明, 陈德胜, 等. 超细磷酸二氢铵灭火剂的振动球磨法制备与表面改性[J]. 中北大学学报(自然科学版), 2011, 32(5): 613-618.

[13] 魏诗榴. 粉体科学与工程[M]. 广州: 华南理工大学出版社, 2006.

[14] Clark A R, Hsu C C, Walsh A J. Preparation of sodium chloride aerosol formulations[P]. US 5747002. 1998.

[15] 唐聪明, 徐卡秋, 赵春霞. 超细磷酸铵盐干粉灭火剂研究[J]. 精细化工, 2004(5): 398-400.

[16] 李珣, 陈文梅, 褚良银, 等. 超细气流粉碎设备的现状及发展趋势[J]. 化工装备技术, 2005(1): 27-31, 26.

[17] 吉晓莉, 陈家炎. 粉体表面改性处理设备及其发展[J]. 湖北化工, 1998(4): 37-38.

[18] 贺元骅, 应炳松, 陈现涛, 等. 大型民用飞机货舱哈龙替代品抑制及灭火系统研究[J]. 民用飞机设计与研究, 2016(4): 85-91.

[19] 郑水林. 粉体表面改性[M]. 北京: 中国建材工业出版社, 1995.

[20] 郑水林. 影响粉体表面改性效果的主要因素[J]. 中国非金属矿工业导刊, 2003(1): 13-16.

[21] 赵春霞. 抗复燃超细磷酸铵盐干粉灭火剂的合成研究[D]. 成都: 四川大学, 2005.

[22] 刘慧敏, 杜志明, 韩志跃, 等. 干粉灭火剂研究及应用进展[J]. 安全与环境学报, 2014, 14(6): 70-75.

[23] Li P, Chen J, Song Y. Microencapsulation of ultrafine magnesium hydroxide and its application as a flame-retardant with low-density polyethylene[J]. Journal of Beijing University of Chemical Technology(Natural Science Edition), 2011, 38(2): 76-80.

[24] Wang W, Zhang W, Zhang S F, et al. Preparation and characterization of microencapsulated ammonium polyphosphate with UMF and its application in WPCs[J]. Construction and Building Materials, 2014, 65: 151-158.

[25] 铁生年, 李星, 李昀珺. 超细粉体材料的制备技术及应用[J]. 中国粉体技术, 2009, 15(3): 68-72.

[26] 蒋阳, 陶珍东. 粉体工程[M]. 武汉: 武汉理工大学出版社, 2008.

[27] 鲁林平, 叶京生, 李占勇, 等. 超细粉体分级技术研究进展[J]. 化工装备技术, 2005(3): 19-26.

第4章 普通干粉灭火技术

4.1 普通干粉灭火剂

一般将粒径分布在 $10\sim75\mu m$[1]的干粉灭火剂统称为普通干粉灭火剂，是应用最早也最为广泛的粉体类灭火剂。常用 K_2CO_3、$KHCO_3$、Na_2CO_3、$NaHCO_3$、$(NH_4)_2SO_4$、NH_4HSO_4 等物质作为灭火组分(有时也称灭火基料)[2]。市售某型磷酸铵盐和碳酸氢钠干粉的典型形貌分别如图 4-1(a)和图 4-1(b)所示。从图中可以看出，磷酸铵盐普通干粉分布较为稀疏，呈不规则的块状结构，且粒径分布不均匀，颗粒表面可观察到细小线状白色裂纹；碳酸氢钠干粉的总体粒径较磷酸铵盐干粉小，但大部分在 $10\mu m$ 以上，呈片状结构，表面光滑且附着一些粒径更小的不规则破碎颗粒。将上述灭火干粉与添加剂按特定比例复配，并将其填充到手提式、推车式、固定式等灭火容器内就可以形成不同规格的干粉灭火装置[3]。

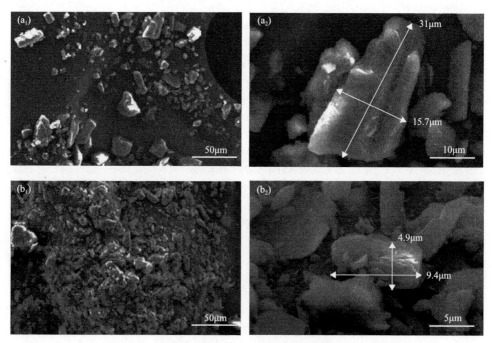

图 4-1 普通灭火干粉的微观形貌

(a)磷酸铵盐干粉；(b)碳酸氢钠干粉

4.1.1 普通干粉灭火剂分类及组成

引发火灾的原因多种多样，针对不同可燃物引发的火灾需要使用与之适配的灭火剂，不科学地使用灭火剂不但无法扑灭火灾甚至会加大火势。

1. 普通干粉灭火剂的分类

普通干粉灭火剂是一个庞大的家族，不同的分类标准形成不同的干粉灭火剂类别。目前主流的分类方式是根据干粉灭火剂适用火灾的类型进行划分[4]，可以分为 BC 类干粉灭火剂、ABC 类干粉灭火剂和 D 类干粉灭火剂。其中，BC 类干粉灭火剂主要用于扑救 B 类火灾和 C 类火灾，由于其研究和应用空间有限，正逐渐被 ABC 类干粉灭火剂所取代；ABC 类干粉灭火剂不仅适用于 B 类火灾和 C 类火灾，还可用于扑灭 A 类火灾，是目前使用最多的一类干粉灭火剂，也是现阶段研究中普通干粉灭火剂的主要改性方向之一；D 类干粉灭火剂属于特制的一类干粉灭火剂，用于扑灭 D 类火灾，多数产品目前仍处于实验室研究阶段。

2. 普通干粉灭火剂的组成

干粉灭火剂主要由三部分组成，分别是灭火组分、疏水组分和惰性填料。干粉灭火剂中起主要灭火作用的成分是灭火组分，但其不能单独使用，有以下两方面原因：一是灭火组分易从大气中吸收水分而使自身结块，无法长期维持松散的粉末状态而失去灭火性能；二是单独填充到灭火器中并施放时，其运动性能不好，不能很好地将气、粉均匀混合，影响灭火器的正常使用。因此，需要在灭火组分中加入适量疏水组分和惰性填料以改善其综合性能，包括保持灭火剂的干燥、防止其吸潮结块、调节干粉的松密度等。

1）灭火组分

（1）常见的 BC 类干粉灭火剂及其灭火组分。

①钠盐干粉灭火剂（小苏打干粉），主要以碳酸氢钠为基料。

②紫钾干粉灭火剂，主要以碳酸氢钾为基料。

③混合型干粉灭火剂，主要以碳酸氢钠和钠盐的混合物为基料。

④毛耐克斯（Monnex）干粉，主要以尿素和碳酸氢钠（碳酸氢钾）的反应物为基料。

（2）常见的 ABC 类干粉灭火剂及其灭火组分。

①磷酸铵盐干粉灭火剂，主要以磷酸二氢铵或磷酸氢二铵为基料。

②混合型干粉灭火剂，主要以磷酸铵盐和硫酸铵的混合物为基料。

③以聚磷酸铵为基料的干粉灭火剂。

(3)D 类干粉灭火剂。主要以氯化钠、碳酸氢钠和石墨作为基料，目前国内虽已有研制成果，但相关产品的实际应用上还有待发展。

市场上的 BC 类干粉灭火剂主要以碳酸氢钠为灭火组分，与火焰接触时，碳酸氢钠受热分解，发生气相化学反应，主要以消耗可燃物的自由基来抑制燃烧，同时还可降低氧浓度和温度，并最终达到灭火的目的。因其为气相化学反应，对于固体物质燃烧没有很好的抑制效果，很难扑灭固体火灾，可能会导致应急救援人员错过最佳的灭火时机，所以其不能用于扑灭 A 类火灾。与之相比，ABC 类干粉灭火剂主要以磷酸铵盐为灭火组分，受热分解后会生成 P_2O_5 附着在固体物质表面，赋予其较好的阻燃性能和窒息灭火效果；同时，ABC 类干粉灭火剂的分解产物还可与活性自由基结合，大幅抑制火焰燃烧[5]。故 ABC 类干粉灭火剂可用于扑灭 A、B、C 类火灾。

2）疏水组分

常见的干粉灭火剂疏水组分为硅油和疏水白炭黑，两种物质相互作用，协同形成斥水场围绕在干粉粒子周围，提高干粉的斥水和防潮性能。其中，用于干粉灭火剂的硅油（线型聚硅氧烷）根据主链硅原子侧基所连接基团的不同可以分为甲基硅油、乙基硅油、甲基含氢硅油、乙基含氢硅油等，其中甲基含氢硅油（202）最为常见。硅油的疏水基—CH_3 有极强的斥水性，相互连接形成膜后覆盖在灭火组分表面，使水膜无法浸湿灭火组分，而是形成球状的水珠，减少了水珠与灭火组分之间的接触面积，从而使干粉的结块趋势降低，达到斥水的目的。疏水白炭黑是干粉灭火剂中应用比较普遍的疏水添加剂，与硅油联合使用。疏水白炭黑的主要成分是 $SiO_2 \cdot nH_2O$，其中 nH_2O 以醇羟基的形式存在，可以与含氢硅油发生脱氢反应从而键合在一起，用于补充硅油在灭火组分表面未能覆盖的地方，与硅油形成相互补充的作用，提高灭火组分的疏水性。

3）惰性填料

惰性填料多为非水溶性的天然矿物，价格便宜且来源广泛，主要用于提高干粉的运动性能，保证其能顺利喷出，是干粉灭火剂必不可少的添加剂。大致可分为三类：一是鳞片状结构的材料，防止干粉发生振实结块，如云母、石墨等；二是多孔性结构的材料，改善干粉运动性能的同时还可以催化硅油聚合，如珍珠岩、沸石等；三是非多孔性材料，同样可改善干粉运动性能，如滑石、硅酸盐等。

4.1.2　普通干粉灭火剂的灭火机理[6]

火焰的持续与传播主要依赖 H·、HO· 等活性自由基与燃料分子的快速反应，灭火介质的加入，大大降低了这些活性物质的产生速率，从而实现火焰抑制。有别于其他气体及液体类灭火剂，干粉灭火剂的灭火机制主要分为吸热抑制和化学抑制，以及这两种机制的相互影响与关联作用。灭火机制中的吸热抑制主要借助干粉颗粒的蒸发气化及分解反应吸收能量，以降低火区温度；化学抑制主要通过化学反应猝灭和消减活性自由基而发挥作用，可进一步细分为均相化学抑制和异相化学抑制两种。异相化学抑制中，干粉灭火剂中没有分解或未完全分解的固体颗粒作为发生中断燃烧链反应的冷媒介，使产生的自由基在温度较低的颗粒壁面发生"热寂"而消失，当大量干粉灭火剂以"云团"状包围火焰时，该灭火效应将得到充分发挥；另一方面，灭火干粉分解的碱金属氧化物等气态产物能捕捉自由基，将其消除或惰化，从而发挥抑制作用。干粉灭火剂的物理化学组成、颗粒直径和分布、微观结构等均会对其抑制机制产生影响。

1. 热分解过程

许多干粉灭火剂在火焰等热环境中都会发生分解反应，灭火剂的粒径大小和化学成分会对其热分解过程产生影响，以磷酸铵盐、碳酸氢钠、碳酸氢钾等干粉为例，阐述其热分解过程。

其中，磷酸二氢铵($NH_4H_2PO_4$)为 ABC 干粉的主要灭火基料之一，熔点介于 170℃和 208℃之间。实际使用时，通常在熔点以下就开始发生分解，不同温度下的分解过程如下，均为吸热反应。

$$NH_4H_2PO_4 \longrightarrow H_3PO_4 + NH_3 \uparrow \quad 160℃$$

$$2H_3PO_4 \longrightarrow H_4P_2O_7 + H_2O \uparrow \quad 220℃$$

$$H_4P_2O_7 \longrightarrow 2HPO_3 + H_2O \uparrow \quad 360℃$$

$$2HPO_3 \longrightarrow P_2O_5 + H_2O \uparrow \quad 600℃$$

碳酸氢钠是 BC 类干粉的主要成分，前人研究指出，NaOH 参与的气态均相反应被认为是最主要的灭火机制，在发挥其均相化学抑制前，$NaHCO_3$ 首先通过 3 步受热分解反应生成气态 Na_2O，反应过程如下：

$$2NaHCO_3 \longrightarrow Na_2CO_3 + CO_2 \uparrow + H_2O \uparrow \quad 270℃$$

$$Na_2CO_3 \longrightarrow Na_2O + CO_2 \uparrow$$

$$Na_2O \longrightarrow Na_2O \uparrow$$

上述分解反应也是吸热的，反应总吸热焓为 135kJ/mol（673℃）。$KHCO_3$ 的热分解过程与此类似，如下所示，但其热解反应总吸热约为 550kJ/mol，远高于碳酸氢钠，仅就吸热机制效应而言，$KHCO_3$ 对火焰的抑制性能要高于以 $NaHCO_3$ 为主的普通 BC 类干粉。

$$2KHCO_3 \longrightarrow K_2CO_3 + CO_2 \uparrow + H_2O \uparrow$$

$$K_2CO_3 \longrightarrow K_2O + CO_2 \uparrow$$

$$2K_2O \longrightarrow 4K + O_2 \uparrow$$

2. 异相化学反应

异相化学抑制作用主要是指火焰燃烧中产生的活性自由基在温度较低的固体干粉颗粒壁面发生"热寂"而消失的效应。进入火焰中的干粉灭火颗粒，在发生热分解和转变成气态产物前，其固相表面实际上也参与了抑制熄灭火焰的过程。以甲烷的燃烧为例，涉及的链式反应如表 4-1 所示。

表 4-1　甲烷燃烧链式反应

序号	链式反应	序号	链式反应
1	$CH_4+M \longrightarrow \cdot CH_3+H\cdot +M$	10	$H_2+\cdot O\cdot \longrightarrow H\cdot +HO\cdot$
2	$CH_4+HO\cdot \longrightarrow \cdot CH_3+H_2O$	11	$H_2+HO\cdot \longrightarrow H\cdot +H_2O$
3	$CH_4+H\cdot \longrightarrow \cdot CH_3+H_2$	12	$\cdot CHO+\cdot O\cdot \longrightarrow CO\cdot +HO\cdot$
4	$CH_4+\cdot O\cdot \longrightarrow \cdot CH_3+HO\cdot$	13	$\cdot CHO+HO\cdot \longrightarrow CO\cdot +H_2O$
5	$O_2+H\cdot \longrightarrow \cdot O\cdot +HO\cdot$	14	$\cdot CHO+H\cdot \longrightarrow CO\cdot +H_2$
6	$\cdot CH_3+O_2 \longrightarrow CH_2O+HO\cdot$	15	$CO+HO\cdot \longrightarrow CO_2+H\cdot$
7	$CH_2O+\cdot O\cdot \longrightarrow \cdot CHO+HO\cdot$	16	$H\cdot +HO\cdot +M \longrightarrow H_2O+M$
8	$CH_2O+HO\cdot \longrightarrow \cdot CHO+H_2O$	17	$H\cdot +H\cdot +M \longrightarrow H_2+M$
9	$CH_2O+H\cdot \longrightarrow \cdot CHO+H_2$	18	$H\cdot +O_2+M \longrightarrow HO_2\cdot +M$

链式反应 2~4 可以使燃料快速消耗。研究发现，CH_4 的消耗速率决定于反应系统中的自由基浓度，而自由基的浓度又决定于链引发的速率（链式反应 1）和链终止的速率（链式反应 13、14 及 16、17），也可以通过链分支反应 5 大大增加。因此，甲烷及其他烃类燃料燃烧的关键，在于氢原子的传播，如果能在燃烧链式反应中加入物质与氢原子快速反应，并代之以低活性的原子及自由基，就能抑制燃料的氧化，从而抑制火焰，这也是异相和均相抑制机制的基本原理。

在异相反应中，选取链式反应 10 为分析对象，通过该链式反应能够产生用于链传递的 H· 及 HO· 。但是，在火焰中并不会发生 $H_2 + \cdot O \longrightarrow H_2O$ 的链中止反应。这是因为，在高温气相自由基碰撞中，由于较高的反应能垒、过量的反应动能和熵，H_2 和 O 将互相飞离并不参与任何反应。要使得链终止反应发生，进一步抑制火焰燃烧，必须采取降低反应能垒、减小反应动能等方法，以达到中断链反应的目的。而干粉灭火剂固体颗粒的加入正好实现了这一目标：首先，燃烧反应自由基(例如 O)被锚定(或吸收)在固体颗粒表面(通常情况下，颗粒晶体表面的缺陷可作为吸附中心)，通过自由基的锚定，增加了碰撞概率，降低了反应活化能能垒；其次，通过第二类反应物(如 H_2)与颗粒表面的碰撞来吸收反应物的过量动能和热能。与之相反的是燃料和氧化剂分子如 CH_4、O_2、H_2 等，由于它们均处于满电子轨道，与颗粒表面之间的吸附作用较弱，因而其在干粉灭火剂颗粒表面的燃烧链反应，如 $(O_2)_{ads}+H \cdot \longrightarrow \cdot O \cdot +HO \cdot$ ；$(H_2)_{ads}+\cdot O \cdot \longrightarrow H \cdot +HO \cdot$ ；$(CH_4)_{ads}+\cdot O \cdot \longrightarrow \cdot CH_3+HO \cdot$ 等将很难发生，式中 ads 为吸附(adsorb)的缩写。以 O_2 分子与吸附在颗粒表面的自由基相互作用为例，当 O_2 分子接近吸附自由基(如 $H \cdot_{ads}$)的转化状态即其势能曲线的鞍点时，燃烧链反应的发展并不能在颗粒表面进行。而是发生表面再结合反应：

$$H \cdot_{ads} +O_2 \longrightarrow HOO \cdot$$

上述反应生成的 HOO· 的活性明显低于氢原子。同理当 $\cdot CH_3$ 被吸附时，O_2 分子对被吸附($\cdot CH_3$)$_{ads}$ 的撞击在空间分布上是十分困难的，即使发生 O_2 的撞击，$\cdot CH_3$ 也不会和 O_2 反应，反而会造成 $\cdot CH_3$ 从颗粒表面脱附并以气相形式与 O_2 反应。又比如吸附在颗粒表面的 $\cdot O \cdot$ 原子($\cdot O \cdot_{ads}$)，当 H_2 和 CH_4 靠近它时，发生的也是如下所述的 $\cdot O \cdot$ 原子脱附反应。

$$M \cdots O+H_2 \longrightarrow M \cdots O \cdots H–H \longrightarrow M + HO \cdot +H \cdot$$

$$M \cdots O+CH_4 \longrightarrow M \cdots O \cdots H–CH_3 \longrightarrow M + HO \cdot + \cdot CH_3$$

这样 CH_4 和氧原子的反应就与表 4-1 中的气相反应一致。同样，链分支反应如 $(O_2)_{ads}+H \cdot$ (气)、$(H \cdot)_{ads}+O_2$ (气)也不会在干粉颗粒表面发生，颗粒表面支持的仅是类似 $[(\cdot O \cdot)_{ads}+ \cdot O \cdot$ (气)$\longrightarrow O_2]$ 的链中断反应。综上所述，通过颗粒表面的第三方中介作用，自由基瞬时被吸附在粉体表面，通过一系列反应，借助干粉的表面作用，消耗燃烧反应中的 OH· 和 H· 自由基。当大量干粉灭火剂以雾状形式喷向火焰时，粉体均匀分布、悬浮于火焰周围的热空气中，此时，火焰中的自由基被大量吸附和转化，使自由基数量急剧减少，从而中断燃烧链式反应，最终使火焰熄灭。

3. 均相化学反应

干粉灭火剂的均相化学抑制，是指灭火干粉的气相分解产物直接参与中断燃烧链式反应的过程。以碳酸氢钠干粉为例，主要通过下列几个步骤发挥均相抑制作用。

$$Na_2O + H_2O \longrightarrow 2NaOH$$

$$NaOH + H \cdot \longrightarrow Na + H_2O$$

$$Na + HO \cdot + M \longrightarrow NaOH + M$$

$$NaOH + HO \cdot \longrightarrow NaO + H_2O$$

碳酸氢钠的气态分解产物 Na_2O 与 H_2O 发生均相反应生成 NaOH，也正是 NaOH 参与自由基的捕捉抑制了燃烧链反应。对于碳酸氢钾干粉灭火剂，其均相化学抑制作用与碳酸氢钠具有相似之处，可由下式表示，二者的差异主要表现在化学键及热力学参数上。

$$KOH + H \cdot \longrightarrow K + H_2O$$

$$K + HO \cdot + M \longrightarrow KOH + M$$

众多研究结果均指出，碳酸氢钾的灭火性能要好于碳酸氢钠，其原因是随着原子量的增加，两种碱金属的热动力学性质发生了显著的变化，如表 4-2 所示。可以看出，随着原子量的增加，键强度是降低的，而反应活化能又随着键强度增加而增加的，因此含有较大原子量钾元素灭火剂的抑制反应速率要高于含较小原子量钠元素的灭火剂。同时，较大的键能还会加强碱金属的颗粒成核效应并减少介质的挥发，从而导致抑制性能的降低和饱和。正是由于这些优点，使得含钾元素干粉灭火剂加快了重组合反应。

表 4-2　钠和钾元素性质比较

元素性质	X=Na	X=K
原子量	23	39.1
X—H 键能/(kJ/mol)	202	184
XH 原子化能/(kJ/mol)	382	365
X_2O 原子化能/(kJ/mol)	442	396
X—OH 键能(未考虑 dπ-pπ 共轭效应)/(kJ/mol)	358	361
$XOH(g) + H(g) \longrightarrow X(g) + H_2O(g)$ 反应热/(kJ/mol)	−141	−139

4. 粉体粒径及其运动

对于同一种干粉灭火剂，灭火组分的含量及其粒度分布都会影响灭火剂的灭火效能[7]，因此，国内外相关标准均就干粉灭火剂中灭火组分的含量及其粒度分布做了明确要求。对于不同灭火组分的干粉灭火剂，即使灭火组分含量及其粒度分布基本相同，但不同物质的临界粒径不同，其灭火效能有时也表现出很大差异。每种灭火组分的化合物都存在临界粒径，粒径高于此临界值的灭火组分可称为大粒子，其灭火机理与惰性组分是一样的，灭火作用有限。大粒子在火焰中大多依靠吸热的方式来降低火焰温度，并不会完全气化或分解。而临界粒径以下的粒子称为小粒子，能在火焰中达到分解温度，进而发生热分解反应[8]。

干粉灭火剂进入火区后，它们在火焰中的位置和停留时间将随颗粒粒径、质量以及速度场与温度场的不同而变化。研究发现，干粉灭火剂的火焰抑制过程主要分为灭火剂加热、蒸发与分解、气化并产生抑制火焰的自由基、进而对气相燃烧反应进行抑制等四个步骤，与四个特征时间相对应，时间较慢的步骤决定整个抑制过程。一般而言，气相反应时间要远远短于颗粒的加热和分解时间。对干粉灭火颗粒进行加热需使温度升高到颗粒的分解温度，而加热速率又取决于颗粒的热传导率及其所处的气相环境。对不同粒径的干粉灭火颗粒来说，其加热过程时间一般较短（≪1ms）。第二个步骤所需的时间，即干粉的蒸发与分解时间，则取决于颗粒粒径的大小，基于液体颗粒粒径在火焰中粒径的变化以及气化时间[9]：

$$D^2(t)=D_0^2(t) - Kt$$

$$K=8\lambda / (\rho c_p)\ln\left[1+(T - T_{boil})(c_p / h_{vap})\right]$$

可得颗粒完全分解（蒸发）的时间为

$$t_{vap} = D_0^2 / K$$

式中，D_0 为颗粒初始粒径；λ 为热传导系数；c_p 为常压比热容；ρ 为固体颗粒的密度；h_{vap} 为蒸发焓。由上式可知，干粉颗粒完全气化的时间与初始颗粒粒径有关。如果颗粒气化的时间短于其在火焰中的停留时间，那么它的火焰抑制效果将能完全发挥，反之则会受到限制。若颗粒初始粒径较小，其气化以及分解时间将缩短，有助于发挥灭火作用。当灭火颗粒进入火焰区后，温度场的空间分布会对颗粒在其中的停留时间产生影响，一般而言，较高的温度区有助于颗粒的停留以及抑制效应的发挥。由于火焰根部温度较低，大量灭火干粉颗粒团会随着热气流上升，在处于较高温度的火焰面发生分解。因此，相对较大粒径的颗粒，小粒径的颗粒在热环境中更易于分解，即在相同的火焰温度区时，小粒径颗粒拥有较短的分解时间。一般而言，较低的分解温度、较小的颗粒初始粒径，以及较小的比热容和分解吸热焓情况下，颗粒的分解时间较短。但需要指出的是，较高的火焰温度通常意味着较大的燃烧速率和较短的停留时间。因此，对于只发挥热机制的灭火介质来说，必须在颗粒的热物理性质和抑制火焰有效性之间维持一个平衡。而对于化学灭火介质，由于粒径细化带来的对中断燃烧化学链式反应的增强作用，要远远超过对热机制的贡献。前人研究计算指出，大粒径的干粉灭火剂由于重力作用易从火焰滞定面(反应区)降落并离开火焰流场，因而其灭火性能受到限制；而当颗粒粒径从 60μm 降至 10μm 时，颗粒的受热温升加快，致使颗粒从部分分解变为完全分解，提升显著。

然而，如果灭火剂中只包含极小的粒子而缺少一定数量的大粒子，并不能达到很好的灭火效果。其原因在于，灭火干粉向火焰运动的过程中会受到火羽流的影响，导致部分的小粒子偏离并散失到周围的环境中，因而无法到达火焰表面也就无法发生分解反应，起不到灭火效果。因此需要大粒子作为载体粒子，在喷射过程中，高压气体的运动会受到这些载体粒子的阻挡，导致气流改变，在载体粒子的表面形成气流漩涡，漩涡卷入部分小粒子，达到类似与大粒子"载着"小粒子一起向火焰表面的作用，防止小粒子受到火羽流的影响而散失。当加大喷射的压力，载体粒子周围的漩涡速率就会随之增大，使其可以夹带更多的小粒子，与此同时，运动速率的增加使小粒子的动量增加，其更不容易发生偏析。因此，干粉灭火剂大、小粒子的粒度分布和含量直接关系到小粒子的散失量，其间存在着使小粒子散失量最少的最佳比值。对于灭火剂的生产实践，应依据不同灭火剂最有效的粒径配比设计开发相应产品，以求达到最优的灭火效能。

5. 对火焰的辐射屏蔽

干粉灭火剂抑制熄灭火焰另一不可忽视的因素就是干粉颗粒对火焰辐射的热屏蔽作用。以油池火为例，大量研究表明，火焰发出的热辐射促使燃料蒸发并将气化燃料带入反应区维持燃烧，损失的热量被燃料的燃烧反应放热取代，火焰中的化学反应从而延续并向周围传播。如果在火焰及可燃物之间设置"冷烟或雾状颗粒"，火焰对可燃物的辐射强度将显著降低。干粉灭火剂进入火区后，大量粉体颗粒云团形成的"幕布"或"壁面"效应阻断了火焰和油面燃料之间的热交换，以及燃烧产热向周围的回馈。考虑施放的干粉灭火剂云团具有一定的致密性和厚度，能够屏蔽大量燃烧产生的热辐射，致使反馈到燃料表面的热量大大减小，从而抑制燃料的燃烧。

4.2 可移动粉体灭火装置

将上述的灭火组分、疏水组分和惰性填料等按特定配比复配，并填充到灭火容器中，就形成了可移动式、固定式等不同类型和规格的干粉灭火装置。其中，可移动粉体灭火装置是指可以移动的、以干粉灭火剂为灭火介质的灭火装置，包括手提式灭火器、推车式灭火器、移动式干粉灭火车等。区别于固定式粉体灭火装置，可移动粉体灭火装置拥有独立的灭火系统，并且可以根据需要移动，极大地提高了其使用的灵活性，拓宽了产品的适用范围。另外，装置操作简单，易于储存。

4.2.1 手提式干粉灭火器

对于初期火灾，使用较少量的灭火剂一般就能将火扑灭，触手可及的往往是小型的手提式干粉灭火器。这类灭火装置操作简单，适用于居民楼、商场等能够及时发现起火点的场所。

1. 分类

手提式干粉灭火器(图 4-2)是指可手提移动的、能在其内部压力或储气瓶压力作用下，将所装填的干粉灭火剂喷出以扑救火灾的灭火装置。按照灭火器的驱动压力类型可分为：储气瓶式灭火器和贮压式灭火器[10]。

图 4-2 手提式干粉灭火器

其中，贮压式灭火器是指灭火剂由储于灭火器同一容器内的压缩气体或灭火剂蒸气压力驱动的灭火器，储气瓶式灭火器是指灭火剂由灭火器的储气瓶释放的压缩气体或液化气体的压力驱动的灭火器。手提式干粉灭火器一般内充"BC"或"ABC"类干粉，或是为 D 类火特别配制的干粉，考虑到不同干粉灭火器的适用火灾类型不完全相同，使用时要注意甄别。

2. 规格

灭火器的规格一般按其充装的灭火剂量来划分，总质量不大于 20kg。常见的手提式干粉灭火器的规格有 1kg、2kg、3kg、4kg、5kg、6kg、8kg、9kg 和 12kg 多种。灭火剂充装总量误差应符合以下标准：灭火剂充装总量为 1kg 的允许误差为±5%；灭火剂充装总量超过 1kg 但不超过 3kg 的允许误差为±3%；灭火剂充装总量超过 3kg 的允许误差为±2%。不同剂量的干粉灭火器对应要求达到不同的灭火性能。

(1)灭 A 类火的灭火器。其灭火性能以级别表示，级别代号由数字和字母 A 组成，数字表示级别数，字母 A 表示火的类型。其中，干粉质量为 2kg 及以下的干粉灭火器要求达到的灭火性能级别代号为 1A；3～4kg 为 2A；5～6kg 为 3A；>6～≤9kg 为 4A；超过 9kg 为 6A。

(2)灭 B 类火的灭火器。其灭火性能同样以级别表示，级别代号同样由数字和字母组成，只不过这里的字母换成了 B，其中，数字表示级别数，字母 B 表示火的类型：干粉质量为 1～2kg 的干粉灭火器要求达到的灭火性能级别代号为 21B；3kg 为 34B；4kg 为 55B；5～6kg 为 89B；>6kg 为 144B。

(3)灭 C 类火的灭火器。可用字母 C 表示，C 类火无试验要求，也没有级别大小之分。

3. 编号方法

不同型号的灭火器会根据驱动灭火器的压力形式、灭火器的规格等来编写灭火器的字母型号，格式为 M□CZ/□□，从左到右分别表示：灭火器、灭火剂代号(干粉灭火剂为 F，包括 BC 类干粉灭火剂和 ABC 类干粉灭火剂)、车用(不是车用灭火器不写)、贮压式灭火器(储气瓶式灭火器不写)、特定的灭火剂特征代号(ABC，BC 干粉灭火剂不写)、额定充装量(单位：kg 或 L)。例如 MFZ/ABC5，其含义为：5kg 手提贮压式 ABC 干粉灭火器。

4. 最小有效喷射时间、最小有效喷射距离和使用温度

为保证灭火器能够在短时间内扑灭火灾，同时保证使用者的安全，需要对其最小有效喷射时间和最小有效喷射距离作必要要求。

1) 有效喷射时间

是指手提式灭火器在喷射控制阀完全开启的状态下，自灭火剂从喷嘴喷出至喷射流的气态点出现的这段时间。

(1) 灭 A 类火的灭火器在 20℃时的最小有效喷射时间应符合：灭火级别为 1A 的最小有效喷射时间为 8s，2A 及以上为 13s。

(2) 灭 B 类火的灭火器在 20℃时的最小有效喷射时间应符合：灭火级别为 21B～34B 的最小有效喷射时间为 8s，55B～89B 为 9s，113B 为 12s，144B 及以上为 15s。

2) 有效喷射距离

是指灭火器喷射了 50%的灭火剂量时，喷射流的最远点至灭火器喷嘴之间的距离。

(1) 灭 A 类火的灭火器在 20℃时的最小有效喷射距离应符合：灭火级别为 1A～2A 的最小有效喷射距离为 3.0m，3A 为 3.5m，4A 为 4.5m，6A 为 5.0m。

(2) 灭 B 类火的灭火器在 20℃时的最小有效喷射距离应符合：灭火剂量为 1kg 和 2kg 的最小有效喷射距离为 3.0m，3kg、4kg 和 5kg 的为 3.5m，6kg 的为 4.0m，8kg 的为 4.5m，9kg 及以上的为 5m。

3) 灭火器的使用温度范围

应取下列规定的某一温度范围：+5～+55℃；0～+55℃；–10～+55℃；–20～+55℃；–30～+55℃；–40～+55℃；–55～+55℃。在使用温度范围内，灭火器应能可靠使用且操作安全，喷射滞后时间不应大于 5s，喷射剩余率不应大于 15%。其中，喷射滞后时间指灭火器的控制阀门开启(或达到相应的开启状态)时起，至灭火剂从喷嘴开始喷出的时间。

5. 软管和接头及其工作压力

当灭火器充装量大于 3kg 时，应配有喷射软管，其长度不应小于 400mm(不包括接头和喷嘴长度)，且应符合下列要求：

(1) 喷射软管及接头等在灭火器使用温度范围内应能满足使用要求，喷射软管组件与接头或阀连接时，应使喷射软管不受损伤；喷射软管组件应有固定在灭火器筒身上的结构并应取用方便。

(2) 喷射软管及接头应有足够的强度，在喷射软管前装有可间歇喷射装置的，其喷射软管及接头的爆破强度不应小于：最大工作压力(P_{ms})的 3 倍(20℃±5℃)；最大工作压力的 2 倍(55℃±2℃)。

(3)喷射软管前端不设喷射装置的，喷射软管及接头应经受水压试验并保持30s以上，不出现泄漏、脱落等缺陷。

6. 保险装置和间歇喷射机构

灭火器的开启机构应设有保险装置，保险装置的解脱动作应区别于灭火器的开启动作且能显示灭火器是否启用过。保险装置的解脱力应大于20N且小于100N。

灭火器应配有阀等间歇喷射机构，以保证灭火器可以在任何时间中断喷射，并符合下列要求：

(1)灭火器在其最低使用温度和最高使用温度喷射时，其间歇喷射的滞后时间应不大于1s；干粉灭火器喷射剩余率不大于15%。

(2)灭火器间歇喷射，阀门打开2s，关闭2s，直至喷射结束，不得出现停喷等现象。

(3)储气瓶式灭火器在喷射开始前，其储气瓶应被打开，并且允许停留6s后，开始喷射。

7. 其他性能

为保证灭火器的正常存放和使用，对灭火器的密封性能、机械强度、抗腐蚀性能也有一定要求。

1)密封性能

由灭火剂蒸气压力驱动的灭火器应用称量法检验泄漏量。灭火器的年泄漏量不应大于灭火器额定充装量的5%或50g(取两者之中的小值)。储气瓶的年泄漏量不应大于额定充装量的5%或7g(取两者之中的小值)。充有非液化气体的贮压式灭火器和储气瓶，应用测压法检验泄漏量。灭火器每年的压力降低值不应大于工作压力的10%。

2)机械强度

灭火器应通过振动试验，试验后的灭火器(及灭火器固定架)不应产生脱落、开裂及明显变形，并能正常喷射，其最小有效喷射时间、喷射滞后时间及喷射剩余率应符合前文的要求。用于车辆的灭火器还应满足特定方法的振动试验，试验合格方能用于车辆。另外，灭火器还应通过冲击试验，试验时不出现灭火剂释放现象，且试验后进行水压试验时，无泄漏、破裂等现象发生。

3)抗腐蚀性能

灭火器应进行外部盐雾喷淋试验，灭火器外表面在试验后不应有明显的腐蚀。再次进行喷射试验时，灭火器的保险解脱力、开启力和最小有效喷射时间应符合前文的要求。灭火器上装有内部压力指示器的，则该指示器应密封，其内表面应无可见的水汽等现象。

8. 手提式干粉灭火器的使用方法

(1)手握手提式灭火器的提把，应占据距离起火点 5 米左右处的上风位置。

(2)把灭火器上下颠倒几次，使筒内干粉松动。

(3)拔下保险销，一只手握住喷嘴，另一只手掌根用力下压压把，扑救固体火灾时，对准火焰根部左右扫射干粉灭火剂，尽量使其均匀覆盖在固体表面，直至把火焰全部扑灭。

(4)用干粉灭火器扑救流散液体火灾时，应从火焰侧面，对准火焰根部喷射，并由近而远，左右扫射，快速推进，直至把火焰全部扑灭。

(5)用干粉灭火器扑救容器内可燃液体火灾时，与(4)相同，但不可直接对准液面喷射，防止高压气体吹开液体导致火势扩大。

(6)注意事项。使用时干粉灭火器应保持直立状态；火焰熄灭后注意对着火点冷却降温，防止复燃。

4.2.2 推车式干粉灭火器

在一些特定的场所，初起火灾发展较快，火势较大，手提式干粉灭火器不足以扑灭火灾，这就需要更多的灭火剂进行灭火，从而设计出了具有更大容量的推车式干粉灭火器。推车式干粉灭火器是指装有轮子的可由一人推(或拉)至火场，并能在其内部压力作用下，将所装的干粉灭火剂喷出以扑救火灾的灭火器具(图 4-3)。

1. 分类

按灭火器驱动压力的不同可将推车式干粉灭火器分为：储气瓶式灭火器和贮压式灭火器[11]。驱动方式与同类驱动方式的手提式干粉灭火器相同，一般内充 BC 类干粉或 ABC 类干粉。

2. 规格

灭火器的总质量不应大于 450kg，规格按其充装的灭火剂量来划分，分为20kg、50kg、100kg 和 125kg 等多种。推车式干粉灭火器的充装总量误差为额定充装量的–2%～+2%。根据《GB 8109—2005 推车式灭火器》的要求：

(1)推车式干粉灭火器灭 A 类火的最小级别不应小于 4A，且不宜大于 20A。

图 4-3　推车式干粉灭火器

(2)推车式干粉灭火器灭 B 类火的最小级别不应小于 144B，最大级别不宜大于 297B。

(3)推车式干粉灭火器灭 C 类火无试验要求，也没有级别大小之分。

3. 编号方法

不同型号的灭火器会根据驱动灭火器的压力形式、额定充装量等来编写灭火器的字母型号，其编制方法与手提式灭火器类似，为：M□TZ/□□，从左到右分别表示：灭火器、灭火剂代号(干粉灭火剂为 F，包括 BC 类干粉灭火剂和ABC 类干粉灭火剂)、推车式、推车贮压式灭火器(推车储气瓶式灭火器不写)、特定的灭火剂特征代号(ABC，BC 干粉灭火剂不写)、额定充装量(单位：kg 或L)。例如 MFTZ/ABC20：20kg 推车贮压式 ABC 干粉灭火器。

4. 最小有效喷射时间、最小喷射距离和使用温度

1)最小有效喷射时间

具有扑灭 A 类火能力的推车式灭火器的有效喷射时间不应小于 30s；不具有扑灭 A 类火能力的推车式灭火器的有效喷射时间不应小于 20s。

2)喷射距离

具有扑灭 A 类火能力的推车式灭火器，其喷射距离不应小于 6m。

3) 灭火器的使用温度范围

应取下列规定的某一温度范围：+5~+55℃；-5~+55℃；-10~+55℃；-20~+55℃；-30~+55℃；-40~+55℃；-55~+55℃。推车式灭火器在标志的使用温度范围内应能正常操作使用，喷射滞后时间不应大于 5s，且在完全喷射后，喷射剩余率不应大于 10%。

5. 喷射软管及其工作压力

(1) 推车式灭火器应配有喷射软管，其长度不应小于 4.0m。推车式灭火器在喷射软管的末端应配有可间歇喷射的喷射控制阀，以便间歇操作，可以随时中断灭火剂的喷射。喷射软管和喷射控制阀(或喷筒)的连接应可靠，满足使用要求，且连接结构的装配不应损伤喷射软管。

(2) 20℃±5℃试验中，推车式灭火器的喷射软管组件爆破压力不应小于推车式灭火器最大工作压力(P_{ms})的 3 倍；55℃±5℃试验中，爆破压力不应小于推车式灭火器最大工作压力的 2 倍。

(3) 喷射控制阀进行间歇喷射后的泄漏试验，其压力或质量的第 2 次测量值不应小于第 1 次测量值的 75%。此外，推车式灭火器还应接受跌落试验，试验后不应有脆裂和折断等缺陷，并且开启力不应大于 300N 或 5N·m。

6. 保险装置和间歇喷射性能

推车式灭火器操作机构应设有一个保险装置，以防止误操作。该保险装置的解脱动作应不同于操作机构的开启动作，解脱力同样界于 20~100N 之间。该保险装置还应能识别或指示推车式灭火器是否被开启过。

推车式灭火器还应具有间歇喷射能力。推车式灭火器按 A 类火实验方法进行喷射，从打开喷射控制阀至灭火剂喷出的时间不应大于 1s，并且在关闭喷射控制阀后的 1s 内应停止灭火剂地喷出。

7. 其他性能

为保证灭火器的正常存放和使用，对推车式灭火器的密封性能、行驶性能、抗腐蚀性能等也有相关要求。

1) 密封性能

由灭火剂蒸气压力驱动的推车式灭火器，按称量法检查质量，其泄漏率不应大于相当于每年 5%额定充装量的损失率。称量法：将推车式灭火器(或储气瓶)称出质量，然后放置在室内常温下。分别在第 30 天、90 天、120 天复称质量。试验用称量仪器的误差不应大于被称量推车式灭火器的额定充装量的千分之一。充有驱动气体的推车贮压式灭火器和充有非液化气体的储气瓶，按测压法检查压力，其泄漏率不应大于相当于每年 5%工作压力的损失率。测压法：将推车式灭火器(或储气瓶)放置在 20℃±2℃环境中 24h 后，测出其内压，然后放置在室内常温下，分别在第 30 天、90 天、120 天后，再放置在 20℃±2℃环境中 24h 后，测出其内压。压力测量仪的精度不应低于 0.4 级，量程应满足被测压力的要求。推车贮压式灭火器和储气瓶按浸水法进行气密性试验时，不应有气泡泄漏现象。浸水法：将推车贮压式灭火器(或储气瓶)的车架、喷射软管等附件卸下后，浸没在水温不低于 5℃的清水槽中，保持 30min，并注意观察。

2)行驶性能

推车式灭火器的车架组件具有固定和运载推车式灭火器所有部件和零件的功能，且当推车式灭火器在竖立的位置向任何方向翻倒时，能够保护灭火器筒体或气瓶、喷射软管的固定单元和所有的其他部件。喷射软管组件和喷射控制阀应被安全地固定在储藏盒或夹紧装置中。在危急的场合，喷射软管能够被快速、简便、无绞缠地展开。即使是一个人，也能容易地在水平地面上和在有 2%坡度的坡面上推(或拉)行推车式灭火器。以竖直位置存放时，车架能靠自身的支撑稳固地竖立在地面上，当从竖直的位置倾斜 10°时，也能靠自重返回其原位置。从竖直存放位置倾斜到推(或拉)行位置，施加在手把上的力不应大于 400N。推车式灭火器以斜躺位置存放时，从斜躺的存放位置抬起到推(或拉)行位置，施加在手把上的力也应不大于 400N。当手把离地面垂直高度为 80cm±5cm 的位置时，用来支撑手柄的力不应大于 150N。行驶机构应有足够的通过性能，在推(或拉)行过程中的最低位置(除轮子外)与地面间的间距不应小于 100mm。

3)抗腐蚀性能

推车式灭火器经受盐雾喷淋试验后，表面涂层不得有肉眼可见的龟裂、脱落等缺陷，操作部件应能正常工作。推车式灭火器上装有内部压力指示器时，则该指示器应密封，其表面应无可见的水汽等现象。

8. 推车式灭火器的使用方法

(1)使用前将推车摇动数次，使罐体内的干粉松动。

(2)先由一人将灭火器推或拉到燃烧处，在离燃烧物 10 米左右停下，占据上风位置。

(3)一人取下喷枪，展开喷带使喷带不弯折或打圈，之后打开喷管处阀门。

(4)另一人拔出保险销，向上提起手柄，将手柄扳到向上的位置。

(5)将喷枪的喷口对准火焰根部喷射，并由近而远，左右扫射，快速推进，直至把火焰全部扑灭。

(6)灭火完成后，首先关闭灭火器瓶阀门，然后关闭喷管处阀门，注意对着火点冷却降温，防止复燃。

4.2.3 移动式干粉灭火车

移动式干粉灭火车，又称为干粉消防车(图 4-4)，为更大规模的灭火作业提供专业化处置装备。其使用高压氮气作为驱动气体，通过高压气体做功使容器内的干粉持续处于"沸腾"状态，打开干粉炮(枪)后，高压气体和干粉的混合物瞬间喷出，扑灭火灾。主要用于扑救固体有机物质燃烧的火，通常燃烧后会形成炽热的余烬，如木材、棉花、纸张等；易燃液体，如汽油、乙醇等；可燃气体，如液化石油气、天然气等；一般电气设备的初起火灾[12]。用干粉灭火时一般很难降低环境温度，容易造成火灾的复燃，可以将干粉灭火剂与泡沫灭火剂联用，提高灭火效率，防止复燃。

图 4-4　干粉消防车

根据干粉消防车的可载重量分为重型干粉消防车、中型干粉消防车和轻型干粉消防车。所有干粉消防车除底盘外，上装部分主要由干粉储存容器、加压装置及其操作部件、干粉炮(枪)、吹扫装置、放余气装置等组成。

1. 干粉储存容器

干粉储存容器由多个部件构成，包括安全阀、干粉开关、单向阀、罐体等。按规定须定期对干粉容器进行耐压试验和检查，一般其设计压力为 1.373～1.765MPa。当干粉罐内压力过高时，为防止罐体破裂，要求罐顶的安全阀能够自动打开释放过多的压力；当干粉罐内压力降至预设的最低压力时，要求安全阀能够停止释放并自动密封。当罐体内压力不足时，可以采用电接点压力表对干粉罐的充气过程进行自动控制。当罐内压力分别达到表值设定上限和下限时，要求干粉罐充气气动球阀能够自动关闭和开启。

2. 起动装置

起动装置分为气动自动控制和全手动式结构。其中，气动自动控制一般用 CO_2 作为启动气体，启动时间大约为 20s；全手动式结构需要消防人员手动逐个打开高压氮气瓶的阀门，目前大多干粉消防车采用的是此类起动装置。

3. 加压装置

加压装置是通过减压器将高压气瓶（多采用高压氮气）中的高压气体（15MPa）调节至 1.38MPa 左右，为干粉喷射提供驱动力。

4. 吹扫装置

在干粉喷射中途停止或最终结束时，需要对管道、干粉炮（枪）的卷盘软管或排出干粉罐中的残粉进行清理，氮气瓶内剩余部分气体可供吹扫管路之用。

5. 放余气装置

由于干粉消防车使用的是高压氮气作为驱动气体，在充气或使用后，罐体和管路可能会有余气，故需要加装放余气装置来保护罐体和管路，保证其正常使用。有以下两种情况需要进行放余气：第一种情况，干粉喷射结束后，关闭氮气瓶阀门后，高压氮气管路中仍然有高压气体，应打开高压放气阀，放掉高压氮气管路内的余气，再关闭高压放气阀，防止管路中的高压气体造成危险；第二种情况，在干粉罐充气后可能会有不喷粉或只喷出一部分干粉的情况，此时应在充气或喷粉停止后十分钟左右，才可打开放余气球阀进行放余气过程。由于在充气和喷粉时，罐内的干粉处于"沸腾"状态，此时放余气会导致气体携带干粉一同放出，由于放余气管道与喷粉管道不同，干粉进入后易造成管道堵塞，故严禁在干粉罐充气或喷粉时放气。

4.2.4 其他可移动灭火装置

近年来，大城市高层建筑所面临的火灾问题日益严重，高层建筑火灾的扑救已成为世界性难题。常见的手提式灭火器、推车式灭火器等传统的移动灭火装置无法满足大规模、高风险的高层建筑火灾需求，需要探索新型的可移动灭火装置来应对突发的高层建筑火灾，干粉灭火弹便是比较典型的一种。

1. 干粉灭火弹概况

干粉灭火弹是指内部装填干粉灭火剂，由火药引爆弹壳，将灭火剂均匀弥散到火场中达到灭火目的的一种消防设备。根据现场情况，干粉灭火弹可以由不同的设备发射，如灭火炮、无人机投放或灭火导弹等。

在高层建筑消防用灭火弹的研究中，国内的研究学者根据国内的情况，已经研发出了多种不同类型的灭火弹。例如航天科工仿真技术有限责任公司的东靖飞等人发明了一种复合式的灭火弹[13]。该灭火弹具有两个容置腔，可以同时填充干粉灭火剂和水基灭火剂，两个容置腔可先后喷洒灭火剂，提高灭火效能。沈阳理工大学的何伟胜等人发明了一种单兵便携平衡发射式高层建筑灭火弹[14]。该灭火弹采用平衡式发射原理，其自身不带动力推进装置，同时弹体引爆威力控制在打开灭火弹壳体、抛洒干粉灭火剂，壳体打开后按预留刻槽成块状，不产生弹片，在一定程度上保护人体、建筑或建筑内的其他物品。

2. 干粉灭火弹的发射装置

1) 干粉灭火炮

干粉灭火炮主要由炮管、炮座、支架及高压气瓶四部分组成[15]。干粉灭火弹装进炮膛后，腔内形成一个密闭的空腔，随着压缩空气的不断充入，使空腔形成高压区，并使灭火弹尾部受到强大的轴向压力，当压力达到预定膛压值后，击发灭火弹，灭火弹进入火区遇到火焰后，火捻自动引燃灭火弹，喷出装填的干粉灭火剂，到达灭火的目的。

2) 灭火无人机

灭火无人机的应用可以有效地解决许多高层建筑的火灾难以扑灭的问题。根据实际应用的需要，灭火无人机通过携带不同质量的灭火弹，通过远程遥控的方式，飞到火源附近，利用自身的发射装置发射灭火弹进行灭火作业。由于高层建筑情况复杂，为进入建筑物内，有些灭火无人机还会配置玻璃破拆枪，利用高速的冲击弹击碎建筑外围的普通玻璃或钢化玻璃[16]。灭火无人机的应用可以有效解决高层建筑火灾的扑救，同时也可减少消防人员的伤亡。

3) 灭火导弹

灭火导弹是指用导弹搭载多个灭火弹发射到指定位置进行灭火的设备。一般灭火导弹使用普通发射装置，导弹自带的无线电测向器可监视火场上每一处着火点的详细情况。因此，一旦发生火灾，只要按下发射器，导弹即可升空，定向直飞到出事地点，使用方便，威力大。中国航天科工防御技术研究院所属北京机械设备研究所发明了一种导弹灭火消防车[17]，该车装备有 24 发联装灭火弹的发射系统(模块)，根据实际情况可选择单发发射和多发连射模式，筒弹可以多角度旋转，最大仰角可达 70°，通过使用可见光、激光、红外线共同引导的瞄准装置，可以对着火源实现精准打击。该车发射的高度范围在 100～300m，抛射距离 1km，满足绝大部分的城市高层建筑高度的灭火要求，可以有效解决城市内高层、超高层楼宇火灾的灭火救援难题。

3. 干粉灭火弹的优缺点

(1)移动速度快。相比消防车、云梯等设备，发射装置可直接将灭火弹迅速地发射到火场，可飞越火场中的各种障碍物，不受地形等因素的影响。

(2)射程远。现在市场上已有的远程消防炮射程一般在在 200m 以上，而射程更远的灭火导弹射程可达 1km 以上，有效弥补了现有消防设备在射程上的不足。

(3)减少人员伤亡。高层建筑火灾情况复杂，为扑灭火灾，消防人员需进入建筑物内进行扑救，对其生命安全造成巨大威胁。灭火弹的应用可以避免消防人员进入火场，就可达到扑灭火灾的目的，极大地减少了消防人员的伤亡。

(4)单发灭火效率偏低。由于灭火弹的射程和发射动力的限制，其单发质量有一定的限制，不能填充过多的干粉灭火剂，使其在火场的灭火效率较低。范围较大、火势蔓延速率快的火灾则需多发灭火弹同时进行灭火，此时，多发灭火弹的发射速率影响灭火弹灭火效率，快速灭火对设备要求比较高。

(5)射击精度需求高。高层建筑与超高层建筑楼层较高，受到重力的影响，灭火弹从地面射出的弹道曲率大，且火场基本位于弹道的最高点，射击精度要求非常高。

(6)进入火场存在隐患。在使用前需保证灭火弹飞行过程和火灾场所内无被困人员，防止灭火弹进入火场时的冲击速度对周围的被困人员造成伤害。对于引爆后的弹片飞溅问题已经有了解决办法，但引爆过程难免会有冲击力，可能会对财产造成二次伤害。

(7)成本问题。灭火弹的单发研制成本较高，多发灭火弹联用时的成本则会更高，因此降低单发灭火弹的成本是目前面临的一个重要问题。

(8)火药受限。由于灭火弹需靠火药起爆，而火药的购买及使用受到国家的严格控制，阻碍了灭火弹的市场化。

4.3 固定式粉体灭火装置

区别于可移动灭火装置，固定式粉体灭火装置是安装在建筑物内部的一种灭火装置，不可移动，只要系统处于运转状态，就可以实时监控其范围内是否发生火灾，若检测到有火灾发生，系统会自动启动灭火程序，并发出警报。

4.3.1　固定式粉体灭火装置分类

固定式粉体灭火装置有很多，适用于不同建筑物的差异性灭火需求。基于不同的分类方式，固定式粉体灭火装置的种类也多种多样[18]。

1. 按灭火方式分类

1)全淹没式干粉灭火系统

指在防护区的整个封闭空间中，自动释放干粉灭火剂，通过提高干粉灭火剂浓度达到或超过灭火浓度，达到灭火的目的。其能够提供对防护区的整体保护。该系统主要用于如地下室、车库等封闭的或可密闭的建筑。封闭空间中无法关闭的开口总面积不得超过房间四面墙体、天花板和地板总面积的 15%。

2)局部应用式干粉灭火系统

指自动通过喷嘴直接向火焰或燃烧物表面喷射干粉灭火剂，并能在燃烧物附近的局部范围内建立起大于灭火浓度，实施灭火的系统。如果不宜使用全淹没式干粉灭火系统实施灭火，或面临仅保护某一局部范围、某一设备、室外火灾危险场所等情形时，可选择局部应用式干粉灭火系统。

3)手持软管干粉灭火系统

指根据保护对象的具体情况，通过设计并确定干粉喷射的强度和干粉储量等，需要人为操作的灭火系统，灭火的方式与手提式灭火器类似。该系统具有固定的大型干粉储罐，可配备一条或多条软管和喷枪，可以扑灭规模较大的火灾。该系统可作为上述两类系统的补充，干粉源需要另设，但是不可以取代上述两类系统。

2. 按设计情况分类

1)设计型干粉灭火系统

指根据不同的场所和保护对象的具体情况，通过设计、计算来确定的该保护对象专属的系统形式。经过设计确定系统中的所有参数，并按设计要求选择各部件设备的型号，相当于"量身"定制。一般情况下，较大的保护场所或有特殊要求的保护场所宜采用设计系统。系统设计和计算过程比较复杂，需要对保护对象有全面的认识，有时甚至需要通过实验来验证系统的安全性。但是系统投入使用后，其使用过程有很大的灵活性，对保护对象以及其他方面几乎没有限制。

2) 预制型干粉灭火系统

与设计型干粉灭火系统相对立，预制型干粉灭火系统是由工厂生产的系列成套干粉灭火设备，所有设计参数都已确定，使用时只需选型，不必进行复杂的设计计算。该系统一般用于对于保护对象不是很大且无特殊要求的场合，这类系统的设计、安装、审核等比较容易，且灭火性能历经多次试验验证，整体比较可靠。并且，若保护空间较大，用一套灭火系统不能满足要求时，可以将多个预制系统组合使用。在应用该类灭火系统之前，应确保保护对象与预制系统具有较高的符合度，以确保灭火系统可以起到最大的灭火效能。

3. 按驱动气体储存方式分类

1) 储气式干粉灭火系统

该灭火系统具有单独储存的储气瓶，一般存储高压的 N_2 或者 CO_2 作为驱动气体，灭火时将驱动气体充入干粉储罐内，进而携带干粉喷射，实施灭火。由于储气式干粉灭火系统的储气钢瓶与干粉储罐是分开的，储气钢瓶非常容易密封，且装填粉末也比较容易，对干粉储罐永久密封的要求不太严格。为保证灭火效果，要求储气瓶放置点环境温度不低于 0℃。

2) 贮压式干粉灭火系统

指将驱动气体与干粉灭火剂储于同一个容器，灭火时直接启动系统，罐体内填充的高压气体会直接带动干粉灭火剂喷出，不需要外接驱动气体，从而达到灭火的目的。这种系统结构比储气系统简单，但对于罐体的整体性能特别是密封性能要求较高，要求驱动气体不能泄漏，灭火剂后续的填装补充过程较为复杂。

3) 燃气式干粉灭火系统

该类系统中没有高压气体作为驱动，而是利用火灾的火焰点燃燃气发生器内固体燃料，通过其燃烧生成的燃气压力来驱动干粉喷射，从而实施灭火。

4.3.2 固定式粉体灭火系统设计规范

一般而言，全淹没式干粉灭火系统主要用于扑救封闭空间内的火灾，而局部应用式干粉灭火系统主要用于扑救具体保护对象的火灾[19]。

1. 规定

1) 全淹没式干粉灭火系统的防护区

采用全淹没式干粉灭火系统的防护区，应符合下列规定：

(1) 喷放干粉时不能自动关闭的防护区开口，其总面积不应大于该防护区总内表面积的 15%，且开口不应设在底面。

(2)防护区的围护结构及门、窗的耐火极限不应小于 0.50h，吊顶的耐火极限不应小于 0.25h；围护结构及门、窗的允许压力不宜小于 1200Pa。

2)局部应用式干粉灭火系统的保护对象

采用局部应用式干粉灭火系统的保护对象应符合下列规定：

(1)保护对象周围的空气流动速度不应大于 2m/s。必要时，应采取挡风措施。

(2)在喷头和保护对象之间，喷头喷射角范围内不应有遮挡物。

(3)保护对象为可燃液体时，液面至容器缘口的距离不得小于 150mm。

3)预制干粉灭火装置

预制干粉灭火装置应符合下列规定：

(1)灭火剂储存量不得大于 150kg。

(2)管道长度不得大于 20m。

(3)工作压力不得大于 2.5MPa。一个防护区或保护对象宜用一套预制灭火装置保护。一个防护区或保护对象所用预制灭火装置最多不得超过 4 套，并应同时启动，其动作响应时间差不得大于 2s。

当防护区或保护对象有可燃气体，易燃、可燃液体供应源时，启动干粉灭火系统之前或同时，必须切断气体、液体的供应源。可燃气体，易燃、可燃液体和可熔化固体火灾宜采用碳酸氢钠干粉灭火剂；可燃固体表面火灾应采用磷酸铵盐干粉灭火剂。组合分配系统的灭火剂储存量不应小于所需储存量最多的一个防护区或保护对象的储存量。组合分配系统所保护的防护区与保护对象之和不得超过 8 个。当防护区与保护对象之和超过 5 个时，或者在喷放后 48h 内不能恢复到正常工作状态时，灭火剂应有备用量，且备用量不应小于系统设计的储存量。备用干粉储存容器应与系统管网相连，并能与主用干粉储存容器切换使用。

2. 用量设计计算

1)全淹没式干粉灭火系统

全淹没式干粉灭火系统的灭火剂设计浓度不得小于 0.65kg/m³。灭火剂设计用量应按下列公式计算：

$$
\begin{aligned}
m &= K_1 \times V + \sum \left(K_{0i} \times A_{0i} \right) \\
V &= V_v - V_g + V_z \\
V_z &= Q_z \times t \\
K_{0i} &= 0 \left(A_{0i} < 1\% A_v \right) \\
K_{0i} &= 2.5 \left(1\% A_v \leqslant A_{0i} < 5\% A_v \right) \\
K_{0i} &= 5 \left(5\% A_v \leqslant A_{0i} \leqslant 15\% A_v \right)
\end{aligned}
\tag{4-1}
$$

式中，m 为干粉设计用量，kg；K_1 为灭火剂设计浓度，kg/m³；V 为防护区净容积，m³；K_{0i} 为开口补偿系数，kg/m²；A_{0i} 为不能自动关闭的防护区开口面积，m²；V_v 为防护区容积，m³；V_g 为防护区内不燃烧体和难燃烧体的总体积，m³；V_z 为不能切断的通风系统的附加体积，m³；Q_z 为通风流量，m³/s；t 为干粉喷射时间，s；A_v 为防护区的内侧面、底面、顶面(包括其中开口)的总内表面积，m²。

全淹没式干粉灭火系统的干粉喷射时间不应大于 30s。全淹没式干粉灭火系统喷头布置，应使防护区内灭火剂分布均匀。防护区应设泄压口，并宜设在外墙上，其高度应大于防护区净高的 2/3。泄压口的面积可按下列公式计算：

$$A_X = \frac{Q_0 \times v_H}{k\sqrt{2p_X \times v_X}}$$

$$v_H = \frac{\rho_q + 2.5\mu \times \rho_f}{2.5\rho_f(1+\mu)\rho_q}$$

$$\rho_q = (10^{-5}p_X + 1)\rho_{q0}$$
(4-2)

$$v_X = \frac{2.5\rho_f \times \rho_{q0} + K_1(10^{-5}p_X + 1)\rho_{q0} + 2.5K_1 \times \mu \times \rho_f}{2.5\rho_f(10^{-5}p_X + 1)\rho_{q0}(1.205 + K_1 + K_1 \times \mu)}$$

式中，A_X 为泄压口面积，m²；Q_0 为干管的干粉输送速率，kg/s；v_H 为气固二相流比容，m³/kg；k 为泄压口缩流系数；取 0.6；p_X 为防护区围护结构的允许压力，Pa；v_X 为泄放混合物比容，m³/kg；ρ_q 为在 p_X 压力下驱动气体密度，kg/m³；μ 为驱动气体系数，按产品样本取值；ρ_f 为干粉灭火剂松密度，kg/m³，按产品样本取值；ρ_{q0} 为常态下驱动气体密度，kg/m³。

2)局部应用式干粉灭火系统

局部应用式干粉灭火系统的设计可采用面积法或体积法。其中，对于着火部位是平面的保护对象，宜采用面积法；当采用面积法不能做到所有表面被完全覆盖时，应采用体积法。室内局部应用式干粉灭火系统的干粉喷射时间不应小于 30s；室外或有复燃危险的室内局部应用式干粉灭火系统的干粉喷射时间不应小于 60s。

(1)面积法设计。

当采用面积法设计时，应符合下列规定：

①保护对象计算面积应取被保护表面的垂直投影面积。

②架空型喷头应根据喷头的出口至保护对象表面的距离确定其干粉输送速率和相应的保护面积；槽边型喷头的保护面积应由设计选定的干粉输送速率确定。

③干粉设计用量应按式(4-3)计算:

$$m = N \times Q_i \times t \tag{4-3}$$

式中,N 为喷头数量;Q_i 为单个喷头的干粉输送速率,kg/s,按产品样本取值。

④喷头的布置应使喷射的干粉完全覆盖保护对象。

(2)体积法设计。

当采用体积法设计时,应符合下列规定:

①保护对象的计算体积应采用假定的封闭罩体积。封闭罩的底应是实际底面,当其侧面及顶部无实际围护结构时,封闭罩的侧面及顶部至保护对象外缘的距离不应小于1.5m。

②干粉设计用量应按下列公式计算:

$$m = V \times q_v \times t$$
$$q_v = 0.04 - 0.006 A_p / A_t \tag{4-4}$$

式中,V 为保护对象的计算体积,m^3;q_v 为单位体积的喷射速率,(kg/s)/m^3;A_p 为假定封闭罩中存在的实体墙等实际围封面面积,m^2;A_t 为假定封闭罩的侧面围封面面积,m^2。

③喷头的布置应使喷射的干粉完全覆盖保护对象,同时满足单位体积的喷射速率和设计用量的相关要求。

4.3.3 干粉灭火系统管网设计细则

固定式干粉灭火系统主要由灭火管网构成,灭火管网由储存装置、选择阀和喷头、管道及附件等三大部分组成,用于储存、运送、喷洒干粉灭火剂。

1. 储存装置

(1)储存装置主要由干粉储存容器、容器阀、安全泄压装置、驱动气体储瓶、瓶头阀、集流管、减压阀、压力报警及控制装置等组成。并应符合下列规定:

①干粉储存容器应符合现行国家标准《TSG 21—2016 固定式压力容器安全技术监察规程》的规定,设计压力可取 1.6MPa 或 2.5MPa 压力级,增压时间不应大于30s,干粉灭火剂的装量系数不应大于0.85。

②驱动气体储瓶及其充装系数应符合现行国家标准《TSGR 0006—2014 气瓶安全技术监察规程》的规定。

③安全泄压装置的动作压力及额定排放量应按现行国家标准《GB 16668—2010 干粉灭火系统及部件通用技术条件》执行。

④满足干粉储存容器对驱动气体系数、干粉储存量、输出容器阀出口干粉输送速率和压力的相关要求。

(2)驱动气体应选用惰性气体，宜选用氮气、含水率不大于 0.015%(质量分数)的二氧化碳或含水率不大于 0.006%(质量分数)的其他气体；驱动气体的压力不得大于干粉储存容器的最高工作压力。储存装置的布置应方便检查和维护，并宜避免阳光直射，环境温度应为–20～50℃。另外，储存装置宜设在专用的储存装置间内，关于专用储存装置间的设置，有如下规定：

①靠近防护区，出口应直接通向室外或疏散通道。

②耐火等级不低于二级。

③宜保持干燥和良好通风，并应设应急照明。

(3)当采取防湿、防冻、防火等措施后，局部应用式干粉灭火系统的储存装置可设置在固定的安全围栏内。

2. 选择阀和喷头

在组合分配系统中，每个防护区或保护对象应设一个选择阀。选择阀应设有标明防护区的永久性铭牌，安装位置宜靠近干粉储存容器，并便于手动操作，方便检查和维护。阀门类型应采用快开型，可采用电动、气动或液动等方式驱动，并设置机械应急操作方式。选择阀的公称直径应与连接管道的公称直径相等，其公称压力不应小于干粉储存容器的设计压力。系统启动时，选择阀在输出容器阀动作之前打开。对于喷头，其单孔直径不得小于 6mm，且应有防止灰尘或异物堵塞喷孔的防护装置，防护装置在灭火剂喷放时应能被自动吹掉或打开。

3. 管道及附件

(1)管道及附件应能承受最高环境温度下的工作压力，并应符合下列规定：

①管道应采用无缝钢管，其质量符合现行国家标准《GB/T 8163—2018 输送流体用无缝钢管》的规定；管道规格宜按表 4-3 取值。管道及附件应进行内外表面防腐处理，并宜采用符合环保要求的防腐方式。

②对防腐层有腐蚀的环境，管道及附件可采用不锈钢、铜管或其他耐腐蚀的不燃材料。

③输送启动气体的管道，宜采用铜管，其质量应符合现行国家标准《GB/T 1527—2017 铜及铜合金拉制管》的规定。

④管网应留有吹扫口。

⑤管道变径时应使用异径管。

⑥干管转弯处不应紧接支管，管道转弯处应符合如图 4-5 所示。

表 4-3　干粉灭火系统管道规格

公称直径		封闭段管道		开口端管道	
DN/mm	G/in	d/mm	外径×壁厚/(mm×mm)	外径×壁厚/(mm×mm)	d/mm
15	1/2	14	$D22\times4$	$D22\times3$	16
20	3/4	19	$D27\times4$	$D27\times3$	21
25	1	25	$D34\times4.5$	$D34\times3.5$	27
32	1	32	$D42\times5$	$D42\times3.5$	35
40	1	38	$D48\times5$	$D48\times3.5$	41
50	2	49	$D60\times5.5$	$D60\times4$	52
65	2	69	$D76\times7$	$D76\times5$	66
80	3	74	$D89\times7.5$	$D89\times5.5$	78
100	4	97	$D114\times8.5$	$D114\times6$	102

注：1in=2.54cm。

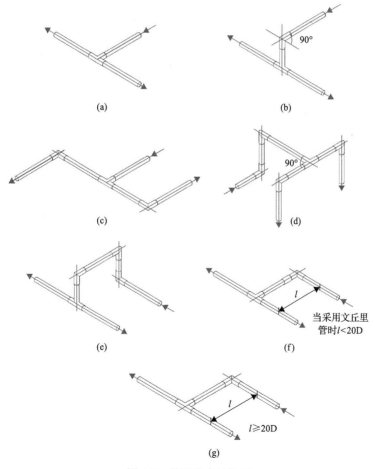

图 4-5　管网分支结构图

⑦管道分支不应使用四通管件。

⑧管道转弯时宜选用弯管。

⑨管道附件应通过国家法定检测机构的检验认可。

(2)管道可采用螺纹连接、沟槽(卡箍)连接、法兰连接或焊接。其中，公称直径等于或小于80mm的管道，宜采用螺纹连接；公称直径大于80mm的管道，宜采用沟槽(卡箍)连接或法兰连接。管网中阀门之间的封闭管段应设置泄压装置，其泄压动作压力取工作压力的115%±5%。在通向防护区或保护对象的灭火系统主管道上，应设置压力信号传感器或流量信号传感器。管道应通过支架、吊架固定，其间距可按表4-4取值。对于可能产生爆炸的场所，管网宜吊挂安装，并采取必要的防晃措施。

表 4-4 管道支、吊架最大间距

公称直径/mm	15	20	25	32	40	50	65	80	100
最大间距/m	1.5	1.8	2.1	2.4	2.7	3.0	3.4	3.7	4.3

4. 管网系统计算细则

(1)干粉灭火系统管网起点(干粉储存容器输出容器阀出口)压力不应大于2.5MPa；管网最不利点喷头工作压力不应小于0.1MPa。

(2)管网中干管的干粉输送速率应按式(4-5)计算。

$$Q_0 = m / t \tag{4-5}$$

式中，Q_0 为干管的干粉输送速率，kg/s；m 为干粉设计用量，kg；t 为干粉喷射时间，s。

(3)管网中支管的干粉输送速率按式(4-6)计算。

$$Q_b = n \times Q_i \tag{4-6}$$

式中，Q_b 为支管的干粉输送速率，kg/s；n 为安装在计算管段下游的喷头数量；Q_i 为单个喷头的干粉输送速率，kg/s。

(4)管道内径宜按式(4-7)计算。

$$d \leqslant 22\sqrt{Q} \tag{4-7}$$

式中，d 为管道内径，mm，宜按表4-4取值；Q 为管道中的干粉输送速率，kg/s。

(5)管段的计算长度应按式(4-8)计算。

$$L = L_Y + \sum L_J \tag{4-8}$$

式中，L 为管段计算长度，m；L_Y 为管段几何长度，m；L_J 为管道附件的当量长度，m，可按表4-5取值。

表4-5　管道附件当量长度的参考值　　　单位：m

DN/mm	15	20	25	32	40	50	65	80	100
弯头	7.1	5.3	4.2	3.2	2.8	2.2	1.7	1.4	1.1
三通	21.4	16.0	12.5	9.7	8.3	6.5	5.1	4.3	3.3

(6)管网宜设计成均衡系统，均衡系统的结构对称度应满足式(4-9)的要求。

$$S = \frac{L_{\max} - L_{\min}}{L_{\min}} \leqslant 5\% \tag{4-9}$$

式中，S 为均衡系统的结构对称度；$L_{\max}$ 为对称管段计算长度最大值，m；$L_{\min}$ 为对称管段计算长度最小值，m。

(7)管网中各管段单位长度上的压力损失可按式(4-10)估算。

$$\Delta p / L = \frac{8 \times 10^9}{\rho_{q0}(10 p_e + 1) d} \times \left(\frac{\mu \times Q}{\pi \times d^2} \right)^2 \times \left(\lambda_q + \lambda_e \right)$$

$$\lambda_q = \left(1.14 - 2 \lg \frac{\Delta}{d} \right)^{-2} \tag{4-10}$$

$$\lambda_e = \frac{7 \times 10^{-12.5} g^{0.7} \times d^{3.5}}{\mu^{2.4}} \times \left[\frac{\pi(10 p_e + 1)}{4Q} \right]^{1.4}$$

式中，$\Delta p/L$ 为管段单位长度上的压力损失，MPa/m；p_e 为管段末端压力，MPa；λ_q 为驱动气体摩擦阻力系数；g 为重力加速度，取 9.81m/s^2；Δ 为管道内壁绝对粗糙度，mm。

(8)高程校正前的管段首端压力可按式(4-11)估算。

$$p_b' = p_e + (\Delta p / L)_i \times L_i \tag{4-11}$$

式中，p_b' 为高程校正前的管段首端压力，MPa。

(9)用管段中的平均压力代替管网中各管段单位长度上的压力损失公式中的管段末端压力，再次求取新的高程校正前的管段首端压力，两次计算结果应满足式(4-12)的要求，否则应继续用新的管段平均压力代替公式中的管段末端压力，再次演算，直至满足式(4-12)的要求。

$$p_p = (p_e + p_b') / 2$$
$$\delta = \left| p_b'(i) - p_b'(i+1) \right| / \min \left\{ p_b'(i), p_b'(i+1) \right\} \leqslant 1\% \tag{4-12}$$

式中，p_p 为管段中的平均压力，MPa；δ 为相对误差，%；i 为计算次序。

(10) 高程校正后管段首端压力可按式 (4-13) 计算。

$$p_b = p_b' + 9.81 \times 10^{-6} \rho_H \times L_Y \times \sin\gamma$$
$$\rho_H = \frac{2.5\rho_f(1+\mu)\rho_Q}{2.5\mu \times \rho_f + \rho_Q} \tag{4-13}$$
$$\rho_Q = (10p_p + 1)\rho_{q0}$$

式中，p_b 为高程校正后管段首端压力，MPa；ρ_H 为干粉-驱动气体二相流密度，kg/m³；γ 为流体流向与水平面所成的角度，(°)；ρ_Q 为管道内驱动气体的密度，kg/m³。

(11) 喷头孔口面积应按式 (4-14) 计算。

$$F = Q_i / q_0 \tag{4-14}$$

式中，F 为喷头孔口面积，mm²；q_0 为在一定压力下，单位孔口面积的干粉输送速率，(kg/s)/mm²。

(12) 干粉储存量 m_c(kg) 可按式 (4-15) 计算。

$$m_c = m + m_s + m_r$$
$$m_r = V_D(10p_p + 1)\rho_{q0} / \mu \tag{4-15}$$

式中，m_s 为干粉储存容器内干粉剩余量，kg；m_r 为管网内干粉残余量，kg；V_D 为整个管网系统的管道容积，m³。

(13) 干粉储存容器容积可按式 (4-16) 计算。

$$V_c = \frac{m_c}{K \times \rho_f} \tag{4-16}$$

式中，V_c 为干粉储存容器容积，m³；K 为干粉储存容器的装量系数。

(14) 驱动气体储存量可按下列公式计算。

① 非液化驱动气体：

$$m_{gc} = N_p \times V_0(10p_c + 1)\rho_{q0}$$
$$N_p = \frac{m_g + m_{gs} + m_{gc}}{10V_0(p_c - p_0)\rho_{q0}} \tag{4-17}$$

② 液化驱动气体：

$$m_{gc} = \alpha \times V_0 \times N_p$$

$$N_p = \frac{m_g + m_{gs} + m_{gr}}{V_0 \left[\alpha - \rho_{q0} (10p_0 + 1) \right]}$$

$$m_g = \mu \times m \tag{4-18}$$

$$m_{gs} = V_c (10p_0 + 1) \rho_{q0}$$

$$m_{gr} = V_D (10p_p + 1) \rho_{q0}$$

式中，m_{gc} 为驱动气体储存量，kg；N_p 为驱动气体储瓶数量；V_0 为驱动气体储瓶容积，m^3；p_c 为非液化驱动气体充装压力，MPa；p_0 为管网起点压力，MPa；m_g 为驱动气体设计用量，kg；m_{gs} 为干粉储存容器内驱动气体剩余量，kg；m_{gr} 为管网内驱动气体残余量，kg；α 为液化驱动气体充装系数，kg/m^3。

参 考 文 献

[1] Gann R G. Next-generation fire suppression technology program[J]. Fire Technology, 1998, 34(4): 363-371.

[2] 周文英, 杜泽强, 介燕妮, 等. 超细干粉灭火剂[J]. 中国粉体技术, 2005(1): 42-44.

[3] 格毕, 白瑞苓. 干粉灭火剂[J]. 化学教学, 1995(9): 26-27.

[4] 刘慧敏, 杜志明, 韩志跃, 等. 干粉灭火剂研究及应用进展[J]. 安全与环境学报, 2014, 14(6): 70-75.

[5] 周文英, 邵宝州, 张媛怡, 等. 磷酸铵盐干粉灭火剂[J]. 消防技术与产品信息, 2004(7): 70-76.

[6] 况凯骞. 细化粉基灭火介质与火焰相互作用的模拟实验研究[D]. 合肥: 中国科学技术大学, 2008.

[7] 史月英. ABC 干粉灭火剂颗粒分布与灭火效能的关系[J]. 消防技术与产品信息, 2013(8): 80-81.

[8] 李姝. 干粉灭火剂灭火效能的研究[J]. 消防科学与技术, 2018, 37(7): 954-957.

[9] Turns S R. An Introduction to Combustion: Concepts and Applications[M]. Third ed. New York: McGraw Hill Inc, 2012.

[10] GB 4351.1—2005 手提式灭火器第一部分: 性能和结构要求[S]. 北京: 中国标准出版社, 2005.

[11] GB 8109—2005 推车式灭火器[S]. 北京: 中国标准出版社, 2005.

[12] 袁鸿儒. 干粉消防车的结构分析及关键件的设计计算[J]. 消防技术与产品信息, 2008(1): 60-63.

[13] 东靖飞, 张全灵, 赵磊, 等. 一种复合式灭火弹及其使用方法[P]: CN110947141A. 2020-04-03.

[14] 何伟胜, 焦志刚, 黄德武, 等. 单兵便携平衡发射式高层建筑灭火弹[P]: CN105435398A. 2016-03-30.

[15] 王铭珍. 灭火炮的发展趋势[J]. 安徽消防, 1999(2): 32-33.

[16] 戴建林. 无人机在消防灭火救援中的应用[J]. 中国新通信, 2019, 21(21): 91-92.

[17] 杜红武. 导弹灭火消防车: 针对城市高楼火灾[J]. 专用车与零部件, 2015(6): 38-39.

[18] 白瑞增. 干粉灭火系统[J]. 消防技术与产品信息, 1998(S1): 317-330.

[19] GB 50347—2004. 干粉灭火系统设计规范[S]. 北京: 中国计划出版社, 2004.

第5章　超细干粉灭火技术

普通干粉灭火剂所用灭火组分的粒径通常介于 10~75μm 之间，单个粒子的质量相对较大，存在沉降快、弥散性差、比表面积小等缺点，进而导致其捕获自由基和活性基团的能力相对较差，灭火能力有限。制备更小粒径、流动性好、比表面积大、活性高、稳定分散并能长时间悬浮于空气中的超细干粉灭火剂便成为提高干粉灭火剂灭火能力的关键。近年来，超细干粉灭火剂由于其优异的灭火性能引起了广大学者和消防企业的普遍关注，并对超细粉体的制备、改性等方面进行了系列研究[1-3]。

5.1　超细干粉灭火剂

5.1.1　超细干粉灭火剂的特点

超细干粉灭火剂最早由英国技术人员采用喷雾造粒法制得，所制备的磷酸铵盐粉体颗粒普遍在 5μm 以下，灭火效率是普通干粉灭火剂的 6~10 倍；后来，美国环保局(U.S. Environmental Protection Agency，简称 EPA)开发了卤代烷/干粉悬浮剂，属于特制干粉灭火剂的一种，主要由超细干粉灭火剂、卤代烷推进剂(灭火剂)和专门的凝胶剂组成，具有良好的分散性能与长期使用稳定性。但是，上述两种灭火剂由于其工艺和成本等问题并未实现工业化生产。20 世纪 90年代开始，我国也持续开展了很多超细干粉灭火剂的相关研究，如应急管理部(原公安部)天津消防研究所与相关企业合作，对超细干粉灭火剂的灭火性能等进行了大量试验研究，在解决了系列配方问题、设备问题以及其他相关难题后，推出了若干产业化的超细干粉灭火剂[4,5]。

况凯骞等采用湿法球磨对市售干粉进行了细化处理，得到了多种规格的超细干粉灭火剂，超细干粉的表面形貌见图 5-1。由于粉体细化参数的不同，所得超细干粉有些依旧非常不均匀且边界模糊[图 5-1(a)]，仍存有相当一部分大颗粒，但是较普通干粉而言其平均粒径明显变小，颗粒之间也比较疏松；另外，这些颗粒的表面有很多皱褶状的突起，以不规则的立柱状形态分布，从而加大了颗粒的比表面积，对强化干粉与火焰之间的相互作用，进而提升灭火效率有重要作用。也有一些超细干粉则相对比较均匀[图 5-1(b)]，干粉颗粒排列紧凑且形状较为规则，表面立柱型皱褶的纵向也更长。

图 5-1　超细化普通干粉的表面形貌

超细干粉灭火剂克服了普通干粉灭火剂的一些固有缺陷，并在灭火剂配方、超细化工艺、表面处理等技术方面进行了改进，使其灭火性能、适用性和环保性能等多项指标均达到先进水平，主要优势表现在灭火机制、灭火方式、环保性以及安装使用上。超细干粉灭火剂与普通干粉灭火剂的分类基本一致，但其对制备工艺、颗粒大小等方面的要求更严格，故在成分的选择上有所区别，主要有 ABC 类、BC 类和 D 类超细干粉灭火剂等。其中，ABC 类超细干粉灭火剂主要以磷酸盐为基料，BC 类超细干粉灭火剂主要以碳酸氢钠为基料，而 D 类超细干粉灭火剂主要以氯化钠、石墨等为基料。

超细干粉灭火剂具有比表面积大、活性高等特点，可稳定、均匀地悬浮于空气中，加热后能够迅速分解捕获火焰中的活性自由基。超细干粉灭火剂结合化学和物理的复合灭火作用，能有效抑制火焰燃烧，并能借助覆盖、冷却、窒息等作用熄灭火焰，阻隔热辐射[6]，具有良好的灭火性能[5,7-10]，具体表现为：

1. 全淹没灭火

超细干粉灭火剂较普通干粉灭火剂粒径更小，颗粒质量也更轻，具有气体灭火剂的动力学性质，流动性能好；此外，超细干粉灭火剂具有趋热性，其超细颗粒可以实现良好的分散特性，能在较短时间内绕过障碍物扩散到整个火灾区域，提高灭火效率，实现全淹没灭火。

2. 抗复燃性

粉碎处理后的超细干粉灭火剂颗粒，分散度大，总面积高，活性强，易均匀分散在空气中并与周边媒介相互作用，加强灭火效能。超细颗粒接触火焰后能在可燃物表面形成一种玻璃状的覆盖层，隔绝空气效果更佳，与灭火剂中的阻燃成分协同作用，使火焰难以复燃。

3. 灭火效率高，速率快

超细干粉灭火颗粒释放速率快，能迅速与火焰发生作用，且几乎全数颗粒起到灭火作用。灭火过程中，粒径小、比表面积大的超细干粉灭火颗粒受热分解速率快，能迅速产生游离基与燃烧活性自由基相互作用，阻断燃烧链式反应；同时，吸收大量热量，并放出惰性气体稀释氧浓度，弱化燃烧反应，起到窒息、阻隔热辐射的作用。上述化学与物理灭火方式共同作用，显著提高了灭火剂的灭火效能。例如，山东环绿康新材料科技有限公司技术人员发现，在高架库应用中新制备的超细干粉灭火剂表现出更好的灭火性能，如表 5-1[11]所示。

表 5-1　气体灭火剂与超细干粉灭火剂灭火性能对比

项目名称	烟烙尽 IG541	卤代烷 1301	七氟丙烷 FM200	二氧化碳 CO_2	热气溶胶	细水雾	普通 ABC 干粉	超细干粉
物质状态	气	液/气	液/气	气	微粒	水雾	微粒 15～75μm	微粒平均 <5μm
灭火浓度 /(g/m³)	800～1000	200～300	300～700	800～1000	50～200	1000～1200	650	50～60
灭火效率	低于卤代烷	较高	低于卤代烷	低于卤代烷	低于卤代烷	低于卤代烷	低于卤代烷	高于卤代烷

4. 环境友好

超细干粉灭火剂的大气臭氧损耗潜能值(ODP)和温室效应潜能值(GWP)均为 0，不会对人体皮肤与呼吸道造成伤害。通过复配和表面改性，超细干粉可实现整体性防潮，具有较好的流动性与电绝缘性，灭火后形成的产物腐蚀性低，残留物便于清理。

5.1.2　超细干粉灭火剂组成及要求

中国科学技术大学火灾科学国家重点实验室况凯骞等人发现，超细干粉灭火剂的灭火性能不仅与粉体的表面结构尺寸有关，还与灭火剂的主要成分有关。与普通干粉灭火剂类似，超细干粉灭火剂主要依赖磷酸盐、碳酸氢钠、石墨及氯化钠等活性灭火组分发挥灭火作用，同时也需要添加一些功能组分[12,13]，主要包括：

(1)粉碎助剂组分在使用物理或化学方法进行超细粉体表面处理时，需要添加粉碎助剂以控制粉碎与团聚过程，达到粉碎平衡，使超细粉体变均匀，提高粉体细度，并更好地调节粉碎程度。

(2)惰性填料组分。松密度是衡量超细干粉产品质量的重要参数之一。超细干粉灭火剂中添加惰性填料的主要目的是防止结块,提高其分散性,并控制松密度。超细干粉灭火剂较同类型普通干粉灭火剂的松密度更小。

(3)疏水组分。疏水组分的添加,使超细干粉灭火剂能够维持良好的斥水性,以避免粉体结块,控制灭火剂的吸水量,从而保持粉体的流动性以及其他性能。

(4)对于以磷酸铵盐、碳酸氢铵为基料的超细干粉灭火剂,为实现固体防潮要求,需要对其进行硅化处理。

根据公安部标准 GA 578—2005 的要求,超细干粉灭火剂要符合表 5-2 中的要求。

表 5-2　超细干粉灭火剂要求

项目		技术要求	
		BC 超细干粉灭火剂	ABC 超细干粉灭火剂
松密度/(g/mL)		厂方公布值±30%	厂方公布值±30%
含水率/%		≤0.25	≤0.25
吸湿率/%		≤3.00	≤3.00
斥水性		无明显吸水,不结块	无明显吸水,不结块
抗结块性(针入度)/mm		≥16.0	≥16.0
耐低湿性/s		≤5.0	≤5.0
90%粒径/μm		≤20	≤20
电绝缘性/kV		≥4.0	≥4.0
灭 B、C 类火效能/(g/m³)		≤150	≤150
灭 A 类火效能	木垛火/(g/m³)	—	≤150
	聚丙烯火/(g/m³)	—	≤150

该标准同时给出了超细干粉灭火剂的试验方法、检测规则等,为后续研究提供了重要参考。

5.1.3　超细干粉灭火剂制备技术及改性方法

目前,关于超细干粉灭火剂的研究主要围绕制备工艺、灭火效能和运动特性三方面展开,其中制备工艺主要包括灭火剂配方的设计、超细化工艺、表面处理技术和性能表征方法与手段的研究[14];灭火效能的研究主要包括灭火机理、灭火能力和应用技术等方面;运动特性的研究包括基于计算机的流体动力学和气溶胶动力学运动特性模拟与分析。三者相辅相成,支撑关系如图 5-2 所示。基于普通干粉灭火剂发展起来的超细干粉灭火剂在配方设计、性能表征方法与手段方面与普通干粉灭火剂基本类似，本章重点对超细干粉灭火剂的超细化工艺和表面改性技术进行阐述。

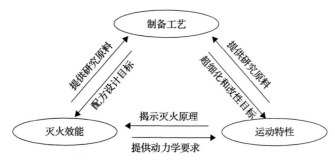

图 5-2   研究方向之间的关系

1. 配方设计

近年来，超细干粉灭火剂配方由简单筛分普通干粉灭火剂逐步向高聚合度基料与多功能辅料复合以及表面包覆改性等高性能制备方向发展[15]。从普通干粉灭火剂发展起来的超细干粉灭火剂，其主要灭火成分与普通干粉灭火剂类似，同时为了解决超细干粉灭火剂颗粒更显著的团聚、吸湿等问题，需要在原有配方中加入适量其他功能性添加剂。常用的添加剂有：

①抗絮凝类的试剂，避免超细干粉灭火剂颗粒转为絮凝态。

②二甲苯磺酸钠以及云母等物质，减少静电。

③沸石、滑石等助流动类物质，改善粉体的流动性和弥散性。

④表面改性物质，降低微粒的表面能。

⑤添加硅油或甲基含氢硅油进行表面改性，避免灭火剂微粒之间的吸湿团聚现象。

超细干粉灭火剂的配方设计主要有两种方法[16,17]。

（1）以传统的干粉灭火剂为主体，通过添加助流剂、分散剂、防潮剂、防静电剂等进一步加工，使其达到超细干粉灭火剂的要求，制备超细干粉灭火剂。能够形成超细干粉灭火剂的普通干粉灭火剂主要有：普通干粉中的钠盐粉、钾盐粉、氨基粉和多用途干粉中以磷酸二氢铵、磷酸铵等为基料的粉剂，以及以聚磷酸铵为基料的粉剂，以磷酸铵盐和硫酸铵盐的混合物为基料的粉剂等。

（2）以新型物质为主要灭火组分的超细干粉灭火剂。为提高超细干粉灭火剂的性能，研究人员开展了大量新型灭火剂组分的研究工作。如英国帝国化学工业集团（Imperial Chemical Industries，ICI）[18]研究了用尿素和钾、钠的酸式碳酸盐、碳酸盐或氢氧化物反应后制备 Monnex 干粉的方法，该方法制备的超细微粒灭火剂松密度低，性能较好，但成本高。为提高冷气溶胶的灭火能力，一些学者[19,20]设计了一种新型冷气溶胶灭火剂工艺，用于扑灭由液体和气体燃料燃烧产生的火焰，其主要成分是尿素与碱金属氢氧化物或者碳酸盐反应所得的产物即 $MC_2N_2H_3O_3$，其中 M 代表钾或钠。英国原子能管理局科技有限公司的 Morton 等[11]借助一种材料的气体或蒸气与另一种材料的蒸气或气溶胶之间的化学反应，制备出了粒径小于 $5\mu m$ 的灭火粉末，例如用氢氧化钠溶液液滴气雾剂与二氧化碳气体反应制备出了碳酸氢钠粉末，用卤化硼蒸气与水蒸气反应制备了硼酸粉末。由于硼化物可以捕获燃烧产生的 $H\cdot$ 和 $HO\cdot$，且高温下在燃烧表面形成致密的保护层，使得以硼酸颗粒为主要灭火组分的新型灭火剂具有较高的灭火效率。日本 Tanaka 等[21]设计出了一种灭火迅速、抗复燃效果好、抗燃料性优异的灭火剂，适于作为极性与非极性溶剂火灾的灭火剂，其中含有与每个分子中的第一、第二和第三阳离子基混合的高分子量阳离子聚胺化合物；2000 年，美国国家标准技术研究院建筑与消防研究实验室 Linteris 和 Rumminger[22,23]刊发了利用 $Fe(C_5H_5)_2$ 即二茂铁进行灭火试验的相关报道，报道指出：火焰中的二茂铁会分解出铁原子，进一步与氧气和水反应生成 FeO、FeO_2、$Fe(OH)_2$ 等活性中间体，这些活性中间体可与燃烧过程中产生的 $H\cdot$ 和 $O\cdot$ 自由基等结合，阻止自由基链式反应，抑制燃烧并最终实现灭火。研究发现，二茂铁具有毒性小、灭火效率高、使用浓度低、对环境友好等优点，也有望成为潜在的哈龙替代品。

2. 超细化工艺

常见的超细粉体制备方法分为物理法和化学法两大类。其中，物理法主要包含粉碎法与构筑法；化学法有沉淀法(溶液反应法)、喷雾法及气相反应法等。上述方法中的气相合成法和液相合成法，均需要复杂的设备和工艺支撑，生产成本高，很难推广普及[22,24]。现阶段，粉体的超细化处理主要还是借助机械粉碎法和喷雾法实现。

1)机械粉碎法

机械粉碎法是粉体制备最常采用的方法之一，常用的有球磨粉碎技术和气流粉碎技术，对应的主要设备为球磨机和气流粉碎机[12,16,25]。其中，球磨机具有较高的产率和较低的能耗，设备比较简单且工艺条件便于控制；另外，近年来研发的许多新型球磨机如振动球磨机、行星式球磨机和离心球磨机等又进一步提升了粉体的加工性能，粉碎效果显著提升，但总体来说所制备的成品粒径依然较大；气流粉碎机是一种较为成熟的设备，制备的成品粉体细度好，粒度通常小于 5μm，使其具有许多优异的特性，如粉体表面光滑、受污染少、粒度分布窄等，但也具有一定的局限性，包括粉磨成本高、能耗大、能量利用率低、所得粉体颗粒易团聚等。虽然如此，有关超细干粉灭火剂的研究多采用此方法。与喷雾干燥法相比，机械粉碎法技术简单，成本低，更利于批量化工业生产，已被国内外大多数厂家所采用[26]。

Kuang 等[27]将碳酸氢钾与其他有机和无机改性剂混合，采用球磨法制备了一种新型钾基粉末(K-powder)。实验表明：制备的超细碳酸氢钾粉末显示出与普通 BC 和纯 KHCO₃ 干粉不同的物理和化学特性，如粉末粒度小于 BC 干粉、在高温环境下分解更彻底、比 BC 干粉扑灭乙醇火的用时更短，所用试验装置如图 5-3 所示。1997 年，武汉绿色消防器材有限公司采用气流粉碎技术制备出了性能较好的 ABC 超细干粉灭火剂，最小灭火浓度仅为 65g/m³，并率先转化为产品，实现了批量化生产；南京理工大学潘仁明等[13]采用机械粉碎法和硅油表面改性制备了超细碳酸氢钠干粉灭火剂，并基于杯式燃烧器搭建了一套灭火性能实验平台，测试表征结果表明：所制备的灭火剂颗粒平均粒径为 6.56μm，具有良好的疏水性、流动性与抗结块性，且颗粒表面存在许多凸起，增大了与火焰的接触面积，800℃时灭火剂失重率为 50%以上，灭火浓度为 90.5～154.8g/m³。相同条件下，制备的超细碳酸氢钠干粉灭火剂熄灭酒精火比熄灭正庚烷火更容易，用时更短。

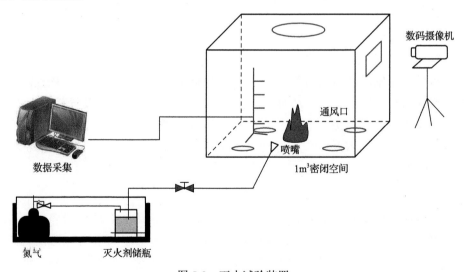

图 5-3 灭火试验装置

2) 喷雾干燥法

使用喷雾干燥技术时，需将干粉灭火剂制备成水溶液，然后通过专用的雾化器将其雾化为小液滴，经热空气加热迅速蒸发结晶，形成超细颗粒。用这种方法制得的超细颗粒粒度分布窄，且易于控制，颗粒的晶型也比较完整[14,28,29]。

北京航空航天大学张晓静等[30]采用离心和气流两种喷雾干燥方法，制备了具有空心结构的超细球形 $NH_4H_2PO_4$ 灭火剂，研究表明：通过气流喷雾方法制备的粉体颗粒相对细小但不均匀，而通过离心喷雾干燥获得的产品虽然均匀但颗粒较大。并在长宽高均为 2m 的封闭灭火室内，测试了喷雾干燥所得超细磷酸二氢铵干粉灭火剂灭 B 类火的性能，测试结果表明，灭火剂的灭火时间为 10s，临界用量为 300g，灭火效果较好。英国 KIDDE 公司的研究人员使用钾、钠的碳酸氢盐水溶液，通过喷雾干燥法生产出了粒径为 0.1～0.5μm 的碳酸氢钾超细干粉灭火剂，该灭火剂的全淹没灭火效能是普通干粉灭火剂的 10 倍[10]；英国原子能管理局(AEA)使用二氧化碳与氢氧化钠溶液喷雾形成的小液滴反应，制备了超细干粉碳酸钠颗粒，由于氢氧化钠在水中的溶解度比较大，该方法可减少喷雾干燥中水的蒸发，节约了时间与成本；日本 MIYATA 工业股份有限公司也基于此方法制备出了粒径小于 20μm 的灭火剂颗粒[31]。

喷雾干燥法可制备粒度较细且分布均匀的超细干粉颗粒，多用于实验中制备少量超细干粉灭火剂，但存在工艺要求相对较高、所需设备复杂、技术难度大、成本高等缺点，不利于工业化生产。此外，使用该方法制备高温下易分解和常温下低溶解度的灭火剂微粒也有一定难度。

3. 表面改性

在超细化过程中，微粒的表面原子化学活性高，表面能大，从而极易发生聚合，形成软团聚或硬团聚，关于团聚现象的解释主要有晶桥理论和毛细管吸附理论。晶桥理论认为：晶桥物理或化学因素使晶体表面溶解并重结晶，于是在晶粒之间的相互连接点上形成晶桥，并随时间的推进，这些结晶彼此相互结合，使晶粒连在一起形成巨大的团块。毛细管吸附理论则将其归结为微粒间的吸附力，吸附力的存在使得毛细管弯月面上的饱和蒸气压低于外部的饱和蒸气压，为水蒸气向晶粒间扩散提供了条件，使晶体易于吸潮，并按照吸潮、颗粒表面的溶解、水分蒸发、晶体再析出、颗粒间桥接的顺序循环往复，最终导致结块。团聚结块会严重影响超细干粉灭火剂的使用稳定性和流动性。为解决该问题，可对超细干粉进行物理或化学改性，以获得稳定且易于分散的超细干粉灭火剂微粒。表面改性方法和改性剂的选择是超细干粉灭火剂表面改性研究的两个重要方面。

目前，关于超细干粉表面改性的方法有很多，如物理涂覆、化学包覆、沉淀反应、机械力化学和胶囊化改性等[32-34]，已在第 3 章中做了详细介绍。对于超细干粉灭火剂而言，常用的改性方法主要是化学包覆表面改性，改性包括湿法工艺和干法工艺两种。

1) 湿法工艺

湿法工艺一般在反应釜或反应罐的溶液中进行，而后对包覆改性后的微粒进行过滤和干燥处理。对超细干粉灭火剂进行表面改性时，为实现粉粒的均匀包覆，需将超细粉体在分散介质中均匀分散。南京理工大学李碧英[28]采用球磨法制备工艺和湿法表面处理技术制备了超细干粉灭火剂，粉体颗粒的斥水性较好且吸湿率低，但存在溶剂消耗量大、产率低，难以实现大规模处理的问题；美国的 Warnock 等[19]制备了抗复燃超细干粉灭火剂，采用含氟表面活性剂并结合湿法工艺对超细干粉灭火剂进行了表面处理，得到的抗复燃干粉灭火剂流动性较好，可完全展开漂浮在油面上，表现出良好的抗复燃效果，但不具备疏水性；四川大学赵春霞等在此基础上进行了改进，采用气流粉碎制备工艺、干法表面处理技术和氟碳表面活性剂制备了抗复燃超细干粉灭火剂，所得粉体微粒具有高疏水率(99%)、高疏油率(96.8%)、良好的流动性(5.9s)和低吸湿率(1.68%)[35]。分散介质的选择对湿法表面改性至关重要，选择时需满足四点：第一，必须是极性介质；第二，不能使超细粉体微粒溶解；第三，分散介质对表面改性剂的溶解度小；第四，与表面改性剂和溶剂分子的作用力小。

2) 干法工艺

干法工艺具有简单易行、连续化、自动化的特点，适合很多物质的表面处理。通常，干法工艺在高速加热混合机、连续式粉体表面改性机和涡流磨等设备中进行。南京理工大学贾晓卿[36]在干法工艺条件下，使用简单的实验室改性装置，通过硅油对超细干粉灭火剂进行处理，得到了性能优良的超细干粉灭火剂，且工艺过程比乳化法处理更加简单方便。

硅油具有低表面积、高表面活性和超疏水的特性，已成为超细干粉表面改性最常用的活性剂，如甲基硅油、乙基硅油、甲基含氢硅油等。其中，甲基硅油最为常见，黏度为 $0.65 mm^2/s(25℃)$，表面张力为 0.0159N/m。但是，硅油的亲油性质限制了其使用，因而很多研究人员使用氟碳表面活性剂对粉体进行表面改性处理。如美国的 Warnock 等就是采用氟碳表面改性剂制备了抗复燃的超细干粉灭火剂，具有流动性好、无亲油性、可悬浮于油面上方等优势。四川大学赵春霞[35]采用氟碳表面改性剂在不同的工艺下进行了干法处理，处理后的超细磷酸铵盐灭火剂可以悬浮于柴油表面。需要说明的是，现有的超细干粉灭火剂在经过氟碳表面活性剂处理后，仍存在吸湿、结块和流动性差的问题，还有很大的改进和提升空间。另外，关于改性后超细微粒的性能评价研究还比较匮乏，且对抗复燃氟碳表面活性剂的选择和处理工艺条件研究尚不明确，对表面改性剂的研究目前仍在继续。

对于超细粉体的表面改性处理，为了满足日益多样化的应用需求或性能优化需要，有时需采用两种或两种以上的表面处理方法同时或分步对超细粉体进行复合处理。目前，常见的复合处理方法为机械力化学/化学包覆复合法、沉淀反应/化学包覆复合法等。

4. 性能评价方法与手段

超细干粉灭火剂的性能评价目前主要参考干粉灭火剂相关国家标准（《GB 15060—2002 磷酸铵盐干粉灭火剂》《GB 13532—1992 干粉灭火剂通用技术条件》）。在此基础上，结合超细干粉灭火剂自身的特性，提出了一些针对性比较强的性能参数表征方法，主要有粒度分布、灭火效能以及储存稳定性等。

1) 粒度分布

超细干粉灭火剂的粒径通常在 20μm 以下，粒径过小时灭火干粉难以穿透火焰发挥灭火性能，而粒径过大时颗粒受重力影响又极易发生沉降，影响灭火。为获得较大的火焰穿透能力而又兼具高效的灭火能力，实际应用的超细干粉灭火剂通常是多种粒径灭火干粉的组合，粒度分布具有明显的差异性。

2) 灭火效能

超细干粉灭火剂的灭火效能通常使用熄灭单位空间火所需的最低灭火剂量来表示，即灭火浓度(g/m^3)。研究人员在体积为 287L 的灭火室内，对普通干粉灭火剂和超细干粉灭火剂的灭火效能进行了对比，结果如表 5-3 所示。很显然，超细干粉灭火剂的灭火浓度与颗粒粒度有很大的关系，粒径越小灭火效能越高。

表 5-3 不同粒度干粉灭火剂的灭火效能

效能参数	$NaHCO_3$	BC 干粉($NaHCO_3$)	BC 干粉($KHCO_3$)	K_2CO_3	$KHCO_3$
颗粒粒度/μm	20～50	5～20	5～20	0.2～0.3	0.1～0.5
灭火浓度/(g/m^3)	37	51	27	8.9	3.8
灭火时间/s	2	<1	<1	7.5	2

3) 储存稳定性

超细干粉灭火剂由于其粒径小、比表面积大、表面能高，且成分中含有水溶性盐等特点，容易吸潮结块，进而缩短超细干粉灭火剂的储存寿命。改善超细干粉灭火剂的储存稳定性是超细干粉灭火剂的一个研究难点，目前的改善途径是对超细化的干粉进行表面改性，以延长超细干粉灭火剂的储存时间。

5.2 超细干粉灭火装置

继公安部《GA 578—2005 超细干粉灭火剂》《GA 602—2006 干粉灭火装置》出台后，国内很多消防企业专注于超细干粉灭火剂及其灭火装置的研发。相关文献报道显示，目前国内围绕超细干粉灭火剂开发的灭火装置主要有贮压式和非贮压式两大系列[37]，其中，贮压式主要有悬挂式、壁装式、柜式、车用型之分，产品种类多，规格齐全；其次是非贮压式，主要有工程型和车用型两种，又名脉冲式或超音速式。此外，基于驱动方式的不同，又可将超细干粉灭火装置分为氮气驱动和燃气驱动式；若以应用方式为分类标准，可分为悬挂式、柜式、车用型以及手提式和推车式等。目前，市场上在售的产品多为悬挂式、管网式和柜式。

5.2.1 贮压式超细干粉灭火装置

该类型的灭火装置(图 5-4)是指储存容器按规定充装一定质量的超细干粉灭火剂和一定压力的驱动气体的灭火装置，当然也有外置驱动气体的备压式(外贮压式)灭火装置，所选驱动介质通常为氮气。贮压悬挂式超细干粉灭火装置的主要配件有灭火剂储瓶、超细干粉灭火剂、感温释放组件、吊环螺母、压力表、电引发器以及信号反馈装置组成。火灾发生时，各感温元器件发挥作用，喷头上的压板在粉罐的压力下推动脱落，使灭火剂在 3～15s 内快速喷出，进行灭火作业。

图 5-4　贮压式超细干粉灭火装置

贮压式超细干粉灭火装置的优缺点如下。

优点：

(1)超细干粉灭火剂由气体驱动均匀喷出，全淹没灭火效果好。

(2)储存压力低，操作使用较为安全，该装置喷放灭火剂时的音量与手提式干粉灭火器释放灭火剂时类似，仅有"哧哧"的放气声，不会伤害现场工作人员或破坏现场设备。在安装中，即便是发生误喷，也不会对相关的工作人员产生致命的伤害。即便是同一保护区域内的多具灭火装置同步启动，也不会产生强烈的冲击波，从而引发巨大的声响。

(3)贮压式超细干粉灭火装置的启动方式为定温或电引发启动，不会将可燃气体引燃，可以应用于防爆场所。

(4)贮压式灭火装置可进行重复性的灌粉，规定的 10 年有效使用期内，即使该装置进行了喷射灭火工作，或者说盛装的灭火剂满 5 年有效期后，均可以再次重装适量的灭火剂，且贮压式灭火装置的使用及维护成本均较低。

缺点：贮压式灭火装置存在泄压隐患，一旦制造商未按照标准进行制备，或者制造商未选择质量较好的密封零件或者其他相应的配件，便会发生泄压。如果没有及时补充灭火装置的压力，一旦发生火灾灭火剂将无法正常喷出，进而影响灭火效果。

5.2.2 非贮压式超细干粉灭火装置

非贮压式超细干粉灭火装置(图 5-5)，是指储存容器内无高压驱动气体，只按照规定充装一定量的超细干粉灭火剂，并将能够产生驱动气体的功能组件设置在储存容器内的灭火装置。可分为脉冲式和固-气转换式，由灭火剂储存容器、超细干粉灭火剂、喷发剂部件、电引发器、压力显示装置、铝箔喷口等部件组成，仅在接收到温控或电控信号时才突然产生压力将超细干粉灭火剂推出。一旦发生火灾，该装置会启动喷发剂部件，短时间内极速产生高压气体使喷口铝箔发生破裂，进一步驱动装置内盛装的灭火剂从喷口处快速释放进行灭火工作。脉冲式超细干粉灭火装置的喷射时间一般≤1s，较固-气转换式灭火装置的喷射时间更短。

非贮压式超细干粉灭火装置在常温常压下无压力泄漏隐患，对灭火装置部分基本不需要特殊的日常维护，运维成本较低。当然，装置的劣势也比较明显，主要有以下三点。

(1)启动的局限性。启动时如果采用热引发启动，极大地依赖消防导火索，因此，如果导火索发生损伤，该灭火装置的联动功能将会丧失，致使该灭火装置无法正常启动灭火。

图 5-5　非贮压悬挂式超细干粉灭火装置

（2）成本大。相对于贮压式超细干粉灭火装置，非贮压式超细干粉灭火装置存在无法反复灌粉的局限性，属于一次性使用设备，即便是有效使用期内，发生锈蚀、误喷或其他问题，若想继续使用也必须重新购置安装。

（3）危险性大。脉冲式产品的爆炸声高达 130 分贝，甚至会更高，巨大的声音产生的冲击波有可能伤害现场人员的听觉，故禁止在有人场所使用。

悬挂式超细干粉灭火装置设计安装验收规范中规定，贮压式灭火装置既可用于全淹没灭火，也可用于局部灭火，而非贮压式灭火装置的灭火剂喷射时间短，一般只能用于全淹没灭火，不能用于局部灭火。

5.2.3　灭火装置类型

超细干粉灭火装置的类型有很多，包括管网式、柜式、离心式、双剂联用式等，有些已研发成功并付诸使用，有些目前尚处于研发阶段。

1. 已有的超细干粉灭火装置

1）超细干粉自动灭火球

超细干粉灭火球（图 5-6）为自动感应式，接触到火焰 3～5s 内自动灭火，主要优势为轻巧美观、使用方便，无须靠近灭火现场，环保无毒且无杀伤力，如市售直径 15cm 的 AFO 灭火球，其充装质量为 1.3kg，可对 3 立方米的空间进行有效防护。

图 5-6　超细干粉灭火球

2)超细干粉探火管式自动灭火装置

超细干粉探火管式自动灭火装置(图 5-7)具有配套简单、低成本且可以独立完成自动探火、灭火工作的特点。作为新型超细干粉灭火装置,该装置的探测报警部件采用柔性可弯曲的塑料材质类探火管,且该探火管同时可以作为超细

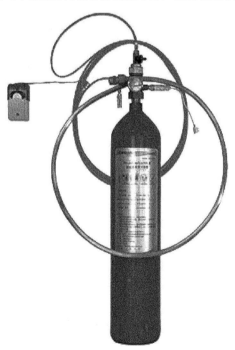

图 5-7　超细干粉探火管式自动灭火装置

干粉灭火剂输送和释放的渠道。探火管独有的柔性使其可以布置在具潜在火源的最佳位置,火灾发生时,探火管受热会发生破裂,进而启动容器阀,灭火剂随即经探火管进行灭火作业[38]。

除上述两种灭火装置外,还有座地非贮压超细干粉灭火装置、壁挂非贮压超细干粉灭火装置、壁挂贮压超细干粉灭火装置、森林灭火手投超细干粉灭火装置[39]、车用灭火装置以及各类手提式与推车式灭火器等,已在很多场所取得了成功应用。

2. 研发阶段的超细干粉灭火装置

1) 离心式超细干粉灭火装置

离心式超细干粉灭火装置的研制主要面向电气控制柜火灾,而电气控制柜的结构比较复杂,内部的电子元器件交错布置,影响超细干粉灭火剂的弥散。不仅如此,剧烈火势产生的风压很容易将粉体颗粒吹散,降低灭火剂的灭火效率。针对上述问题,西安新竹防务科技有限公司王莉等人研发了一种新型离心式超细干粉灭火装置,通过离心喷放的原理,将超细干粉从长缝中喷出,使其具有一定速度,从而能够快速地弥散到电气控制柜内的狭小空间,也可防止超细干粉被吹走或卷走[40]。

2) 移动式冷气溶胶喷枪

冷气溶胶喷枪[41]具有灭火效能高、使用简单、抑制爆燃爆轰等特点,且射程远,喷射流量大。根据《GB 8109—2005 推车式灭火器》进行了 297B(即 3.3m 直径油盘火)灭火试验,实验结果显示,该装置仅用 6s 即可将火扑灭。在此基础上,研发了机场用推车式冷气溶胶灭火装置,可用于扑灭飞机地面火灾与发动机机舱火灾,还可作为加油站、核电站、化工品生产车间等一些危险场所的强力灭火器使用。

3) 双剂联用灭火装置

被细化的超细干粉灭火剂在带来灭火效率提升等诸多优势的同时,也产生了一些新的问题,如超细干粉灭火剂喷射距离短,喷出的粉体颗粒易被吹散等。为解决该问题,研发了双剂联用灭火喷枪[42]。超细干粉灭火剂由喷枪中心喷射通道喷出,与锥体状的水或泡沫灭火剂冲撞形成合流,实现远程喷射;水系灭火剂作为载体包裹着超细干粉灭火剂喷射到更远的地方。在射程的后半段,射速降低使两种灭火剂分离,超细干粉灭火剂形成气溶胶快速扑灭有焰火灾,水或泡沫发挥降低火场温度、阻止火焰复燃的作用。

4) 多用途双组分喷射装置

属于大功率高速喷雾装置，可喷射高强度、大流量的水基气溶胶灭火剂射流，也可喷射水基和固基双气溶胶灭火剂混合射流，还可以喷射固基气溶胶灭火剂和泡沫灭火剂的混合射流，属于多用途装置。超细干粉通过多用途双组分喷射装置喷射后，随火焰产生的卷吸气流上升进入上部空间，形成快速分散的全淹没灭火形式，进而扑灭上部空间的火灾，适用于扑灭包括高层建筑在内的建筑物火灾。

近年来，超细干粉灭火剂一直是研究人员关注的热点，与之适配的灭火装置也在不断地更新完善。超细干粉灭火装置的发展与改进将会有效提高超细干粉灭火剂的灭火性能，拓宽其应用范围。

5.2.4 超细干粉灭火装置的设计要求

目前，我国并未出台国家层面的超细干粉灭火装置设计标准。通过分析归纳现有地方规范(河南省《DB 41—2004 脉冲超细干粉自动灭火装置配置设计规范》、山东省《DB 37/T 1317—2009 超细干粉灭火系统设计、施工及验收规范》、山西省《DBJ 04-227—2004 脉冲超细干粉灭火装置配置技术规程》等)以及相关研究，对超细干粉灭火装置的系统或部件的设计要求进行梳理。调研发现，关于管网式超细干粉灭火装置的设计要求与管网式普通干粉灭火装置基本一致，不同之处主要体现在：超细干粉灭火剂储存容器的充装系数不宜大于 0.5kg/L；增压时间不应大于 20s。而普通干粉灭火剂储存容器的充装系数不应大于 0.85kg/L，增压时间不应大于 30s。

对于无管网的悬挂式超细干粉灭火装置，相关规范给出如下的设计要求。

1. 储存容器

(1) 灭火装置的悬挂支架(座)应能承受 5 倍的灭火装置质量，喷射过程中不应发生任何变形或脱落问题。

(2) 为避免超细干粉灭火剂失效，并延长其使用寿命，储存容器应避光存放，与无法自动关闭的通风口以及各种热源的距离应≥2m，此外，需要注意的是该装置应放置在不宜被碰撞的防护区。

(3) 超细干粉储存容器应符合行业标准《GA 602—2013 干粉灭火装置》的规定。

(4) 多数规范要求，贮压悬挂式超细干粉灭火装置的储存压力为 1.2MPa，且灭火剂的充装系数不宜大于 0.45kg/L。

(5) 贮压悬挂式超细干粉灭火装置宜以氮气为驱动介质，且氮气的含水量应符合《GB/T 8979—2008 纯氮、高纯氮和超纯氮》中相关规定。

(6)非贮压悬挂式超细干粉灭火装置的驱动介质应符合《GA 602—2013 干粉灭火装置》的规定。

2. 喷头和检漏装置

(1)一般情况，贮压悬挂式超细干粉灭火装置的喷头宜采用性能较为优异的铜合金、不锈钢等耐腐蚀的材料制造。

(2)贮压悬挂式超细干粉灭火装置喷头的喷孔直径应≥10mm，喷头前端应设有溅粉盘。

(3)贮压悬挂式超细干粉灭火装置可以使用压力指示器或压力信号反馈器作为检漏装置。且压力指示器需要符合《GA 602—2013 干粉灭火装置》的规定，压力信号反馈器需要在灭火装置喷射后或驱动气体泄漏到规定值时，可以反馈真实可靠的数据信息。

(4)非贮压悬挂式超细干粉灭火装置的喷射部件，采用密封板或密封膜结构，其性能应符合《GA 602—2013 干粉灭火装置》的规定。

3. 灭火装置

超细干粉灭火装置可采用感温元件、热引发及电引发三种启动方式，并满足以下规定。

(1)同一防护区内，采用单感温元件启动的灭火装置一般少于等于 8 具。

(2)采用热敏线联动时，热引发启动的灭火装置一组一般少于等于 6 具，且每组至少要延伸两组热敏线与被保护物充分接触。

(3)采用电引发启动时，应设有自动控制和手动控制两种启动方式。需注意的是，局部应用于常有人员出没的保护场所时，自动控制启动方式为非必需设计要求。

(4)非贮压悬挂式灭火装置的自动控制可以通过延时启动器与灭火装置相连接。此外，灭火装置应顺次启动，启动时间间隔应≥0.2s，且≤0.6s，同步启动的数量宜少于等于 2 具。

4. 其他

(1)贮压悬挂式超细干粉灭火装置的相关规定。
①最大安装高度宜小于等于 7m。
②装置喷头与保护对象的最大距离宜小于等于 6m。
③对于高度大于 7m 的防护区或保护距离大于 6m 的保护对象，灭火装置宜分层配置。

（2）非贮压悬挂式超细干粉灭火装置的相关规定。

①最大安装高度小于等于 8m 为宜。

②装置喷头与保护对象的最大距离小于等于 8m 为宜。

③对于高度大于 8m 的防护区，或保护距离大于 8m 的保护对象，灭火装置宜分层配置。

④应将非贮压灭火装置的延时启动器，配置在所控制的防护区或保护对象附近，其中，底边距地高度宜为 1.5m，并应标注防护区或保护对象的名称。

5.3　超细干粉灭火系统设计

所谓的超细干粉灭火系统即指以超细干粉作为灭火介质的灭火系统。根据前人对灭火系统的划分，超细干粉灭火系统被分为：管网灭火系统和无管网灭火系统。从应用方式上被分为全淹没灭火系统和局部灭火系统。目前，大多数超细干粉灭火系统采用无管网式，一些大空间及场所的防火设计可以选用管网灭火系统[43]。

5.3.1　超细干粉灭火系统灭火剂用量设计

超细干粉管网灭火系统，由灭火启动装置、灭火剂储罐、储气瓶、安全防护装置、管道、喷嘴等组成，超细干粉灭火剂的释放任务由布置在防护区域或保护对象上方的输送管道的喷口完成。控制系统和悬挂式灭火装置共同组成了超细干粉无管网灭火系统，超细干粉无管网灭火系统有贮压式和非贮压式之分。

本书中，超细干粉灭火剂的用量参照国内外现有标准进行设计和计算，其中，主要包括国内的《GB 50347—2004 干粉灭火系统设计规范》《GB 50193—1993 二氧化碳灭火系统设计规范》，DBT《超细干粉灭火系统设计施工及验收规范》和德国《Vds2111/foym3038—1985 干粉灭火装置规范》以及美国《NFPA17—1998 干粉灭火系统标准》等。具体设计如下。

1. 管网灭火系统用量设计

1）管网全淹没应用灭火剂用量设计

相关规范指出，超细干粉管网灭火系统以全淹没灭火方式应用时，灭火剂在防护区范围内应均匀分布并需满足相应的灭火剂浓度要求。《GA 578—2005 超细干粉灭火剂》中已明确超细干粉灭火剂全淹没灭火浓度的试验方法。实际应用中，厂家在进行全淹没管网灭火系统设计计算时，在参考相关规定的同时，要结合防护区具体情况进行设计、计算，进而达到灭火要求。

超细干粉灭火剂设计用量为

$$m = K_1 \times [C \times V + \sum (K_{oi} \times A_{oi})] \tag{5-1}$$

$$V = V_v - V_g + V_z \tag{5-2}$$

$$V_v = Q_z \times t \tag{5-3}$$

如果 $A_{oi} \leqslant 5\% A_v$，K_{oi} 取 1.1；如果 $10\% A_v < A_{oi} \leqslant 15\% A_v$，$K_{oi}$ 取 1.3。

式中，m 为超细干粉灭火剂设计用量，kg；C 为超细干粉灭火剂设计灭火浓度，kg/m³（不得小于 1.2 倍国家法定检验机构出具的生产厂家灭火剂灭火效能有效注册数据）；K_1 为配置场所危险等级补偿系数，按表 5-4 取值；K_{oi} 为防护区不密封度补偿量，kg/m²；V 为防护区净容积，m³；V_v 为防护区容积，m³；V_g 为防护区内不燃烧体和难燃烧体的总体积，m³；V_z 为不能切断的通风系统的附加体积，m³；Q_z 为通风流量，m³/s；t 为超细干粉灭火剂有效喷射时间，s；A_v 为防护区内的侧面、底面、顶面的总内面积，m²；A_{oi} 为不能自动关闭的防护区开口面积，m²。

表 5-4　配置场所危险等级补偿系数

危险等级	严重危险级	中危险级	轻危险级
补偿系数 K_1	1.5	1.1	1.0

2) 管网局部应用灭火剂用量设计

目前，超细干粉管网灭火系统使用局部灭火方式时，对于灭火剂用量的设计，国内外通常采用面积法或体积法。若着火部位为平面则使用面积法，若着火部位不是平面则可采取体积法进行计算。管网局部应用超细干粉灭火剂用量的具体计算方法与第 4 章局部应用灭火系统计算方法一致，本节不再赘述。

2. 无管网灭火系统用量设计

1) 无管网全淹没应用灭火剂用量设计

国内外的相关标准一般规定：超细干粉灭火剂设计灭火浓度不得小于 1.2 倍厂家灭火效能注册数据；无管网灭火系统中灭火装置的布置，需使喷射的有效灭火喷雾在防护区内均匀分布。

(1) 灭火剂用量按式 (5-4) 计算。

$$m = C \times (V_v - V_g) \times K_1 \times K_2 \times K_3 \tag{5-4}$$

式中，m 为超细干粉灭火剂设计用量，kg；C 为超细干粉灭火剂设计灭火浓度，

kg/m^3；K_1 为配置场所危险等级补偿系数，按表 5-4 取值；K_2 为防护区不密封度补偿系数，按表 5-5 取值；K_3 为超细干粉灭火装置喷射不均匀补偿系数，按表 5-6 取值；V_g 为防护区内不燃烧体和难燃烧体的总体积，m^3；V_v 为防护区容积，m^3。

表 5-5　无管网灭火系统防护区不密封度补偿系数

不密封度 ϕ	$\phi \leqslant 5\%$	$5\% < \phi < 10\%$	$10\% < \phi < 15\%$
补偿系数 K_2	≥1.1	≥1.2	≥1.3

表 5-6　超细干粉灭火装置喷射不均匀补偿系数

灭火装置类型	贮压悬挂式	非贮压悬挂式
补偿系数 K_3	≥1.0	≥1.5

（2）灭火装置数量按式（5-5）计算。

$$N \geqslant m / m_1 \tag{5-5}$$

式中，N 为悬挂式超细干粉灭火装置数量，具；m_1 为单具悬挂式灭火装置超细干粉额定充装数量，kg。

2）无管网局部应用灭火剂用量设计

无管网超细干粉灭火系统局部应用时，灭火剂用量的设计方法也分为面积法或体积法两种，设计使用的条件原则类似于超细干粉管网灭火系统。具体用量设计如下。

（1）面积法。

$$m = A \times A_s \tag{5-6}$$

式中，m 为超细干粉灭火剂设计用量，kg；A 为保护对象计算面积，m^2；A_s 为悬挂式超细干粉灭火装置正方形保护面积的灭火剂喷射强度，kg/m^2，可根据灭火装置安装高度由表 5-7 中取值。

表 5-7　不同安装高度灭火装置正方形保护面积的灭火剂喷射强度

安装高度/m	2.5	3	3.5	4	4.5	5	6
灭火剂喷射强度/(kg/m^2)	≥0.32	≥0.31	≥0.30	≥0.31	≥0.32	≥0.34	≥0.36

基于上述计算，可得所需的灭火装置数量：

$$N \geqslant K_1 \times m / m_1 \tag{5-7}$$

式中，N 为悬挂式超细干粉灭火装置数量，具；K_1 为配置场所危险等级补偿系数，从表 5-4 取值；m 为超细干粉灭火剂设计用量，kg；m_1 为单具悬挂式灭火装置超细干粉额定充装量，kg。

（2）体积法。

$$m = K_1 \times K_3 \times V_1 \times C \tag{5-8}$$

式中，m 为超细干粉灭火剂设计用量，kg；K_1 为配置场所危险等级补偿系数，从表 5-4 取值；K_3 为超细干粉灭火装置喷射不均匀补偿系数，从表 5-6 取值；V_1 为保护对象的计算体积，m³；C 为超细干粉灭火剂设计灭火浓度，kg/m³。

基于体积法的灭火装置数量按式（5-9）计算。

$$N \geqslant m / m_1 \tag{5-9}$$

式中，N 为悬挂式超细干粉灭火装置额定充装量，具；m_1 为单具悬挂式灭火装置超细干粉额定充装量，kg。

3. 管网与无管网灭火系统装置

1）管网式超细干粉灭火装置

管网式超细干粉灭火装置（图 5-8）属于外贮压式，利用氮气瓶组中的高压驱动气体将超细干粉灭火剂通过输粉管推入保护区，并由喷嘴高速喷出，迅速灭

图 5-8 管网式超细干粉灭火装置

火。管网式超细干粉灭火装置具有启动灵活，灭火迅速的优点。另外，设备的保护空间和面积大，可分配组合实现对多个防护区的保护，节约设备成本和工程费用。该类装置不仅适用于局部重点保护，也可实现大面积联动保护，成为干粉灭火装备中比较有竞争优势的产品。

2) 无管网式超细干粉装置

柜式超细干粉灭火装置(图 5-9)是一种无管网(或短管网)的轻便型、可移动式高科技消防设备，将火灾探测报警与自动灭火功能融为一体，可用于封闭场所的全淹没灭火或开放场所的局部保护自动灭火，装置的所有器件均集成设置在一个体积有限的柜子里，规格一般较小[44]。此外，该装置既可以单具使用，也可以多具联动。

图 5-9　柜式超细干粉灭火装置

早期，该类超细干粉灭火装置产品均采用企业标准，直至《GB 16668—2010 干粉灭火系统及部件通用技术条件》颁布，而在设计施工及验收方面所执行的是相关的地方标准或《GB 50347—2004 干粉灭火设计规范》。现阶段，产品标准已执行《GB 16668—2010 干粉灭火系统及部件通用技术条件》，设计施工及验收执行《GB 50347—2004 干粉灭火设计规范》。

5.3.2　灭火系统设计的其他要求

除灭火剂用量外，灭火系统还需要满足系列其他要求，本节仅就超细干粉灭火系统的一些特殊要求进行简要介绍。

1. 管网灭火系统

①当防护区设有防爆泄压孔时，可不再单独设置泄压孔口。

②对于室内局部应用的超细干粉管网灭火系统，灭火剂喷射时间应≤10s；对于室外或有复燃危险的室内局部应用超细干粉管网灭火系统，灭火剂喷射时间应≤15s。

2. 无管网灭火系统

①多数规范指出，超细干粉无管网灭火系统的独立防护区面积应≤500m²，净保护空间应≤2000m³。

②超细干粉无管网灭火系统局部应用时，其装置的数量应大于等于2具。

3. 其他共性要求

①管网灭火系统的喷头布置或无管网灭火系统中的灭火装置布置，均应使喷射形成的有效灭火粉雾在防护区内均匀分布，超细干粉灭火剂喷射时间应≤30s。

②全淹没应用时，防护区的通风机在喷放超细干粉灭火剂时应自动关闭。

③局部应用时，可以根据实际防护范围将保护对象分成若干个单元。

5.4 热气溶胶灭火剂

《GA 5782—2005 超细干粉灭火剂》中将粒子粒径小于20μm的灭火剂定义为超细干粉灭火剂，平均粒径在5～10μm范围及以下的超细干粉灭火剂又称为冷气溶胶灭火剂。可见，冷气溶剂灭火剂是一类特殊的超细干粉灭火剂，本书不再单独对其进行阐述。常见的气溶胶类灭火剂还有热气溶胶灭火剂[45]，本节对其作重点介绍。

5.4.1 热气溶胶灭火剂的特性及其组成

基于烟火技术的热气溶胶灭火技术始于20世纪60年代，诞生于我国，也称烟雾灭火技术，由天津消防研究所的科研人员完成，主要用于扑灭甲、乙、丙类液体储罐火。与哈龙灭火剂相比，热气溶胶灭火剂不会带来全球变暖和臭氧层破坏问题。因此，早在1992年就有人建议将其作为哈龙替代品使用。热气溶胶灭火剂是由氧化剂、还原剂、黏合剂和燃烧调节剂组成的固体烟火药类物质，燃烧后生成具有灭火功能的固体颗粒与惰性气体[46,47]。主要特性如下。

①热气溶胶灭火剂通过气溶胶形成剂燃烧产生的超细气溶胶颗粒发挥作

用，颗粒直径为 $10^{-9} \sim 10^{-6}$ m 数量级[48]，远小于开始发生布朗运动的粒子直径 $(4 \times 10^{-6}$ m)，使热气溶胶灭火剂具有很好的扩散能力，并能够在火区长时间悬浮，提供类似气体灭火剂的全淹没保护[49]。

②热气溶胶灭火剂属于一种含能材料，自身的燃烧为其提供驱动能量，无须加压存储，点燃后，热气溶胶烟雾自动排出。

③热气溶胶灭火剂组成成分独特，具有燃烧速率快、时间短等特点，灭火迅速且用量少。

④ODP、GWP 值较低，对环境友好。

热气溶胶灭火剂的配方设计需遵循以下原则[50]。

1. 氧化剂

①氧化还原反应需具备足够多的氧元素量，故选用的氧化剂中应含有大量的有效氧。

②为保证灭火剂的灭火效率，氧化剂的原料中应当尽可能含有益于达到灭火效果的钾、锶等元素。

③为延长灭火剂的储存寿命，氧化剂应具有较低的机械感度，且在常温下具有稳定的化学性质。

④氧化剂应有一定的防潮性。

⑤为提高灭火剂的综合性能，氧化剂需要与可燃物具有较好的物化相容性。

⑥为降低制备成本，原料应容易获取。

氧化剂类型对热气溶胶灭火剂的灭火性能有着至关重要的作用，截至目前，常用的氧化剂种类有：氯酸盐、高氯酸盐、金属氧化物、过氧化物、硝酸盐、硫酸盐、铬酸盐等[50]。根据氧化剂所含成分的不同，研究人员将热气溶胶灭火剂分为 K 型（K 代表钾）和 S 型（S 代表锶）。其中，K 型热气溶胶灭火剂为第二代热气溶胶灭火剂，选用 KNO_3 作为主氧化剂，其含量占发生剂总量的 30%（质量分数）以上。S 型热气溶胶灭火剂为第三代热气溶胶灭火剂，发生剂选用了 $Sr(NO_3)_2$ 作为主氧化剂，同时以 KNO_3 作为辅氧化剂，$Sr(NO_3)_2$ 和 KNO_3 分别占发生剂总量的 35%～50%（质量分数）和 10%～20%（质量分数）。

2. 还原剂

使用还原剂主要是为灭火剂的氧化还原反应提供所需燃料，该组分的选用应符合以下几点。

①需便于产生大量的气体，故还原剂中应含有大量的碳、氢、氮。

②需含有有利于提高灭火性能的元素，例如钾元素。

③所选用的还原剂成分应与氧化剂具有良好的相容性。

④为延长热气溶胶灭火剂的存储性，要保证所选还原剂具有良好的吸湿性。

⑤所选原料应容易获取且成本不应过高。

3. 黏合剂的选择

添加黏合剂是为了改善热气溶胶灭火剂的综合性能，使热气溶胶灭火剂具有优异的机械强度，恰当的机械尺寸以及较低的机械敏感度，并使热气溶胶灭火剂具有良好的安定性，与此同时为燃烧反应提供可燃和氧化性的元素。其选取应遵循的原则为：

①黏合能力强，抗老化性能优异。

②便于加工。

③与灭火剂的其他组成部分有良好的互溶性。

目前，常用到的黏合剂主要有：环氧树脂、酚醛树脂、橡胶、纤维素类等。

4. 其他要求

①原材料的组分上，应尽可能选用含有 K、C、H、O、N 等元素的物质，这样既可以在进行灭火任务时，确保固态活性物质能够有效地被喷射到火场。也可以在灭火剂燃烧时，产生含钾、锶等元素的固态活性物质，并释放大量的气体，与此同时，热气溶胶灭火剂的配方应设计为零氧平衡，以便生成惰性气体，降低气体物质的毒性，实现对火焰燃烧和传播的有效抑制。

②灭火介质的释放速率和固态活性物质的粒度会受到热气溶胶灭火剂燃烧速率的影响，即燃烧速率会影响灭火剂的实际灭火能力和效率。通常，灭火剂的灭火能力由灭火浓度来评价，灭火剂的灭火效率由灭火的速率和有效性来评价。一般情况下，气溶胶灭火剂的燃速较快时，更有利于生成细小的固态微粒，但这并不意味着有益于灭火效率的提高，且有可能带来一定的安全隐患；但是如果燃速过慢，对小颗粒的生成与灭火效率的提升均无益处。故实际应用中，我们需要寻找合理的燃速，使灭火剂发挥灭火作用时，既可以形成粒度合适的固体颗粒，但又不影响灭火剂良好灭火效率的实现，因此在实际使用之前，需要结合大量的试验进行确定。

热气溶胶灭火剂属于含能材料，在释放的过程中会伴随高温火焰的产生，随之带来一系列附加问题，如二次危害、温度高、气溶胶粒子上浮时间较长等。尽管如此，热气溶胶灭火体系因其技术先进、实用价值高等优点，长时间以来一直是研究的热点并已开展了大量研究工作[51,52]，研究重点集中在配方优化、燃烧行为以及如何提高灭火剂灭火性能等方面。

5.4.2　热气溶胶灭火剂的灭火原理

热气溶胶灭火剂具有高效抑制火焰燃烧的能力。盛装于热气溶胶灭火装置中的灭火剂在火灾发生时会被点燃，剧烈的燃烧反应会生成气/固比约为 6∶4 的大量气/固混合物，并喷放于火场，实施灭火。其中，固态物质中起主要灭火作用的是由粒径通常小于 1μm 且呈颗粒状的钾元素的氧化物、碳酸盐、碳酸氢盐及少量碳化物等组成；气体物质的组成主要有 N_2、CO_2、H_2O 等惰性气体[50,53]。比如，南京理工大学研究人员开发的水基热气溶胶(简称 SQ)灭火剂产物的主要成分为 N_2、CO_2、H_2O 等惰性气体及少量的钾盐。

各类灭火剂具有不同的灭火机理，但大多数是通过消除燃烧四面体中的一个或几个，来抑制燃烧的速率，进而达到灭火的效果。通常，热气溶胶灭火剂灭火目的的实现需要若干种灭火机理的协同作用，其中包括吸热反应的降温作用、气相和固相产物的化学抑制作用以及惰性气体的局部窒息作用等[50,54,55]，一般以前两者为主，第三种为辅，具体作用方式可以概括如下。

1. 吸热分解的降温灭火作用

①进入火焰区的热气溶胶发生剂会发生热容作用，即火焰区大量的热量会被热气溶胶发生剂吸收，发生剂自身的温度迅速升高，达到一定值后，气溶胶中的大量固体颗粒会产生各种相变作用如融化、气化等，最终发生热分解。热气溶胶灭火剂的热分解过程也会吸收大量的热。

②体系中发生升温气化的液体微滴也会带走一部分火焰区的热量，进而降低火焰发生区的整体温度，并抑制活性自由基的产生。

③较低的火焰区温度也会在一定程度上减少可燃物的气化蒸发，热辐射因此会随之降低，火焰发生区的氧气浓度也被大范围稀释[56]。

上述过程中，热气溶胶灭火剂的灭火机理主要体现在吸热上。实验证明，当环境温度超过 891℃时，碳酸钾会发生分解反应，每克碳酸钾完全分解能够吸收 4.2kJ 热量。

$$2K_2CO_3 \longrightarrow 4K + O_2\uparrow + 2CO_2\uparrow$$

与此同时，热气溶胶灭火剂的 K_2O 组分在温度大于 350℃时就会发生下列分解反应：

$$K_2O + C \longrightarrow CO + 2K \cdot$$

$$2K_2O + C \longrightarrow CO_2 + 4K \cdot$$

此外，碳酸氢钾在 100℃就开始分解，200℃时几乎完全分解：

$$2KHCO_3 \longrightarrow K_2CO_3 + H_2O + CO_2\uparrow$$

任何火灾在较短的时间内放出的热量是有限的，而上述反应均为强烈的吸热反应，如果热气溶胶中的固体颗粒可以在较短的时间内将火源放出的一部分或大部分热量吸收，火灾发生区的温度就可以被降低，那么辐射到燃烧物表面，以及用于将已气化可燃分子裂解成自由基的热量就会减少，最终使燃烧反应被有效抑制[57,58]。

2. 气相化学抑制作用

气溶胶灭火剂中的固体颗粒成分受热会离解出钾，并以蒸气或阳离子的形式存在。燃烧反应产生的活性基团 H·、OH·和 O·可以瞬间与以此形式存在的钾进行多次链反应，具体反应如下，这些反应使活性自由基被销毁、猝灭，进而抑制有焰燃烧的持续：

$$K + OH\cdot \longrightarrow KOH$$

$$K + O\cdot \longrightarrow KO\cdot$$

$$KOH + OH\cdot \longrightarrow KO\cdot + H_2O$$

$$KOH + H\cdot \longrightarrow K\cdot + H_2O$$

$$K_2CO_3 + 2H\cdot \longrightarrow 2KHCO_3$$

3. 固相化学抑制作用

气溶胶灭火剂的固相化学抑制作用是指固体颗粒表面对燃烧链式反应的抑制作用。该类固体颗粒具有极其微小的(10^{-9}～10^{-6}m 之间)粒径和较大比表面积与表面能，具有典型的热力学不稳定性，倾向于降低自身表面能以达到一种相对稳定的状态。在火场中，加热并裂解这些固体颗粒需要一定的时间，而且不能完全将其裂解或气化。尽管它们极小，但相对自由基和可燃物裂解产物还是要大很多。当固体颗粒进入火场后，会受到来自可燃物裂解产物和活性自由基的碰撞冲击，并瞬间与这些物质进行物理或化学吸附作用，甚至发生化学反应。可能发生反应如下：

$$K_2O(s) + H_2O(g) \longrightarrow 2KOH(s)$$

$$KOH(s) + OH\cdot(g) \longrightarrow KO\cdot(s) + H_2O(g)$$

$$K_2O(s)+O\cdot(g) \longrightarrow 2KO\cdot(s)$$

$$KO\cdot(s)+H\cdot(g) \longrightarrow KOH$$

大量活性自由基将会被上述化学或物理过程消耗。除此以外，吸附了可燃物裂解产物但未被汽化分解的微粒，使这些可燃物裂解的低分子产物不再参与产生活性自由基的反应，这将减少自由基的产生，降低燃烧速率[54]。上述反应反复进行，抑制了燃烧反应的进行。

4. 惰性气体窒息作用

热气溶胶灭火剂是一种烟火剂，通常配方设计为零氧平衡。空气中的氧不会在灭火剂反应释放气溶胶的过程中被消耗，因此防护区空气中的氧含量不会因为化学反应而降低。但是，热气溶胶灭火剂会释放 CO_2 等惰性气体，密度比空气大，在火源较低的情况下，产生的惰性气体会取代空气漂浮在火焰区上方，局部性降低这一区域的氧含量。灭火剂中的大量碳酸盐和碳酸氢盐会分解产生惰性 CO_2，具体分解过程如下：

$$K_2CO_3 \longrightarrow K_2O+CO_2$$

$$2KHCO_3 \longrightarrow K_2CO_3+CO_2+H_2O$$

综上所述，热气溶胶灭火剂要实现灭火作用，需以上多种灭火机理协同发挥作用，四种作用方式中以固体微粒的吸热降温和化学抑制(固相和气相)作用为主，惰性气体的窒息作用为辅。从本质上来讲，S 型热气溶胶与 K 型热气溶胶的灭火机理是一致的，不同的是起灭火作用的固体微粒的成分和性质不同，K 型热气溶胶起灭火作用的颗粒主要为钾盐和氧化钾，而 S 型热气溶胶起主要灭火作用的颗粒除钾盐和氧化钾以外还有锶盐和氧化锶。

另有研究发现，碱金属、碱土金属的氧化物、碳酸盐、硫酸盐，对火焰具有较强的抑制作用，但截至目前发现的物质中以含钾氧化物、钾盐的抑制燃烧最为有效。

5.4.3 热气溶胶灭火装置设计

目前，美国、澳大利亚、俄罗斯和中国等均已经制定了热气溶胶灭火剂的制造和质量控制标准，并发布了不同消防场所下的热气溶胶灭火系统设计规范。我国出台的与热气溶胶灭火装置有关的设计规范主要有《GB 50370—2005 气体灭火系统设计规范》《GB 50263—2007 气体灭火系统实施及验收规范》《GA 499.1—2010 热气溶胶灭火装置》等。

调研结果显示，多数热气溶胶灭火装置的主体结构组成为：气溶胶发生器、点火元件、化学冷却剂、物理冷却元件、反馈元件和外壳等。绝大多数发生器中的发生剂组成包括：氧化剂[如 KNO_3、$Sr(NO_3)_2$]、还原剂(如木炭粉)、催化剂和黏合剂(如酚醛树脂溶液)。发生剂借助氧化还原燃烧反应产生众多气溶胶烟雾和惰性气体，具备良好的灭火性能[59]。

灭火装置箱体所选材料多为钢板；气体发生器一般选用较高强度的钢材；药筒单独盛放，均固定在气体发生器底部，内置一定量的气溶胶发生剂；冷却剂起冷却降温的作用，将释放的气溶胶温度降低至国家标准；电引发器主要通过电、化学、机械以及其他方法为气溶胶发生剂提供必要的初始反应能量，引发气溶胶发生反应[47,60]。

《GA 499.1—2010 热气溶胶灭火装置》给出了热气溶胶灭火装置的相关要求：

①工作环境温度范围：−20～55℃。

②工作环境相对湿度：≤95%。

③灭火装置充装气溶胶发生剂的质量＞1kg 时，在 20℃±5℃的环境中，喷射时间应≤120s。

④灭火装置充装气溶胶发生剂的质量≤1kg 时，在 20℃±5℃的环境中，喷射时间应≤40s。

⑤采用电引发器的灭火装置充装额定质量的气溶胶发生剂，在 20℃±5℃的环境中，喷射滞后时间应≤5s。

另外，热气溶胶灭火装置的设计还应符合以下要求[61]。

①根据储存量的最大防护区确定热气溶胶灭火剂的储存量。

②同一集流管上的储存容器、规格、充压压力和充装量应相同。

③喷头的设置宜贴近防火墙顶面，距顶面的最大距离不宜大于 0.5m。

④单台装置的保护容积不应大于 160m³，设置多台装置时，装置间的距离不得大于 10m。

⑤防护区的高度不宜大于 6m，装置喷口宜高于防护区地面 2m。

除以上基本要求外，《GA 499.1—2010 热气溶胶灭火装置》还对热气溶胶灭火装置的外观、使用材料、喷射性能、环境适应性、抗震以及抗冲击、绝缘性、灭火性等均作了详细规定，在此不再赘述。

5.4.4 代表性气溶胶灭火产品

20 世纪中叶，由我国科研人员研究完成了第一代气溶胶灭火技术，并首次提出了具有重大指导意义的"火攻火"理论；后经各国科学家不断努力，又研发出了 K 型第二代气溶胶灭火技术和 S 型第三代气溶胶灭火技术，取得了突飞猛进的发展，产品性能得到了大幅提升。目前，第三代气溶胶灭火技术已比较成熟，不仅灭火效率高，而且对精密仪器的损害小，应用范围还在不断拓展[47]。在此列举几款具有代表性的气溶胶灭火产品[62]。

1. 国外气溶胶灭火装置

1）澳大利亚 Pyrogen 气溶胶灭火装置

澳大利亚 Pyrogen 公司研究开发的 Pyrogen 气溶胶自动灭火装置为气溶胶发展史上第一个商用气溶胶灭火产品，基于 K 型气溶胶灭火技术设计开发，充装量在 20～11000g 之间，共有 13 种不同的规格。产品的灭火效率是哈龙 1301 的 3 倍，不仅安装简便，而且成本低，具有对环境无污染，ODP 值、GWP 值和 ALT 值低的特点。

2）美国 Micro-K 气溶胶灭火装置

Micro-K 气溶胶灭火装置也是第二代 K 型气溶胶灭火产品，是全球著名的消防安防专营公司 TYCO 公司生产的 ANSUL 系列灭火产品之一，具有对环境无污染、毒性低等特点，且产品的 ODP 值、GWP 值和 ALT 值均为零。

3）美国 FirePro 气溶胶灭火装置

FirePro 气溶胶灭火装置有十多种规格，主要包括 FP-8、FP-20、FP-100、FP-200、FP-200M、FP-500、FP-1200、FP-2000、FP-3000、FP-6300C 等，也属于 K 型气溶胶灭火产品。产品特性有：对环境无污染、无毒、无腐蚀，ODP 值、GWP 值和 ALT 值均为零，可以自动启动，与报警检测或者启动装置连接时无须特别的外接电源或压力。该产品适用于机车车厢、轮船内部、游艇等运输载体；计算机、继电器、发电机等电子设备；办公室、仓库、储藏室等建筑；以及住宅、图书馆、银行、餐厅等场所。

4）美国 TRS 气溶胶灭火设备 AERO-T

AERO-T 为干粉微粒与惰性气体的复合物，该系列产品是 TRS 品牌中专为工业场所使用设计的。其中的 AERO-T-2000 和 AERO-T-3000 为固定式安装，安装区域为相对封闭或者非封闭的空间。一旦发生火灾，灭火设备能迅速感应到火场温度，无须火灾报警设备即可手动或自动启动，并以较高速率喷射热气溶胶灭火剂。

2. 国内气溶胶灭火装置

1）EBM 热气溶胶灭火装置

1955 年我国推出了第一代 EBM 热气溶胶自动灭火装置（EBM 是药剂代号），

由北京理工大学和山西新建机械厂联合组成的安华消防器材有限责任公司批量生产，命名为 EBM 自动灭火装置[63]，在使用中相继发生了一些事故，公安部消防产品行业办公室于 1997 年 6 月 3 日下发公消行 (1997) 040 号《关于禁止使用第一代固定式全淹没 EBM 自动灭火装置的通知》。经过科研人员不断改进，1999 年又推出第二代 EBM 热气溶胶，但仍不时发生事故。近年来该灭火装置使用较少。

2) 中国 FIREJACK（捷特）

捷特经历三年时间于 1999 年研发成功，2000 年获北京消防局的生产许可，由于产品无需中间环节（电容高压放电、逆变升压），也未使用过电爆管，故未发生过误启动事件。在 2005 年被国际领先生产品牌 Pyrogen 采用。

捷特气溶胶灭火装置的特点有：引发器使用电加热元件组成，启动电流与安全电流大、抗电磁干扰能力强的优势；启动时电加热式引发器始终保持电路畅通；捷特气溶胶灭火剂释放时沉积物具有 48.7MΩ 优异的绝缘性能；0.1kg/m³ 的灭火效能可同比降低工程造价；捷特产品配置简单，质量小，一台装置一个引发器；该装置的标志性特点为释放过程声音小、舒缓均匀，无须设计专门的泄压口。

3) S 型 DKL 气溶胶自动灭火装置

S 型 DKL（其中 DKL 为陕西坚瑞消防股份有限公司的商标）气溶胶自动灭火装置是由中国坚瑞消防股份有限公司生产的气溶胶灭火装置，现已取得欧洲的 CE (Confomite Euoropeene，简称 CE) 认证，英国 LPCB (Loss Prevention Certification Board 认证，是英国的安防与消防领域的标准)，越南、印度尼西亚、文莱等国的官方认证，且具有灭火时间短，能力强，效率高的特点，在国际上处于先进水平。S 型 DKL 灭火装置使用多重套管式结构的气溶胶发生器，可在发生器内将药剂燃烧时的热量充分吸收，使喷口的温度显著降低，比国家标准值还低 60℃，故进一步加强了该灭火装置的安全性能。根据市场发展需要，该公司还开发了轻型壁挂式 DKL 气溶胶自动灭火装置，进一步拓展了使用范围。

除上述气溶胶灭火装置外，德国的 Dynameco、俄罗斯的 MAG 与 PURGA、西班牙的 EcoFoc 等，在国际上均有一定的知名度。

参 考 文 献

[1] Morton D. Fire suppressant powder[P]: US 5938969. 1999.

[2] 周晓猛, 姜丽珍, 陈涛. 超细粉体灭火介质的表面特性及灭火性能[J]. 燃烧科学与技术, 2009, 15 (3): 214-218.

[3] 殷志平, 潘仁明, 曹丽英. 超细磷酸铵盐微粒灭火剂与 B 类火作用的有效性研究[J]. 安全与环境学报, 2007 (4): 125-128.

[4] 周文英, 杜泽强, 介燕妮, 等. 超细干粉灭火剂[J]. 消防技术与产品信息, 2005, 11 (1): 42-44.

[5] 刘慧敏. 超细干粉灭火剂局部应用研究[D]. 天津: 天津大学, 2015.

[6] Kuang K, Huang X, Liao G. A Comparison between superfine magnesium hydroxide powders and commercial dry powders on fire suppression effectiveness[J]. Process Safety and Environmental Protection, 2008, 86(3): 182-188.

[7] 杜力强, 柴涛. 超细干粉灭火技术探讨[J]. 机械管理开发, 2008, 23(3): 93-95.

[8] 张养静. 超细干粉自动灭火装置在未来发电厂中的应用[J]. 消防界(电子版), 2018, 4(4): 105-106.

[9] Yang L, Zhao Q L, Chai X D, et al. Research on the regular between concentration of superfine powder extinguishing agent explosion scatter and fire-extinguishing ability[J]. Advanced Materials Research, 2014, 887-888:1017-1023.

[10] Zhao G, Xu G, Jin S, et al. Fire-extinguishing efficiency of superfine powders under different injection pressures[J]. International Journal of Chemical Engineering, 2019, 2019: 1-7.

[11] 许法山, 陈文军. 超细干粉灭火系统在高架立体库中的应用[J]. 消防技术与产品信息, 2011(5): 33-36.

[12] 华敏. 超细干粉灭火剂微粒运动特性研究[D]. 南京: 南京理工大学, 2015.

[13] 付海雁. 基于杯式燃烧器的超细干粉灭火剂灭火性能研究[D]. 南京: 南京理工大学, 2015.

[14] 费书梅. 超细磷酸铵盐抗结块性研究[D]. 南京: 南京理工大学, 2006.

[15] 王戈, 王斌, 何明国. 超细干粉灭火剂的研发应用进展[J]. 消防技术与产品信息, 2013(9): 75-77, 128.

[16] 朱红亚. 超细化磷酸二氢铵制备新工艺研究[D]. 南京: 南京理工大学, 2009.

[17] 殷志平. 冷气溶胶灭火剂应用基础研究[D]. 南京: 南京理工大学, 2004.

[18] Kennington R, Woolhouse R A. Preparation of the reaction product of urea and alkali metal hydroxide or carbonate[P]: US4107053. 1978.

[19] Warnock W R, Flatt D V, Eastman J R. Anti-reflash dry chemical agent[P]: US3553127. 1971.

[20] Kennington R, Woolhouse R A. Preparation of the reaction product of urea and alkali metal hydroxide or carbonate[P]: US4107053. 1978.

[21] Tanaka K, Nagao K, Hashimoto Y. Fire extinguishing composition[P]: US20020014610. 2002.

[22] Rumminger M D, Linteris G T. Inhibition of premixed carbon monoxide-hydrogen-oxygen-nitrogen flames by iron pentacarbonyl(NISTIR 6360)[J]. Combustion & Flame, 2000, 120(4): 451-464.

[23] Rumminger M D, Linteris G T. The role of particles in the inhibition of premixed flames by iron pentacarbonyl[J]. 2000, 123(1-2): 82-94.

[24] 张巍, 肖春红, 景晓燕, 等. 超微磷酸铵盐干粉灭火剂的制备[J]. 消防科学与技术, 2001(4): 39-40.

[25] 殷志平. 磷酸铵盐微粒灭火剂在单室火灾抑制过程中的动力学性能研究[D]. 南京: 南京理工大学, 2008.

[26] 朱剑. D 类超细干粉灭火剂的表面改性技术优化及应用研究[D]. 南京: 南京理工大学, 2014.

[27] Kuang K, Chow W K, Ni X, et al. Fire suppressing performance of superfine potassium bicarbonate powder[J]. Fire and Materials, 2011, 35(6): 353-366.

[28] 李碧英. 冷气溶胶灭火剂的制备及性能研究[D]. 南京: 南京理工大学, 2004.

[29] 于才渊, 王宝和, 王喜忠. 喷雾干燥技术[M]. 北京: 化学工业出版社, 2013.

[30] 张晓静, 沈志刚, 傅宪辉. 超细球形空心磷铵灭火粉的制备与应用[J]. 中国粉体技术, 2010, 16(2): 34-38.

[31] Combustion Institute(U.S.). Eastern States Section. Fall Technical Meeting. Chemical and physical processes in combustion: Fall Technical Meeting[M]. Eastern States Section of the Combustion Institute, 1990.

[32] John H S. Improvements in or relating to fire-fighter training[P]: EP1261397. 2002.

[33] Umaba T, Ito T. Powdery Fire-extinguishing agent, and process for its preparation[P]: US4346012. 1982.

[34] 曹茂盛. 超微颗粒制备科学与技术[M]. 哈尔滨: 哈尔滨工业大学出版社, 1998.

[35] 赵春霞. 抗复燃超细磷酸铵盐干粉灭火剂的合成研究[D]. 成都: 四川大学, 2005.

[36] 贾晓卿. 超细微粒灭火剂的表面改性研究[D]. 南京: 南京理工大学, 2007.

[37] 周文英, 任文娥, 左晶. 冷气溶胶灭火剂研究进展[J]. 消防技术与产品信息, 2010(11): 41-46.

[38] 陈涛, 傅学成, 夏建军, 等. 探火管式超细干粉自动灭火装置研究[J]. 消防科学与技术, 2014(11): 1290-1293.

[39] 陆诚, 王虎儒, 雷振民. 一种森林用超细干粉灭火弹装置[P]: CN201220569240. 2013.

[40] 王莉, 吴昭帅, 杨霆, 等. 离心式超细干粉灭火装置[P]: CN106938129. 2017.

[41] 姬永兴, 程继国, 王戈, 等. 冷气溶胶灭火剂喷射方法及其装置[P]: CN102029035. 2012.

[42] 姬永兴, 王戈, 彭湘潍, 等. 一种双灭火剂喷射枪及其方法[P]: CN102886111. 2013.

[43] 蔡宇武. 超细干粉灭火剂水平直管内流动阻力的模拟研究[D]. 南京: 南京理工大学, 2014.

[44] 中华人民共和国公安部消防局编. 中国消防手册第 12 卷消防装备·消防产品[M]. 上海: 上海科学技术出版社, 2007.

[45] 周文英, 齐暑华, 赵维, 等. 冷气溶胶灭火剂研究[J]. 消防技术与产品信息, 2005(9): 28-31.

[46] 王晔. 固体微粒气溶胶灭火剂[J]. 消防技术与产品信息, 1996(5): 40-46.

[47] 潘桂森. 新型热气溶胶灭火剂的研究[D]. 淮南: 安徽理工大学, 2016.

[48] Yan Y, Du Z, Han Z. A novel hot aerosol extinguishing agent with high efficiency for class B fires[J]. Fire and Materials, 2019, 43(1): 84-91.

[49] Zhang X, Ismail M H S, Ahmadun F B, et al. Hot aerosol fire extinguishing agents and the associated technologies: A review. [J]. Brazilian Journal of Chemical Engineering, 2015, 32(3): 707-724.

[50] 王华. HEAE 气溶胶灭火剂的配方设计、性能及工艺研究[D]. 南京: 南京理工大学, 2004.

[51] Zheng W, Liu A, Zhang L, et al. Effectiveness of hot aerosol extinguishing agent in suppressing oil fires at different locations[J]. Kemija U Industriji, 2016, 65(11-12): 619-624.

[52] Zhou X M, Liao G X, Pan R M. Influence of potassium nitrate on the combustion rate of a water-based aerosol fire extinguishing agent[J]. Journal of Fire Sciences, 2006, 24(1): 77-89.

[53] Rohilla M, Saxena A, Dixit P K, et al. Aerosol forming compositions for fire fighting applications: A review[Z]. Fire Technology, 2019, 55: 2515-2545.

[54] 高永亮. 新型气溶胶灭火剂的研究[D]. 太原: 中北大学, 2009.

[55] 郭鸿宝. 气溶胶灭火技术[J]. 消防技术与产品信息, 2005(5): 62-63.

[56] 卞海峰, 郭鸿宝. 气溶胶灭火机理及应用探讨[J]. 消防科学与技术, 2001(4): 40-42.

[57] AS/NZS 4487: 1997, Pyrogen fire extinguishing aerosol systems[J]. Standards Australia, 1997.

[58] Kozyrev V N, Yemelyanov V N, Sidorov A I, et al. Method and apparatus for extinguishing fires in enclosed spaces: US 5865257A. 1999.

[59] 赵雅娟, 高云升, 李姝, 等. 热气溶胶灭火装置的市场应用分析[J]. 消防科学与技术, 2013, 32(12): 1377-1379.

[60] 贾冬梅, 李琰, 李赟, 等. 热气溶胶灭火装置安全隐患探讨[J]. 武警学院学报, 2011, 27(10): 26-27.

[61] 闫娜. 浅谈热气溶胶灭火系统设备的特点和应用[J]. 图书情报导刊, 2012, 22(16): 149-151.

[62] 国外著名气溶胶灭火产品简介[J]. 消防技术与产品信息, 2005(12): 60-63.

[63] 刘良彬, 白利生. EBM 气溶胶灭火技术[J]. 消防技术与产品信息, 1998(6): 20-22.

第6章　纳米干粉灭火技术

随着科技水平的不断发展，生产生活物资集成度越来越高，社会各领域的联系也日渐紧密，由此造成了人居环境和作业场所火灾风险的多样化和复杂化。为了更加有效地应对日益严峻的火灾形势，粉体灭火技术应运而生并不断发展。近年来，在纳米技术不断成熟和广泛应用的背景下，纳米粉体灭火技术受到了广泛关注。研究发现，粉体的粒径对灭火效率有显著影响[1]，尤其是当干粉灭火剂的粒径缩小到纳米尺度以后，不仅具有常规粉体易存易用、灭火快速的特点，还表现出了一些新的特征，如高效捕捉火焰自由基、协同多种组分灭火以及活跃的空间弥散性等，在高效灭火方面具有巨大的发展潜力[2]。现阶段，国内外越来越多的科技工作者将注意力转向纳米干粉灭火剂。如英国、美国、日本、俄罗斯等国家的消防企业和科研机构在纳米干粉灭火剂的研发领域申请了大量配方专利，取得了较好成绩；国内相关机构在该领域也开展了大量研究，虽然历时较短，但成果颇丰。如国内南京理工大学的贾晓卿提出了微米尺度磷酸二氢铵粉体的优化新方法，通过干法工艺对粉体的疏水性、疏油性和抗复燃性进行了改良[3]；中国科学技术大学相关技术团队对纳米尺度氢氧化镁粉体的制备、改性和释放特性也进行了系列研究工作[4]。

纳米干粉灭火剂的概念是相对于普通干粉灭火剂而言的，它主要表现在尺度的细化上，即当粉体粒径达到纳米量级时得到的一种新型灭火剂。目前学界尚未对纳米干粉灭火剂的尺寸给出统一界定，仅对更广义上的纳米粉体给出过定义，一般认为粒径在 $1\sim100\mathrm{nm}$ 的粉体属于纳米粉体[5]。就干粉灭火剂而言，超细干粉灭火剂大多处于微米甚至更大的尺寸范畴，而粒径完全为纳米尺度的干粉灭火剂由于在现阶段的制备成本较高，尚未得到广泛应用。诸多学者和海量文献将纳米粉体的定义和适用范围拓展到了微米以下，即把亚微米和纳米粉体统称为纳米粉体。为了便于总结和概述，我们将粒径在 $1\mathrm{\mu m}$ 以下的干粉灭火剂定义纳米干粉灭火剂。需要指出的是，严格意义上的纳米材料是指在三维空间中至少有一维处于纳米尺寸($1\sim100\mathrm{nm}$)或由它们作为基本单元构成的材料[6]，纳米干粉灭火剂很显然不是严格意义上的纳米材料，是基于现实和应用需要做出的拓展性调整。

纳米技术用于火灾领域早期主要集中在阻燃材料改性上，人们将具有高效阻燃特性的物质在纳米层级进行结构添加和重组后，能够使原有基材拥有更好的阻燃效果[7]。在作用机理方面,阻燃与灭火有很多相通的地方,将功能纳米技术应用到干粉灭火领域已是新型干粉灭火剂的重要研发方向。需要指出的是,纳米干粉灭火剂目前尚处于探索和尝试的阶段,在实际应用中还有较长的路要走。实验表明,纳米粉体在具备较高灭火效率的同时也存在一些问题。例如,易团聚、火焰穿透能力降低、表面改性难度加大以及生产制备成本上升等。当灭火粉体的尺寸细化到纳米级以后,其比表面积急剧增大、表面反应活性快速增加,这一趋势带来的负面影响是粉体颗粒的团聚;随着粉体粒径变小,灭火剂穿透火羽流或者热烟气层的能力变弱,很难到达核心燃烧区域,从而难以保证灭火粉体与火焰充分作用;此外,粉体的制备和改性工艺也将随着粒径的减小而变得更加复杂。总的来说,纳米技术为我们研究高性能的干粉灭火剂提供了新的思路和方向,同时也暴露出了一些技术瓶颈。

本章将从纳米干粉灭火剂的典型物化特征、制备技术当前面临的瓶颈问题与解决方法以及纳米干粉灭火剂的优化设计原则与方法等几个方面进行分析与展望。

6.1　纳米干粉灭火剂的典型物化特性

材料的性能往往与其晶体结构、尺寸大小和表面状态密切相关。纳米材料由于具有极小的物理尺寸和较大的比表面积,而具有十分显著的量子尺寸效应、表界面效应和隧道效应,这将引发材料产生新的声、光、电、磁、热、力学等物理化学特性。在灭火剂研发和应用领域,纳米粉体表现出的量子尺寸效应和表界面效应,对灭火剂的灭火机理、灭火效率和储运特性等都有较大影响。

6.1.1　量子尺寸效应

量子尺寸效应是指当粒子尺寸下降到某一数值时,费米能级附近的电子能级由准连续变为离散或者能隙变宽的现象[8]。当能级的变化程度大于热能、光能、电磁能的变化时,将导致纳米微粒的磁、光、声、热、电及超导特性与常规材料产生显著差异。这些材料特性的变化将对粉体在高温条件下的热力学和动力学行为产生重要影响。

干粉灭火剂释放到火场以后,灭火剂吸收火焰的热量升温,当灭火剂自身温度超过一定限度时,粉体将发生相变。由于相变过程会持续吸热,从而有效削弱火场与环境的对流和辐射换热。不仅如此,纳米粉体在高温作用下还会产生类似于气体的气溶胶,它能够起到稀释可燃气体和隔离氧气的作用,促进灭火效能的发挥。与普通干粉灭火剂相比,纳米粉体的小尺寸效应会使其比表面积更大，一方面更容易吸热相变，强化灭火过程中的冷却效应和窒息效应；另一方面，小尺寸的纳米粉体表面能够负载更多的活性自由基，从而提高灭火剂对火焰自由基的捕捉能力，强化灭火过程的化学效应。

6.1.2 表界面效应

纳米材料的表界面效应指纳米粒子的表面原子与总原子数之比随纳米粒子尺寸的减小而大幅度增加，粒子的表面能与表面张力也随之增加，从而引起纳米颗粒性质的一系列变化[9]。相关理论被广泛应用于催化合成、探测传感和现代消防等技术领域。

对于纳米干粉灭火剂而言，表界面效应可以大幅度增加灭火剂的表面活性位点，为实现快速、大量地消耗火场自由基并最终中断燃烧链式反应提供负载支持。从能量守恒的角度分析，灭火剂在火场中吸收的热量会转化为灭火剂的热力学能、动能和势能(热力学能是指物质因受热发生分子、原子等微观运动而具有的能量)。由于纳米粉体的表界面效应，灭火过程中对应转化的热力学能、动能和势能也更高。根据热力学第一定律：能量既不会凭空产生也不会凭空消灭，它只能由一种状态转化为另一种状态，由一个物体转移到另一个物体，所以纳米粉体与火焰作用时能够吸收更多的热量。因此，相对于传统粉体，纳米干粉灭火剂的灭火效率更高。

在实际灭火过程中，小尺寸效应与表界面效应往往是协同发生作用的，如化学灭火机理中的异相抑制与均相抑制。其中，异相抑制是指抑制过程发生在固体微粒表面，由于粉体颗粒具有活性高和表面积大的特点，容易使火焰自由基发生"热寂"现象，从而阻碍燃烧链式反应进程；均相抑制是指抑制过程发生在气相，即借助粉体分解的气态产物消耗火焰自由基，由于相态相同，气体产物能够与自由基更充分地接触。纳米粉体的小尺寸效应和表面效应，使其分解为气态产物的效率更高，所产生的气态产物具有比普通干粉更好的扩散活性，因此具有比普通干粉更好的火焰抑制作用。

6.2 纳米干粉灭火剂的制备技术

纳米粉体作为纳米干粉灭火剂的主要功能成分，其制备技术关乎灭火剂的性能和应用，须满足如下要求：原料来源广泛，易得；加工工艺简单，对特殊设备依赖程度低；产品的物化性质可以达到相应尺寸和效率的要求；粉体产量尽可能高且稳定；对环境和生物体影响小；生产成本可控。

纳米粉体材料的制备方法有很多，常规方法有超细粉碎法(物理)和核生长法(化学)[10]。其中，超细粉碎法是指通过外力作用将大尺寸物料进行粉碎得到纳米级别的粉体材料；核生长法是指通过一定的手段控制晶体成核及生长条件，以获得特定尺寸的纳米材料。按常见的生产工艺又可将纳米粉体材料的制备方法分为机械法、超临界法、气相法、液相法、固相法等[11]。尽管纳米干粉灭火剂相对于传统干粉灭火剂具有更高的灭火效率，但目前仍然停留在实验室研究阶段，高成本、低产量是限制纳米干粉灭火剂规模化生产使用的主要瓶颈问题。因此，常规的纳米粉体制备方法并不能完全适用于纳米干粉灭火剂的制备。在当前的探索过程中，工业应用与实验研究通常采用不同的制备策略，前者更多地关注产能和成本，后者更多地考虑产物性能，但是"分头走"的兼容性策略不失为一种可行的方案。一旦工业生产体系或者实验研究结果取得重大突破，都有望弥补对方的不足，从而加快纳米干粉灭火剂的规模化生产应用。

6.2.1　纳米粉体物理制备技术

工业化的生产过程绕不开投入和产出两方面因素，这就要求纳米粉体的制备工艺要相对简单、设备的运行成本不能过高，而且粉体的质量和产量均能有所保证。纳米粉体的传统规模化生产方法离不开物理细化技术。目前国内利用物理细化技术制备纳米粉体的主要方法为球磨法和气流粉碎法，相关内容已在前面的章节中进行了详细介绍。

物理细化制备技术具有粉碎速率快、粉碎时间短等优点，但是在实际生产过程中存在设备精度要求高、能耗大、费用昂贵和噪声严重等问题。该方法目前很难显著提高产物中粒径小于 1μm 粉体的占比。随着纳米粉体需求量的不断加大，传统的纳米粉体产业化制备技术无法满足实际需要，亟须升级换代。

6.2.2　纳米粉体化学制备技术

精确控制纳米粉体的组分、结构和性能，是制备高性能纳米干粉灭火剂的前提。目前，液相法是实验室广泛采用的合成高纯度纳米粉体的方法，该方法的主要优点是能够精确控制反应与添加微量组分，颗粒形状和尺寸比较容易控制，同时有利于后续精制提纯工艺的开展。常见的液相法包括沉淀法、水热法、微乳液法、溶胶-凝胶法等[12]，详细介绍见第 3 章。其中，沉淀法是制备含有两种或两种以上金属元素的纳米粉体的重要方法，具有制备工艺简单、对设备依赖度低的优点；水热法制备的粒子纯度高、分散性好而且晶体形貌可控，但对设备的要求高，技术难度比较大；通过微乳液法获得的粉体，不仅粒度分布窄而且稳定性好，但存在分子间隙大的缺陷；溶胶-凝胶法也能获得均匀性好、纯度高的纳米粉体产品，但产品的烧结性差。

6.2.3 微观结构设计

随着纳米技术的不断发展，新型纳米材料在应用过程中逐渐表现出功能化、目标化和低成本化的趋势。在火灾安全领域，常用纳米组装技术实现灭火剂性能的提升和功能集成。纳米组装技术是指通过机械、物理、化学或者生物的方法，把原子、分子或分子聚集体进行组装，使其形成具有特定功能的结构单元[13]。纳米组装技术包括纳米自组装技术(或称分子有序组装技术)、扫描探针原子/分子搬迁技术以及生物组装技术等。其中，纳米自组装技术通过分子之间的物理或化学作用，按照一定的规律形成有序的二维或三维结构，在新型纳米干粉灭火剂的微观结构设计中得到了广泛应用。本节根据纳米粉体的结构类型，对核壳结构、负载结构和夹层结构的纳米干粉灭火剂做简要设计介绍。

1. 核壳结构的纳米干粉灭火剂

核壳结构是由一种纳米材料通过化学键或其他作用力将另一种纳米材料包覆起来形成的有序组装结构。核壳结构由于其独特的结构特性，整合了内外两种材料的性质，并互相弥补各自的不足，表现出比较好的综合性能。在干粉灭火剂的设计过程中，将一种物质包覆在另一种物质周围形成核壳结构是一种常用的研发和改性手段。两种不同物质之间的结合可以通过静电吸附、范德瓦耳斯力或通过形成化学键的方式实现。

例如将层状双金属氢氧化物包覆在球状介孔二氧化硅外表面得到了具有核壳结构的复合功能粒子[14]，包覆过程如图 6-1 所示。

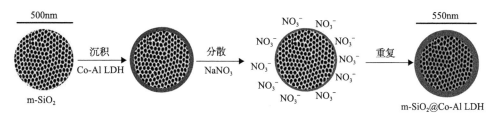

图 6-1   m-SiO$_2$@Co-Al LDH 合成流程示意图

介孔二氧化硅(m-SiO$_2$)具有比表面积大、孔径可调、孔径分布窄等特点，具有非常小的传热系数。内部的多孔构造使热量通过它传递的路径更长，能够充分阻隔热量传导，也即介孔二氧化硅的迷宫效应。显然，迷宫效应所带来的热量消耗也属于物理灭火效应的一种。外部包覆的双金属氢氧化物是一类由两种或两种以上金属元素组成的金属氢氧化物，物质中的金属元素和氢氧基团在灭火过程中能够吸附火焰中的活性自由基，从而阻断燃烧的链式反应，发挥化学灭火效应。在制备过程中，分散于 $NaNO_3$ 溶液中的介孔二氧化硅带负电荷，双金属氢氧化物带正电荷，两者通过正负电荷间的库仑力结合在一起，形成核壳结构。核壳结构产物有效综合了双方的物理和化学灭火作用，从而具备更好的灭火效果。

详细的制备过程如下：首先，由共沉淀法制备双金属氢氧化物，通过修饰法或反胶束法制备介孔二氧化硅；然后，将得到的介孔二氧化硅分散在双金属氢氧化物溶液中，利用超声振动使双金属氢氧化物包覆在介孔二氧化硅表面，制备具有核壳结构的复合材料。灭火试验表明，所得核壳结构的复合材料能够结合物理和化学两种灭火机理的优势，灭火性能优异。

2. 负载结构的纳米干粉灭火剂

将纳米级灭火组分吸附、结晶或者嵌入固体物料表面制备的复合结构干粉灭火剂称为负载型干粉灭火剂，灭火剂的灭火效果与粒子比表面积和负载组分密切相关。将灭火功能组分负载到廉价、多孔、大比表面积载体上，不但能使灭火粒子的比表面积大大增加，提升其灭火效能，还能减少灭火剂的使用量，降低生产使用成本。类似化学工程中的负载型金属催化剂，载体技术可用来解决那些灭火效能非常高但价格异常昂贵的特殊高效灭火剂的制备问题。

目前常见的负载方法有浸渍法、溶析结晶法、声波降解法和物理超混法等。例如，将 9,10-二氢-9-氧杂-10-磷杂菲-10-氧化物的衍生物(DOPO-VTS)负载到氢氧化镁微粒上，可以得到改性的氢氧化镁干粉灭火剂，负载过程如图 6-2 所示。改性灭火剂中的氢氧化镁本身就是一种常见的灭火干粉，已取得了广泛的应用；负载物质 DOPO-VTS 是 DOPO 的改性含磷化合物。当 DOPO-VTS 与氢氧化镁的负载结构粒子与火焰接触时，会生成 PO·基团，进而与火焰中的氢自由基等结合，发挥化学抑制作用。另外，DOPO-VTS 与氢氧化镁的分解过程会吸收大量的热量，并伴随水分子的产生，一方面可以降低凝聚相的温度，另一方面可以稀释气相中可燃物的浓度，从物理的角度抑制燃烧[4]。

图 6-2 DOPO-VTS 负载过程示意图

负载技术既可作为新物质的制备手段也可以作为既有物质的改性方法，是当前新型纳米干粉灭火剂研发的常用技术。

3. 夹层结构的纳米干粉灭火剂

层状结构的纳米复合材料具有自愈、自洁、防雾、高机械强度等特点，已被各行业广泛应用。除此之外，层状结构的复合纳米材料还具有选择性气体分离、阻燃、疏水等功能，这些特点赋予夹层结构有效解决灭火材料潮解变质和吸水团聚等问题的能力，并使其能够在灭火过程中隔离气体，强化物理灭火效应，在灭火材料研究应用领域潜力巨大。纳米夹层是指在纳米尺度通过逐层组装的方式将不同物质在二维水平上堆叠而形成的层状结构，通过改变夹层位置上物质种类和性质满足特定的应用要求。利用夹层组装技术，基于功能需求添加特定物质，可以获得具有纳米夹层结构的复合材料，实现材料的表面修饰、改性或新特性添加。涂层的实施对象既可以是传统材料基体，也可以是粉末颗粒或纤维等。

例如，将层状结构的双金属氢氧化物（LDHs）纳米片与氧化石墨烯（GO）逐层组装，可以得到具有纳米夹层结构的复合材料[15]，其流程如图 6-3 所示。

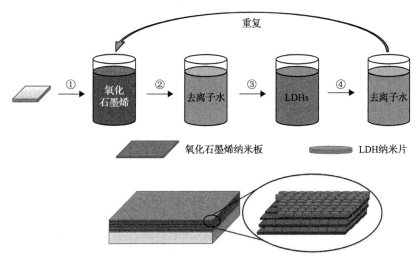

图 6-3　层状 GO-LDH 纳米复合结构组装示意图

氧化石墨烯是一种重要的石墨衍生物，也是宏量制备石墨烯的前驱体。作为阻燃材料使用时，GO 可以有效减少材料的热量释放、隔绝燃烧气体的传输并增加残炭量，带动了其作为灭火添加剂使用的可能，在物理灭火方面具有较大的应用潜力。层状 LDHs 的热分解会产生大量 H_2O 和 CO_2 惰性气体并吸收大量的热，从而减缓热量的释放和传递，稀释可燃挥发物的浓度，发挥物理灭火的作用；而它所含有的金属元素能够在火焰燃烧过程中消耗火焰中的活性自由基，起到化学灭火的作用。两种灭火作用的复合可以显著增强复合材料的灭火效能。

　　复合材料组装所需的氧化石墨烯可通过微机械剥离法、化学气相沉积法、晶体外延生长法、有机合成法、化学氧化还原法等制备[16]；LDHs 可通过水热法合成。得到原料后，进一步通过重复浸染和逐层组装的方式制得具有夹层结构的目标纳米材料。

6.2.4　纳米干粉灭火剂的改性方法

　　当粉体颗粒变小，尤其是达到纳米量级时，颗粒已经不再是一个惰性体，而是一个能供给电子和抓取电子的化学活性物质。纳米微粒的表面严重缺乏表面原子，化学活性很高。但同时，纳米微粒的表面能巨大，因而极易聚合，形成软团聚或硬团聚。纳米粉体的高化学活性和表面能严重地影响了纳米干粉灭火剂在储存、使用过程中的稳定性、分散性和流动性，在很大程度上限制了纳米干粉灭火剂的发展。这一问题可以通过粉体表面改性技术得到解决。纳米粉体表面改性是针对纳米粒子的不稳定性实施的，通过对其表面进行物理或化学改性，获得稳定且具有良好分散性的纳米粒子。纳米粉体的表面改性方法多种多样，但目的和效果各不相同。

　　基于改性机理的不同，可分为表面物理改性和表面化学改性。表面物理改性多采用低分子化合物进行，如在无机纳米晶相增长时，采用聚磷酸盐或硫醇作为改性剂，使其附着在微晶表面进而使晶核停止生长，避免微粒团聚；表面化学改性就是将表面改性剂与纳米微粒表面进行化学反应，从而实现改性的目的，一般是先将表面活性剂与纳米微粒混合，使两者在纳米微粒界面处发生化学变化，在纳米微粒表面形成一层阻碍纳米微粒团聚增大的单分子或多分子隔离膜。

　　表面改性常用的途径有包覆和偶联两种。其中，包覆方法也称涂覆法或涂层法，是基于吸附或沉积原理，利用无机化合物或者有机化合物对纳米微粒表面进行包覆以达到改性目的的方法[17]。包覆改性离不开包覆剂，常见的包覆剂有无机包覆剂(通常是各种氧化物)、有机包覆剂(如月桂酸钠、乙烯基三乙氧基硅烷、硬脂酸盐、油酸、十二烷基苯磺酸等)、可聚合单体包覆剂(如吡咯、呋喃、噻吩、苯胺及其衍生物等)。

　　包覆通常在溶液或熔体中进行，使改性剂分子沉积、吸附到粒子表面上，例如二氧化硅或硅酸盐粒子表面的硅醇基能吸附很多中极性和高极性的均聚物或共聚物。除此之外，机械力化学改性法也可以达到包覆效果，机械能一方面转化为纳米微粒形成过程中所需的能量，另一方面用于改变微粒的晶格与表面的激化，产生纳米微粒表面的活性点，使纳米微粒与周围介质(如周围的固体、液体或者气体)发生化学变化，进而在纳米微粒表面形成一层包覆膜。偶联方法以化学偶联反应为基础，两组分之间除了范德瓦耳斯力、氢键或配位键相互作用外，还有离子键或共价键的结合。利用一些具有活性官能团的化学物质如烯类衍生物等，使其在紫外线、红外线、电晕放电、等离子体辐射等高能粒子的作用下，在纳米微粒表面发生聚合反应，进而形成聚合物保护层，达到对纳米材料表面改性的目的。

6.3 主要瓶颈问题及其解决方法

随着全球各国在纳米研究领域的深入，纳米科学技术得以迅猛发展。纳米干粉灭火剂作为现代功能材料新秀，其发展机遇受益于纳米科技的快速进步，特别是纳米合成技术的革新，使纳米材料实现了结构、性状、表面状态的可控合成。也正是纳米材料的可控合成，才能有的放矢地获得所需的物质形态和功能。在灭火剂研发领域，纳米技术与粉体的有机结合将有望取代或部分取代目前大规模使用的粉体灭火产品。

尽管如此，纳米干粉灭火技术目前依然面临巨大挑战，主要表现在纳米材料的流动分散性较差、工艺复杂、生产成本高和具有潜在的生物毒性等方面，这些短板在一定程度上限制了纳米干粉灭火技术的快速发展与应用。本节主要就目前纳米粉体在分散性、环境影响、生物毒性、工艺成本和装置适应性方面面临的瓶颈问题和可能的解决途径进行概述。

6.3.1 纳米干粉灭火剂的分散性

1. 存在的主要问题

纳米粉体的分散性问题是影响灭火剂灭火效能，限制产品应用的主要因素之一，同时给灭火剂的制备、释放、运输、储存等带来诸多挑战，很大程度上弱化了纳米干粉灭火剂的优越性。粉体的团聚是造成纳米干粉灭火剂分散性差的主要原因。

引起纳米特别是纳米粉体团聚的因素大致可以归结为以下几个方面。

(1)静电库仑力作用。灭火剂释放过程中，纳米粉体粒子间存在剧烈的冲击和摩擦，导致纳米粉体表面有大量正电荷或负电荷积聚。同时，微粒的形状各异且不规则，微粒表面凸起处所带的不同电荷相互吸引，使颗粒在静电库仑力的作用下发生团聚。

(2)热力学能作用。纳米灭火材料在灭火过程中会吸收大量的机械能和热能，从而使这些微粒具有相当高的表面能，并处于极不稳定的状态。微粒间相互聚集靠拢是降低这些微粒表面能的重要途径，以达到能量更低的稳定状态，这就造成了颗粒的团聚。

(3)范德瓦耳斯力作用。由于纳米粉体之间的距离极短，微粒之间的范德瓦耳斯引力远远大于微粒自身的重力，微粒之间的相互吸引同样是引发团聚的重要原因。

(4)化学键作用。纳米粉体表面间的氢键、吸附湿桥及其他化学键的作用也易导致微粒之间相互黏附聚集。

2. 可能的解决途径

针对纳米干粉灭火剂发生团聚现象从而造成分散性差的问题，需要采用一定的手段将这些粉体均匀分散。分散方法主要有物理分散法、化学分散法和表面改性法。其中，物理分散法是指通过机械能、超声波以及高能处理的方式，为纳米粉体提供一定的机械力，当机械力大于粉体间的黏着力时，粉体得到分散；化学分散法的实现途径主要有表面化学修饰及添加分散剂分散两种；表面改性法主要是靠改性剂在粉体表面的吸附、化学反应、包覆、合成成膜等途径实现。解决纳米干粉灭火剂流动性差的问题，一方面要从改善粉体的性能指标入手，如降低含水率、吸湿率，增大斥水性、松密度和针入度等[18]，具体措施包括在生产过程中改进材料的生产工艺，严格执行生产环节的技术要求，规范操作流程和保障生产、储运环境等；另一方面，要改进灭火设备对灭火剂的释放效率，如减小局部阻力和沿程阻力，适当增大出口动能等，具体措施可以采取优化灭火设备结构和调整释放角度的方式。

6.3.2 纳米干粉灭火剂的环境影响

1. 存在的主要问题

随着环境危机的加剧以及人类环保理念的不断提升，哈龙淘汰与替代工作已达成全球共识，并在不断推进。纳米干粉灭火剂作为一种具有巨大发展潜力的哈龙替代品，其对环境的影响也是研究和开发过程不容忽视的问题。

纳米干粉灭火剂对环境的影响可以归纳为两个方面，其一是灭火材料本身含有对环境有害的成分，其二是由于材料纳米性质带来的环境影响。环境有害成分例如某些含卤素或者磷元素的复配干粉灭火剂，在与火焰作用后，含卤族元素的燃烧产物会对大气环境产生破坏，同时也会对设备造成腐蚀；含磷元素的燃烧产物可能会对水体环境带来影响，使水体富营养化，导致藻类植物过度生长，降低水下溶氧量，威胁生态系统平衡。材料性质的环境影响方面，纳米材料具有比表面积大和表面能高的特点，这使得纳米材料易于吸附有机分子并沉积下来，导致其可能成为多种污染物的载体。此外，纳米干粉灭火剂施放以后会残留在环境中，由于纳米粉体的量子尺寸效应和活泼的表面性质，可能使其更加容易与环境中的其他物质结合，加大了残留物的清理难度，从而对环境造成一定的影响。

2. 可能的解决途径

为了解决纳米干粉灭火剂的环境影响问题。首先应在纳米材料的组成成分上下功夫，选择环境友好型物质作为添加剂或灭火组分，同时应该结合实际使用条件尽可能避免或减少纳米干粉灭火剂的非必要环境暴露。此外，还应在灭火剂研发过程中一并关注灭火剂的残留和清除问题，使新物质的开发和清理机制同步进行，以减少和消除纳米干粉灭火剂的环境影响。

6.3.3 纳米干粉灭火剂的生物毒性

1. 存在的主要问题

纳米干粉灭火剂在造福人类的同时也会带来不利影响，材料的生物毒性便是不容忽视的一个重要方面。由于纳米粉体普遍很小，有些能够轻易穿透细胞膜进入人体，引起类似超微颗粒所导致的炎症反应。一般情况下，颗粒的粒径越小，其致炎性和致肿瘤性等毒理表现就越强。同时，纳米粉体具有较高的表面能，这可能使粉体与细胞的结合、扩散和迁移效应得到加强，在一定程度上放大了纳米粉体材料的生物毒性。

目前纳米材料的生物毒性理论有很多，可以概括为：活性氧自由基机理、分子机理和免疫机理等。活性氧(reactive oxygen species，ROS)，是指细胞内的一切含氧自由基，包括超氧阴离子、氧自由基、羟基、过氧化物等，是机体代谢的一个重要产物。例如，机体内吞噬细胞在受到刺激时，会通过呼吸爆发机制产生大量的活性氧，这些活性氧是吞噬细胞发挥吞噬和杀伤作用的主要介质，主要由线粒体产生。当纳米颗粒与细胞接触时，会干扰线粒体的正常代谢，从而影响活性氧的产生和负载。假如体内活性氧的产生和清除平衡被打破，便可能造成机体损伤，表现出生物毒性。分子机理是指纳米材料进入细胞后，与细胞内的脂肪、蛋白质和核酸等生物大分子相互作用，改变这些生物大分子的构型，从而影响细胞功能，表现出生物毒性。免疫机理是指机体免疫系统识别自身与异己物质，并通过免疫应答排除抗原性异物，以维持机体生理平衡的功能。

当纳米材料进入细胞时，材料被当作抗原，机体在对其做出"反应"的同时有可能会对正常的细胞造成免疫损伤，从而表现出生物毒性。

2. 可能的解决途径

目前关于纳米干粉灭火剂生物毒性的研究较少，尚未形成标准、统一、规范的研究体系。在讨论纳米材料的生物毒性时不能泛泛而谈，必须明确纳米材料的种类、形态、尺寸以及剂量等参数，以便有目的地对纳米粉体的生物毒性进行研究，明确纳米干粉灭火剂在生命体内的释放、运输、富集、转化、清除和反应行为，建立纳米材料安全性能研究体系，以评价其环境和健康风险，并采取针对性的规避和预防措施。

6.3.4 纳米干粉灭火剂的工艺成本

1. 存在的主要问题

纳米粉体材料的制备方法和工艺有很多，不同的制备方法和工艺对生产环境、原料状态和设备精度的要求不尽相同，并且不同制备方法也会造成产物的形貌、尺寸、性质和产量出现显著差别。无论是采用物理制备方法还是化学制备方法，纳米量级的干粉灭火剂的生产工艺相较于普通干粉灭火剂更加复杂，且对设备的要求和依赖性更高，造价、能耗、操作难度等方面产生的成本比普通干粉灭火剂高出很多。此外，为了解决纳米干粉灭火剂易团聚和流动性差的问题，通常还需要对其进行表面改性，进一步增加了纳米干粉灭火剂的生产工艺难度和生产成本。如何高效率、低成本地生产纳米干粉灭火剂也是当前粉体灭火技术研究的一项重要工作。

2. 可能的解决思路

纳米粉体的制备依赖于众多学科领域的协作，如物理、化学、机械、材料等。随着纳米功能材料合成机理、工艺、技术等方面研究的不断深入，纳米材料的时间成本和经济成本在不久的将来有望降低。另外，随着纳米合成技术的提升，通过对材料的表面修饰、元素优选、结构优化等手段也有望在一定程度上降低纳米干粉灭火剂的改性工艺成本。

6.3.5 纳米干粉灭火剂的装置适配性

1. 存在的主要问题

纳米干粉灭火剂作为一种新型灭火材料，它利用纳米结构的性能优势克服了粉体颗粒比表面积小、活性低的问题，提高了灭火效率。另外，还需要匹配合适的灭火装置，使其与灭火剂共同作用，发挥更好的灭火效能。也就是说，除了灭火剂本身的灭火效应，灭火装置也对灭火效果有着重要影响。纳米量级的粉体因为粒径小，流动性差等因素，导致其在灭火时不容易穿透火羽流，很难达到火焰表面。传统的灭火装置及设备无法很好地施放此类灭火剂，目前市场上也几乎没有针对纳米干粉灭火剂的施放设备。为了更好地发挥纳米干粉灭火剂的灭火效果，需要结合纳米粉体的特点对灭火装置进行针对性设计。

2. 可能的解决途径

尽管纳米干粉灭火剂尚未取得规模化应用，市场上也缺乏成熟的纳米粉体灭火装置，但其作为粉体灭火技术的一种新形态，施放装置的设计必然可以参考普通及超细干粉灭火装置，再根据纳米粉体的特点进行差异化专属设计。

与传统的粉体类灭火剂相比，纳米干粉灭火剂的弥散性和活性更高，其在装置管路中的沉积程度更小，有利于粉体的流通和施放。普通及超细干粉灭火装置的使用方式如悬挂式、移动式、固定式等均可满足纳米粉体的使用需求。但是，需要考虑纳米粉体的小尺寸效应、表面效应和隧道效应等特性，以及这些特性对粉体本身及设备作用方式的影响，进一步从灭火装置的存储容器、驱动系统、输送管路和喷头等方面下功夫，聚焦关键问题并展开重点攻关。

1) 储存装置

储存装置通常包含储存容器、阀门、泄压装置、集流管、报警装置和控制装置等。目前国内尚未有针对纳米粉体储存容器的国家标准和法案，但必须首先满足《压力容器安全技术监察规程》和《气瓶安全监察规程》中的相关标准要求。另外，考虑纳米粉体的超细化粒径和活性表面，还应重点关注装置的气密性、抗腐蚀性和结构强度等，以满足粉体的充装、保存和释放要求，装置的材质也应是惰性材料，从而保证纳米粉体不会对装置造成侵蚀。

2) 驱动系统

普通干粉灭火剂的驱动力通常由压力或机械力提供，主要来源于驱动气体，如惰性气体和二氧化碳等。由于纳米粉体极易团聚，为了保证流动性，需要对纳米粉体的含水率、吸湿率、斥水性、松密度和针入度等进行严格控制，相应地，驱动气体的含水率也应极低，目前尚未有针对纳米粉体驱动气体的相关指标要求，可参考普通干粉灭火剂的标准(二氧化碳含水率不大于 0.015%，其他气体含水率不大于 0.006%)，并在此基础上进行补偿修正。

3) 输送管路

当粉体细化到纳米量级以后，其流体性质已经与气体非常接近。输送粉体的管路可参考《GB/T 8163—2018 输送流体用无缝钢管》执行，并采用符合环保要求的防腐方式。管路及附件可采用不锈钢、铜管或其他耐腐蚀的不燃材料。为了避免粉体在管道内沉积，应尽量避免弯头、三通的使用，管路的管径可按照《流体输配管网》的相关要求进行计算确定，为保证驱动系统能够将粉体按要求释放，在计算管路的沿程阻力和局部阻力时应该附加补偿系数。

4) 喷头

灭火剂喷头作为灭火装置末端最重要的功能性部件，直接影响灭火剂的释放效果，进而影响其灭火效能。为保证装置的有效使用，应根据实际情况对喷头的入口压强、喉口直径以及出口截面进行详细计算，并按照互换性公差的要求进行设计，同时做好密闭性防护，并基于验证性试验不断优化改进。

灭火装置的尺寸、规格、工作方式等都会影响干粉灭火剂的输运和施放性能，进而影响灭火剂的灭火效果。目前，纳米干粉灭火装置仍处于探索和研究阶段，当装置与粉体之间的适配性问题得到很好的解决以后，将对纳米粉体的应用起重要推动作用。

6.4 纳米干粉灭火剂的优化设计原则与方法

6.4.1 优化设计原则

纳米干粉灭火剂是在普通和超细干粉灭火剂基础上发展起来的一类新产品，旨在从纳米材料领域的物理化学性质上寻求突破，以使灭火粉体具备更高的灭火效率。研究过程须考虑纳米干粉灭火剂的成分组成、材料构型、合成路线、改性方法、配套设施以及环境生物影响等多个方面。与普通干粉灭火剂相比，纳米干粉灭火剂的优势主要得益于纳米尺度灭火粉体的小尺寸效应和表界面效应，以此强化其物理和化学灭火效能。在充分利用纳米粉体高比表面积、高效的活性自由基捕捉能力以及更长的火场停留时间等优势时，也要注意避免因"小尺寸"和"高活性"所造成的分散性差、流动性不佳以及无法充分接触火焰等缺点。目前，关于纳米干粉灭火剂的实际应用还比较匮乏，相关配套技术设施也有待完善，在纳米技术与干粉灭火剂有机结合的过程中需要对其不断进行优化和改进。

纳米干粉灭火剂的优化设计原则应主要从加强灭火效能和克服粉体团聚两方面入手，同时兼顾粉体制备过程的经济性、使用过程的设备适应性以及使用后的环境与生物安全性等。

6.4.2　研究方法展望

1. 实验方法

纳米干粉灭火剂作为粉体灭火技术的先行者，受多方面条件限制，目前仍处于实验室研究探索阶段，通常借助外力粉碎和控制"核生长"的方法获得所需的纳米粒径尺寸。前者离不开球磨机、气流粉碎机等仪器设备，可实现一定规模的制备生产；后者基于合适的化学合成路线，通过水热-溶剂法、溶析结晶法、共沉淀法等，实现纳米粉体形貌结构的可控修饰和制备。

纳米干粉灭火剂的实验研究还可以从以下方面开展。

1) 微观构型定制

物质的性质与物质结构息息相关，为了获得某种特定的材料性质，可以有针对性地对材料结构进行设计组装。常见的材料结构形貌有球状、片状、管状、块状、针状和柱状等，利用物质间的范德瓦耳斯力、库仑力或者化学键等，可以将不同种类的材料进行复合组装，从而获得某种功能齐全、性质稳定的复合材料。对纳米干粉灭火剂进行微观构型定制设计，也是当前粉体灭火技术的重要研究方向。常见的复合微观构型有夹层型、核壳型、负载型、组合纽带型等。

2) 元素组成优化

改变元素组成部分，通常能够使物质的性质或状态发生改变。灭火剂改性的目的主要是优化灭火粉体的综合性能，其中包含了提高灭火效率，加快灭火速率，减少灭火过程中灭火剂不必要的损失以及提高储存能力等。一些金属元素，如 K、Mg、Al 等[19]，已在灭火领域得到了广泛应用，具有明显的火焰抑制作用。另外，某些过渡金属对提高灭火效率也作用显著，近年来受到了越来越多的关注。实验证明，含 Fe、Mn、Cr 的金属化合物的阻燃和灭火效果最好。除此以外，其他金属元素如锑等，对火焰也有非常出色的抑制作用。基于元素优化，通过包覆、交联等作用在干粉灭火剂中引入其他高性能元素，是提升产品性能的重要途径。

3) 配套施放设备研究

纳米粉体的粒径极小，微粒间的间隙很小，在各种分子间作用力的影响与能量转化过程中容易积聚，进而影响纳米干粉灭火剂的施放过程。粉体通过灭火设备施放后，纳米颗粒由于其小体积、高活性的特点，在一定程度上具有类似于气体的特征。当粒径小于某个阈值后，干粉灭火剂在火场中无法有效沉积到火焰根部，而是随烟气的卷吸远离火源。因此，常规的粉体施放设备不能完全满足纳米干粉灭火剂的使用要求。为了科学高效地发挥纳米粉体的灭火有效性，不仅要在材料本身上下功夫，也需要结合流体动力学、机械原理、燃烧学和热力学等相关领域的知识开展粉体适用性的配套设备研究。

4）粉体粒径与灭火性能的最佳平衡关系研究

一般而言，干粉灭火剂的粒径越小，其比表面积越大且表面活性越高，灭火性能更好。但是，干粉灭火剂的灭火性能和粉体粒径并非一直呈线性相关关系，当粒径小到一定程度后，灭火剂的灭火性能不再继续增强。我们的研究发现，磷酸铵盐灭火剂粒径降低到 300～500nm 时，虽然表现出较高的灭火效率，但灭火过程对灭火剂消耗量也会随之增加[20]。此外，中国科学技术大学刘海强等人在使用氢氧化镁粉体进行灭火实验时发现，当灭火粉体的粒径较大时，灭火效率随粉体粒径的减小有所提升，但当粒径减小到 2μm 以后，氢氧化镁干粉灭火剂的灭火性能便不再随粒径的减小而继续上升，反而有所降低。对于不同组成成分的纳米干粉灭火剂，其最佳灭火性能的粒径阈值势必有所差异。在设计纳米干粉灭火剂的粒径尺寸时，应首先对灭火材料的最佳灭火性能粒径临界值进行探索，以实现粉体粒径与灭火性能之间的最佳平衡关系。

2. 计算模拟方法

计算模拟方法已被广泛应用于纳米材料的合成制备、性能预测等诸多领域，尽管如此，纳米干粉灭火技术研究目前还主要依赖实验方法。鉴于计算化学方法在研究成本、科学可靠性、可操作性等方面的优势，可以将计算研究手段引入到粉体灭火技术研究中，融合实验和模拟计算的优势，使两种方法有机结合，实现从理论设计到实践应用、从宏观现象到微观机制的全链条科学研究。干粉灭火技术相关计算研究可采用 Gaussian、VASP、Dmol3 等量子化学计算软件包[21]，在纳米颗粒的物理化学特性、火场动力学行为、颗粒与火焰间的相互作用机理、自由基捕获微观机制等方面开展系统而深入的理论模拟和数值计算。

纳米干粉灭火剂的计算研究，可从以下几方面开展。

1）粉体颗粒的本征特性

灭火剂颗粒本征特性计算分析方面，可以模拟计算纳米颗粒的不同暴露晶面、粒径大小、晶格界面、元素成分等主要特征参数，分析这些特征参数与材料物化特性之间的内在关联，并尝试探索调节微纳颗粒本征特性的有效手段。

2）颗粒热解与灭火机理

超细颗粒热解与灭火机理计算研究方面，可以结合经典分子动力学理论和从头计算量子力学方法，预测低维纳米材料在高温条件下的晶格弛豫和结构相变情况，定性描述不同温度、不同气氛条件下，灭火颗粒与火焰的相互作用。此外，还可以计算分析灭火剂-自由基物理化学作用下的热力学趋势，计算超细颗粒及其中间产物与火场中主要物质发生化学反应的过渡态和能垒，研究灭火颗粒及其裂解产物在不同环境条件下对燃烧反应的抑制作用。

3) 纳米颗粒的生物毒理

纳米颗粒的生物毒理计算方面，可在不同电解液环境下计算分析纳米颗粒与细胞线粒体内特征分子发生氧化还原反应的过渡态、能垒、活化能等，探讨反应的最佳路径和反应产物，为灭火颗粒在细胞内引发氧化应激反应的微观机理分析提供可靠计算数据。另外，还可以通过计算方法，模拟灭火颗粒表面与DNA 之间的直接和间接相互作用，对灭火剂-DNA 相互作用机理进行理论分析，进一步探求这种相互作用下电子转移、分子形变、化学键断裂等微观细节变化，可以进行较为全面的毒性机理微观分析。

4) 目标性能调制与优化改良

综合分析已有实验数据和计算分析结果，设定超细颗粒的物化特性调制目标，并采用复合结构、晶格缺陷、表面修饰、元素成分、晶面取向生长等调制手段对材料目标性能进行有的放矢地调控。大量计算研究成果已充分证明了上述调控手段的可行性，通过调控手段可以实现多种功能纳米材料的性能分析与改良。

参 考 文 献

[1] 华敏. 超细干粉灭火剂微粒运动特性研究[D]. 南京: 南京理工大学, 2015.

[2] 刘玉恒, 金洪斌, 叶宏烈. 我国灭火剂的发展历史与现状[J]. 消防技术与产品信息, 2005(1): 82-87.

[3] 贾晓卿. 超细微粒灭火剂的表面改性研究[D]. 南京: 南京理工大学, 2007.

[4] 刘海强. Mg(OH)$_2$ 粉基灭火介质灭火有效性及其机理研究[D]. 合肥: 中国科学技术大学, 2016.

[5] 孙道兴. 危险化学品安全技术与管理[M]. 北京: 中国纺织出版社, 2011.

[6] 赵元博. 温敏螺旋聚合物纳米微球[D]. 上海: 上海大学, 2018.

[7] 陈俊. 新型磷-硅阻燃剂的合成及其在聚酰胺 6 中的应用[D]. 广州: 华南理工大学, 2011.

[8] 郭薇. 纳米半导体材料对新型薄膜太阳能电池性能影响的研究[D]. 大连: 大连理工大学, 2013.

[9] 王丽伟. 半导体金属氧化物纳米材料的合成、改性与气敏性能研究[D].天津: 南开大学, 2014.

[10] 王东星. 金属(Sn、Ag、Cu)/碳纳米管复合粉体制备及其电子输运性能研究[D]. 大连: 大连理工大学, 2019.

[11] 郝顺利. 纳米锰锌铁氧体粉体的制备及其性能研究[D]. 天津: 河北工业大学, 2007.

[12] 吴承玲, 谢明, 刘满门, 等. SnO$_2$ 纳米晶体的液相法可控合成研究进展[J]. 材料导报, 2015, 29(3): 101-108.

[13] 赵丰. 界面分子组装体结构和形貌的研究[D]. 苏州: 苏州大学, 2005.

[14] Jiang S D, Bai Z M, Tang G, et al. Synthesis of mesoporous silica@Co-Al layered double hydroxide spheres: Layer-by-layer method and their effects on the fame retardancy of epoxy resins[J]. ACS Applied Materials & Interfaces, 2014, 6(16): 14076-14086.

[15] Yan Y X, Yao H B, Mao L B, et al. Micrometer-thick graphene oxide-layered double hydroxide nacre-inspired coatings and their properties[J]. Small, 2016, 12 (6) : 745-755.

[16] 秦凯强. 三维纳米多孔石墨烯基复合材料的可控合成及其超电容性能研究[D]. 天津: 天津大学, 2017.

[17] 于业笑. 2D Cu$_2$O/聚间苯二胺掺杂三聚氰胺/石墨烯/碳纤维复合材料的制备及环境应用[D]. 合肥: 合肥工业大学, 2019.

[18] 刘友星. 超细碳化硅粉体表面改性及分散性研究[D]. 北京: 北京化工大学, 2019.

[19] 王俊. 镁基 S 型气溶胶灭火剂配方设计及灭火机理研究[D]. 南京: 南京理工大学, 2010.

[20] 黄鑫, 刘凌江, 周晓猛. 磷酸铵盐亚纳米粉体灭火性能实验研究[J]. 火灾科学, 2011, 20 (4) : 200-205.

[21] 张旭旭. 铁锰氧化物固体及表面吸附氮氧化物的密度泛函理论研究[D]. 广州: 华南理工大学, 2012.

第7章 粉体灭火技术工程应用

7.1 普通干粉灭火技术工程应用

常见的普通干粉灭火设备包括小型的灭火装置和大型的灭火系统等,一套干粉灭火系统通常由若干功能不一的灭火装置组成。本章主要以普通干粉灭火系统和普通干粉灭火装置的系统应用为例,阐述粉体灭火技术的工程应用。

7.1.1 普通干粉的适用场所

不同灭火组分的普通干粉灭火剂适用于不同类型的火灾,涵盖 A、B、C、D 四种火灾类型。当然,主要还是用于扑救 B、C 类火灾。在工程应用中,应针对不同的保护对象选用适配的干粉灭火剂。首先就普通干粉灭火剂的适用场所作概要介绍。

(1)易燃、可燃液体和可熔化的固体火灾。这类火灾多发生于易燃液体储罐、淬火油槽、清洗油槽、涂料库、喷涂间、反应釜、可燃液体散装库、油泵房、加油站、装卸油栈桥、化工装置等。

(2)可燃气体和可燃液体以压力形式喷射的火灾。这类火灾发生的主要场所包括输气管、输油管、反应塔、可燃气体压缩机房、液化石油气站、煤气罐、煤气炉、油井、天然气井、天然气加工厂,天然气运输船等。

(3)电气火灾。多数干粉灭火剂都具有比较好的绝缘性能,可以在不切断电源的条件下扑救电气火灾,尤其适用于那些含油的电气设备火灾,如室内外变压器、油浸开关等的起火灾害,比其他灭火产品更具性能优势。

(4)木材、纸张、纺织品等 A 类火灾的明火。这类火灾的主要发生场所有:木材场、造纸厂、印刷厂、棉花加工厂、胶带厂等。选用普通干粉灭火装置或系统扑救这类火灾时,与喷水灭火设备配合使用效果更佳,借助干粉灭火剂迅速控制明火,使火势和辐射热降低,再用喷水灭火设备扑灭余火。

(5)D 类金属火灾,如钾、钠、镁、钛、锆、锂、铝镁合金、铝钛合金的火灾等。扑救这类火灾的干粉灭火设备,必须灌装专用的灭火粉体,即专门用来扑救金属火灾的干粉灭火剂。

7.1.2 普通干粉灭火设备的使用要求

《GB 50347—2004 干粉灭火系统设计规范》[1]对普通干粉灭火系统的控制

与操作、安全要求等做了详细规定，第 4 章对普通干粉灭火系统的设计已经做了详细描述，本章不再赘述。由于普通干粉灭火剂多数用于可移动的灭火装置，因此《CECS 322—2012 干粉灭火装置技术规程》[2]对 10kg 以下的普通干粉灭火装置的安装、调试、竣工验收和维护管理作了详细说明。主要内容包括：

1. 干粉灭火系统

1）控制与操作

①干粉灭火系统应设有自动控制、手动控制和机械应急操作三种启动方式。特别地，当局部应用式灭火系统用于经常有人的保护场所时，可不设自动控制启动方式。预制灭火装置可不设机械应急操作启动方式。

②设有火灾自动报警系统时，灭火系统的自动控制应在收到两个独立火灾探测信号后才能启动，并应延迟喷放，延迟时间不应大于 30s，且不得小于干粉储存容器的增压时间。

③全淹没式灭火系统的手动启动装置应设置在防护区外邻近出口或疏散通道便于操作的地方；局部应用式灭火系统的手动启动装置应设在保护对象附近的安全位置。手动启动装置的安装高度宜使其中心位置距地面 1.5m，所有手动启动装置都应明显地标示出其对应的防护区或保护对象的名称。

④在紧靠手动启动装置的部位应设置手动紧急停止装置，其安装高度应与手动启动装置相同。手动紧急停止装置应确保灭火系统能在启动后和喷放灭火剂前的延迟阶段中止。在使用手动紧急停止装置后，应保证手动启动装置可以再次启动。

⑤干粉灭火系统的电源与自动控制应符合现行国家标准《GB 50116—2013 火灾自动报警系统设计规范》的有关规定。当采用气动动力源时，应保证系统操作与控制所需要的气体压力和用气量。

2）安全要求

①防护区内及入口处应设有火灾声光警报器，防护区入口处应设置干粉灭火剂喷放指示门灯及干粉灭火系统永久性标志牌。

②防护区的走道和出口，必须保证人员能在 30s 内安全疏散。

③防护区的门应向疏散方向开启，并应能自动关闭，在任何情况下均应能在防护区内打开。

④防护区入口处应装设自动、手动转换开关。转换开关安装高度宜使中心位置距地面 1.5m。

⑤地下防护区和无窗或设固定窗扇的地上防护区，应设置独立的机械排风

装置，排风口应通向室外。

⑥局部应用式灭火系统，一般没有围封结构，因此只设置火灾声光警报器，不设门灯等设施。

⑦当系统管道设置在有爆炸危险的场所时，管网等金属件应设防静电接地，防静电接地设计应符合国家现行有关标准规定。

2. 干粉灭火装置

1）安装

①干粉灭火装置的安装应按经审核或备案的设计图纸和相应的技术文件进行。当需要进行修改时，应按有关规定变更。

②安装前应具备下列条件：经审核或备案的设计图纸和相应的技术文件；干粉灭火装置及其主要组件的使用、维护说明书；出厂合格证；国家权威机构出具的合格检验报告；设计单位已完成安装技术交底。

③安装现场应具备下列条件：实际的防护区、保护对象与设计相符；现场预埋件和预留孔洞等安装条件符合设计要求。非贮压干粉灭火装置安装现场的预埋件、预留孔和墙体(柜体)等应能承受干粉灭火装置启动时产生的反作用力；用于连接、固定灭火装置的支架、吊架应为防晃支架和吊架，其安装应稳固、位置正确。需要专用连接件时，应根据受力情况重新进行设计。干粉灭火装置必须安装牢固，其承重结构应满足不小于装置重量 5 倍的静荷载。

④安装前，应核查干粉灭火装置及其主要组件，并应符合下列规定：灭火装置及其主要组件的型号、规格、数量应符合设计文件的要求；灭火装置的铭牌应清晰、完整；灭火装置应无明显的机械损伤，表面应无锈蚀，保护层完好；贮压式的灭火装置上压力指示器应指示在绿色区域内；电引发器的引线应短接。

⑤干粉灭火装置安装时应符合下列规定：灭火装置的型号、规格、数量及安装位置、喷口方向应符合设计要求；安装在吊顶上的贮压式灭火装置，其压力指示器应露出吊顶，并应朝向便于人员观察的位置；灭火装置的支架应做防腐处理；灭火装置与支架的连接应牢固。

⑥电引发干粉灭火装置的安装应符合下列要求：安装前，应逐具测量电引发器的阻值，其值应符合产品说明书的规定；安装完毕，电引发器应短接，系统开通才可去除短接状态；电引发器的引出线与电缆间的连接应可靠，采用焊接或接线端子连接。

⑦联动控制组件的安装应符合现行国家标准《GB 50166—2016 火灾自动报警系统施工及验收规范》的规定。

⑧干粉灭火装置安装工程应填写安装记录。

2) 调试

①干粉灭火装置调试应具备下列条件：干粉灭火装置安装完毕，且联动控制组件经检查正常；调试负责人为经过培训的专业技术人员；供电正常，与灭火装置配套的其他消防系统及安全措施处于正常工作状态。

②干粉灭火装置调试前应进行下列准备工作：查验灭火装置的型号、规格、数量及安装位置、喷口方向应符合设计要求，通过目测的方法完成全数检查。如果有 1 具灭火装置不符合设计要求则不进行调试。另外，还要查验灭火装置的安装质量，对安装中出现的问题应及时解决，并有文字记录。安装质量的查验也采用目测的方法完成，全数检查中如有 1 具灭火装置的安装质量不符合设计要求则不进行调试。

③干粉灭火装置的联动控制组件应进行自动模拟启动、手动模拟启动试验，并符合设计要求。

④干粉灭火装置调试完成并合格后，应将灭火装置恢复至正常工作状态。

⑤调试过程应填写记录。

3) 竣工验收

①干粉灭火装置的竣工验收应由建设单位组织监理、施工、设计等单位组成验收组共同进行。

②竣工验收时，应具备下列文件资料：竣工验收申请报告；经审核或备案的设计图纸、设计说明、设计变更及相应的技术文件；竣工图等其他文件；干粉灭火装置产品的出厂合格证，灭火装置及其主要组件的使用、维护说明书和国家权威机构出具的合格检验报告；干粉灭火装置施工安装记录及调试记录。

③竣工验收时，应对相关资料进行核查，并进行工程质量验收。验收项目如有 1 项不合格，则判定该系统不合格。安装工程质量不符合要求时，应更换设备或返工，直至验收合格。

④验收合格后，应向建设单位移交所需文件资料，包括工程竣工验收质量资料核查记录；工程竣工质量验收记录、调试记录和报告；工程竣工验收相关文件、资料、记录等。

⑤防护区或保护对象的位置、用途、几何特征、环境温度、可燃物的特性、防护区围护结构及其耐火性能等应符合《CECS 322—2012 干粉灭火装置技术规程》第 3 章的规定和设计要求。

⑥地下防护区、无窗或固定窗扇的地上防护区，其通风条件应符合设计要求，也采用目测的方式进行全数检查。

⑦当采用全淹没灭火方式时，防护区内及入口处应设置火灾声光报警器，防护区入口处应设置干粉灭火剂喷放指示灯，目测全数检查。

⑧非贮压干粉灭火装置安装现场的预埋件、预留孔和墙体(柜体)等应能承受干粉灭火装置启动时产生的反作用力。同一类型和规格的干粉灭火装置抽取 1 具进行检测。具体检测方法为：将抽取的干粉灭火装置前后控制线路断开避免其联动，通过 24V 或其他方法启动该具灭火装置，检查预埋件、预留孔和墙体(柜体)等是否破裂变形。

⑨安装干粉灭火装置的承重结构静荷应符合要求，同一类型和规格的灭火装置抽取 1 具进行检测。具体检测方法为：将抽取的干粉灭火装置取下并称其质量，然后在悬挂支架(座)上悬挂 5 倍干粉灭火装置重量载荷，10min 后未产生变形或脱落现象为合格。

⑩干粉灭火装置的型号、规格、数量、安装位置、喷口方向、灭火装置与支架的连接等应符合规定，按产品的 10%进行目测抽查，不足 10 具按 1 具抽查。

⑪干粉灭火装置电引发器的阻值，引出线的连接等应符合规定，按产品的 10%进行抽查，不足 10 具按 1 具抽查，使用万用表测量。

⑫联动控制组件的外观质量应符合：表面保护层完好，无锈蚀及明显碰撞变形等机械损伤；铭牌清晰、完整、牢固。

⑬联动控制组件的品种、规格、数量应符合国家现行产品标准的规定和设计要求，以出具产品合格证和国家权威机构认证合格有效证明文件的方式进行全数检测。

4) 维护管理

①干粉灭火装置应经验收合格方可投入使用，使用单位应制定干粉灭火装置的操作、检查和维护管理制度。

②干粉灭火装置投入运行前，使用单位应配备经过专门培训合格的专职或兼职人员负责装置的操作、检查和维护管理。

③干粉灭火装置正式启用时，应制定管理规定，并应具备下列条件：全部技术资料和竣工验收报告；专职或兼职人员职责明确，操作规程和流程图完备；已建立灭火装置的技术档案。

④干粉灭火装置应分别按本规程的要求进行月检、年检和 5 年检查。

⑤月检应符合下列规定：检查非贮压式灭火装置的封口膜外观，应无损伤；检查贮压式灭火装置的喷头、感温元件以及储存灭火剂容器、压力指示器等相关组件外观，应无移位、损坏或腐蚀现象；检查贮压式灭火装置的灭火剂储罐的充装压力情况，应符合标准规定；检查充装灭火剂的有效使用期限；清洁灭火装置及其相关组件的表面；检查电引发器引出线及连接电缆应无折断、破损等现象。

⑥年检除应检查以上规定的项目外，还应符合下列规定：检查防护区的开口情况、防护区的用途及可燃物的种类、数量、分布情况，应符合原设计要求；检查灭火装置和支、吊架的安装固定情况，应无松动；检查贮压灭火装置上的喷头孔口，应无堵塞；联动控制系统应处于正常状态。

⑦干粉灭火装置生产 5 年后，应按下列规定进行维护：对同一建筑物或构筑物内使用的同一批次的贮压式灭火装置，应随机抽取 2 具，对充装的干粉灭火剂的外观质量进行检验，并记录检验结果；若发现干粉灭火剂结块，应更换该灭火装置的干粉灭火剂，并加倍随机抽样复验；若复验仍不合格，应更换该批次所有灭火装置内的干粉灭火剂。对非贮压式干粉灭火装置应按使用说明书的要求，及时更换到期的灭火装置；储存容器再充装前或每 5 年应进行水压试验，水压试验不合格不得继续使用。应根据引发器的使用年限按时更换引发器，并采取措施确保安全。

⑧对检查和试验中发现的问题应及时予以解决，对损坏或不合格的部件应立即更换，并应使灭火装置恢复到正常工作状态。

7.1.3 工程应用的局限性

普通干粉灭火剂颗粒粒径通常介于 $10 \sim 75 \mu m$ 之间，这种粒子的弥散性相对较差，比表面积也较小。不仅如此，普通干粉单个粒子的质量普遍较大，沉淀速率快，且粒子受热分解的速率慢，导致其捕获自由基或活性基团的能力有限，限制了普通干粉灭火剂的应用。另外，干粉灭火剂灭火后有残渣残留，对现场设备等的污染问题普遍存在，而且灭火干粉的冷却效果不佳，抗复燃效果差，不能扑灭阴燃火灾[3]。

BC 类干粉灭火剂的灭火机理落后导致其灭火效能不高，灭火过程所需的灭火剂用量很大，不仅会造成灭火剂的浪费，也会对环境造成相当程度的污染。

我国目前生产的 ABC 类干粉灭火剂中磷酸铵盐的质量分数有 75%和 50%等几种规格，磷酸铵盐的质量分数决定了灭火剂的灭火效能。显然，磷酸铵盐质量分数为 75%的灭火剂，其灭火效能明显高于磷酸铵盐质量分数为 50%的灭火剂，当然价格也较高。由于我国在磷酸铵盐粉碎等方面尚存在一定技术瓶颈，磷酸铵盐质量分数达 90%及以上的产品还比较少见，相关技术有待进一步发展。

7.2 超细干粉灭火技术工程应用

7.2.1 超细干粉的适用场所

超细干粉与普通干粉的区别主要体现在粉体粒径上，主要灭火成分并没有本质区别。与普通干粉灭火剂一样，超细干粉灭火剂的大气臭氧损耗潜能值与温室效应潜能值均为零，对地球大气环境无不良影响，并具有安全高效、易于清除、成本低等优点，在许多场所有着广泛的应用[4-7]。

1. 电子设备以及档案室

与普通干粉灭火剂相比，超细干粉灭火剂及其灭火装置对电子设备以及档案室的适用性更好。以机房为例，房内的计算机及其辅助电子设备长期处于带电运行状态，电子设备很容易由于电线、设备老化以及电子元件短路等问题引发大火。火灾一旦发生，若扑救不当或燃烧产物难以清理，会对电子设备造成损坏，需要选用较为先进的超细干粉灭火产品。

2. 电缆沟

随着哈龙产品的淘汰，目前应用于电缆隧道、夹层等场所中比较先进的自动化灭火产品主要有超细干粉灭火剂、细水雾等。然而，细水雾装置在使用过程中存在导电等安全隐患和局限性，越来越多的工程应用选择超细干粉灭火产品。

电缆沟内线缆密布，经常因为电源短路发生"拉弧"引起火灾，内导线绝缘层会在短时间内极速燃烧，造成严重后果。超细干粉灭火剂灭火速率快，无低温限制，被公认为最有效的灭火方式，是电缆沟消防的最佳选择。

3. 机舱

随着技术的不断进步，各类交通工具迅速发展，汽车、轮船等交通运输工具的发动机舱、行李舱、电池舱以及风电机舱的防灭火问题日益突出。超细干粉灭火装置适用于大多数上述场所，能达到有效的机舱火灾扑救效果。

4. 隧道

隧道内存在大量可移动的可燃物，如油罐列车、卡车以及各类车辆携带的汽油等，一旦发生火灾，火势发展会极其凶猛且难以控制，长时间的燃烧还会造成隧道结构破坏进而可能引起坍塌等一系列问题。着火后的隧道温度极高，消防作业人员很难靠近，通过向隧道中喷射大量超细干粉灭火剂，可快速扑灭隧道中的大火并使温度降低，减少人员伤亡和财产损失。

5. 危爆品仓库

一些危险的密闭空间如易燃易爆品仓库、危险化学品仓库等经常出现无人值守的情况，一旦发生火灾，灭火装置检测到火灾信号会自动启动喷射系统，在短时间内喷出符合浓度要求的超细干粉灭火剂，实现全淹没灭火，扑灭初期火灾。喷射期间，报警装置发出警报并告知工作人员，更好的应对火情。

6. 军舰和潜艇

军舰和潜艇上装有大量弹药和燃油，若发生火灾，很难进行消防救援，后果极其严重。超细干粉灭火技术可应用于军舰和潜艇的舱室，实现初期火灾的快速扑救，进而避免火灾的进一步蔓延和二次灾难的发生。

7.2.2 超细干粉灭火技术的应用优势

1. 灭火适用性强

超细干粉灭火技术除了可以以全淹没灭火的方式灭火外，也可以使用局部灭火的方式灭火，有很强的针对性。超细干粉自动灭火装置的研发弥补了悬挂式气体自动灭火装置的局限性，拓宽了灭火装置的应用范围。超细干粉灭火技术可应用于局部空间小、距离长、高度深等支架密集的电缆沟、电缆隧道等各种管网灭火系统无法使用的场所，可实现无源自发启动，扑灭初期火灾，减少财产损失。此外，超细干粉灭火装置适用于配电室的配电柜、电缆夹层以及通信机站等各类型无人值守而普通灭火装置无法使用的场所。

2. 灭火系统简单，使用成本低

灭火效率的大幅提升降低了超细干粉灭火剂的设计用量，相关工程的工作量就会大大减少，超细干粉自动灭火装置安装使用也会更加方便，不需要穿墙打孔，也无须架设大量的管道及附属设施，只需将灭火装置悬挂在被保护物的上方即可，这样就省去了复杂的电控设备，避免了误操作的可能，也无须设置专用的储气瓶间，节省了占地面积。

3. 灭火剂用量小，费用低。

与传统的固定式气体灭火系统以整个封闭空间为保护对象相比，超细干粉灭火系统是根据保护区域的面积或体积大小计算确定灭火剂的用量，避免了不必要的浪费，降低了一次灭火的成本；相比普通干粉灭火剂，超细干粉灭火剂的灭火效率更高，大大减少了灭火剂的用量。

7.2.3 工程应用案例分析

基于超细干粉灭火剂的适用范围和上述使用优势，以实际案例为牵引，论述其具体应用。

1. 在高架立体库中的应用[8]

1) 项目概况

高架立体库内有 8 排，14 列纵向排列的货架，分为 12 层，每列货架的长宽高分别为：57.6m、1.1m 和 20.45m。距离两墙 1.5m 的货架组成：背靠背货架组成一排，共 6 排，一排由一列组成，每列间隔 0.35m。8 排货架之间为宽 1.6m，4032 个货格(2.4m×1.1m×1.875m，上部为 1.575m)的堆垛机巷道。

2) 灭火系统的设计

设计布置超细干粉灭火系统时应当考虑如下因素。

(1) 根据防护区类型，确定应用方式。

选取局部应用的依据：①库区面积大，货架高，超出规范的规定，不符合使用全淹没的条件。②实际的货架防护区情况(背靠背两列之间的距离为 0.35m)与火灾发生后的特点决定了只能以纵向货架为一个消防灭火单元。③整个区被分为 8 个灭火单元，符合局部应用的要求。

(2) 报警系统的配备。

基于传统感烟、感温探测器的不足，选择空气采样机，选取原因有三点：①主动吸气采样，响应时间短，探测灵敏。②自学习功能，可依照客户需求及环境特性来调整报警阈值。③多级响应阈值使用更方便可靠，选择范围广。从空气采样机的实际使用效果来看也比较好。

(3) 开口位置、通风、防排烟等联动设备的布置。

通风、防排烟等其他联动设备的数量、设置、位置等均有一定的规范要求，设计参数应符合相关要求。

(4) 确定灭火剂用量。

根据设备布置情况以及堆垛机的运行方式，使用无管网局部应用的体积法计算和设计，相比管网灭火系统，具有体积小、不影响堆垛机运作、工程造价较低的优点。

采用体积法应按下列要求：

①采用假定封闭罩的体积作为保护对象的计算体积，封闭罩底面为保护对象的实际底面，侧面以及顶部到保护对象的外缘距离不小于 1m。

②灭火剂用量、灭火装置数量的计算公式以及参数值的确定方法已有给出，以中间背靠背货架为例：

$$
\begin{aligned}
m &= K_1 \times K_3 \times V_1 \times C \\
&= 1.1 \times 1 \times (57.6 + 1 + 1) \times (1.1 + 1.1 + 0.35 + 1 + 1) \times 20.45 \times 1.2 \times 0.06 \qquad (7\text{-}1) \\
&= 439.21 \text{kg}
\end{aligned}
$$

(5)选定灭火装置，并确定布置方式与位置。

考虑背靠背货架距离为350mm，堆垛机放货时100mm的裕量以及灭火装置的外形尺寸，选用质量为3kg(130+100×2=330＜350，其中130为直径)的罐体。根据具体的平面布置要求确定每层每列选用的灭火装置数量(每层25只，两层共用，故每列为25×6=150只，装置挂于节点处)，考虑灭火剂流失，适当增加灭火剂量并选用侧喷，最终确定整个保护区内灭火装置的数量为1200具。

(6)为保证其安全运行工作，在各项工作完成后，需进行认真的核对检查。

2. 在危险化学品库中的应用[9]

1)工程概况

危险化学品库的耐火等级为二级，一层，分为两部分，A1：980m^{2}的乙类库房；A2：590m^{2}的甲类库房。其中甲类溶剂库、油漆库、过期溶剂库、非甲类溶剂库的面积分别为：46m^2、94m^2、46m^2、178m^2。除此外还有酸碱库、惰性气体库、双氧水库等。

2)系统设计

由于建筑内各库房独立，实体分离，故采取无管网全淹没超细干粉灭火系统，设置自动联动启动装置。

(1)灭火剂设计用量计算。

$$m = C \times (C_v - V_g) \times K_1 \times K_2 \times K_3 \tag{7-2}$$

(2)喷放装置的布置以及启动方式的设计应按照设计要求进行布置。①布置均匀。②无死角。③按钮位置要保证人员安全。启动方式除采用温度自动感应外，还应根据防护区概况设置手动控制、联动控制。

超细干粉灭火装置为非贮压、自启动类型。由热敏线分组启动，每组配有3～5套。热敏线距墙壁最大距离不超过1.5m，相邻的热敏线间距最大距离不超过5.0m。

7.2.4 工程应用中注意的问题

目前为止，超细干粉灭火系统还没有国家层面的规范，但是多地已出台相关标准，可作为设计、施工、验收的标准。在掌握超细干粉灭火技术灭火机理的基础上，了解各商家产品的技术指标，认真设计计算，合理安装，保证超细干粉灭火系统充分发挥其作用。本章主要从三个角度阐述超细干粉灭火系统在工程应用中注意的问题。

1. 人员安全方面

1) 撤离人员

粉体颗粒一旦喷出会使现场的能见度变低，为保证救援人员能够安全顺利地进行消防救援，使用前需将人员安全撤离。有限空间范围内，超细干粉颗粒在空气中的浓度为 $100g/m^3$ 时会出现白色的浓雾，能见度约为 2m，火场工作人员逃生较为困难。故在喷射超细干粉灭火剂之前，需要先确保火灾区域内人员已经安全撤出。

2) 个人防护

消防救援中，超细干粉灭火剂的操作人员以及进入火场实施救援的工作人员均需要佩戴双层口罩或者防尘专用口罩防止颗粒被吸入呼吸道，危害工作人员的生命健康。灭火工作完成后，需经正压通风机清除事故现场的浓烟浓雾，方可进入现场进行随后的清理工作。

2. 灭火系统设计方面

1) 粉剂的选择与存储

目前，国家及行业对超细干粉灭火剂无统一的要求与标准，市场出售的产品真假掺杂，许多标注的超细干粉本质上并非真正意义的超细干粉灭火剂，只是由普通干粉灭火剂筛分所得，其灭火效能与真正的超细干粉产品无法比拟且容易吸潮。设计人员在选择厂家时须严格谨慎，查阅其相关生产检测报告，把握好设计裕量的取值。

超细干粉灭火装置需存储在温度为–10～55℃且干燥通风的环境中，以防止超细干粉灭火剂受潮变质和暴晒。超细干粉灭火装置的平均寿命大约为 5～10 年，应定期更换检查。

2) 灭火装置的布置以及控制方法

超细干粉灭火装置的布置应尽可能解决防护死角的问题。尽管理论上只需要保护被保护物，达到要求的灭火浓度即可将火扑灭，然而，实际工程经验表明，灭火剂须具有一定的动能喷向保护对象，才能实现良好的灭火效能。尤其对于大火，该问题必须引起足够重视，消除防护死角。

超细干粉灭火系统的布置安装应根据具体工程情况的设计要求以及消防设备的配备，合理划分保护区域，并结合防护区的空间大小、防护对象的性质以及发生火灾的危险等级等因素选取恰当的灭火系统，设计合理的灭火装置与控制方法。

3）灭火系统的选择

对于易于封闭的防护区，可选择全淹没灭火系统；对处于不便封闭的大空间保护对象，选取局部应用系统较为合理；对于较小的防护区可选择预制灭火装置与无管网灭火系统；针对较大的防护区可选用管网灭火系统。

值得注意的是，在选择灭火系统时需认真分析被保护物以及建筑物本身和发生火灾的特点，正确选择全淹没应用方式还是局部应用方式，对于体积的计算要严谨，工程应用中不能简单地按照标准所给公式进行计算。

4）管网选择分配

使用一套超细干粉灭火剂存储装置时由管网选择分配，保护对象为 1 个以上时，灭火剂的储存量应按照防护区最大的储存需要进行，保护对象与防护区之和不应超过 8 个。当保护对象与防护区之和大于 5 个或喷放超细干粉灭火剂48 小时内无法恢复正常工作状态时，灭火剂应有备用量。备用储存器需与管网系统相连，可与主要的储存器交换使用。

5）防护区的设置

防护区或保护对象需设置火灾声光报警装置，防护区入口处需设置灭火剂喷放指示门灯及灭火系统永久性标志牌。防护区出口应当保证人员可在 30s 内安全疏散（表 7-1）。

表 7-1　防护区设置要求

防护位置	安装设置以及其他要求
防护区或保护对象	配有火灾声光报警装置
防护区入口	应设有灭火剂喷放指示门灯及灭火系统永久性标志牌
防护区出口	必须保证人员能在 30s 内安全疏散
地下防护区，无窗或设固定窗扇的地上防护区	应设置独立的机械排风装置，排风口通向室外
灭火系统设置在有爆炸危险的场所时	灭火装置及自动控制器件应具备相应等级的防爆功能

超细干粉灭火技术的使用应当严格按照相关标准规范执行，建立良好的防护意识，确保工作人员生命财产安全，使超细干粉灭火剂充分发挥其优异的灭火性能。

3. 系统维修保养

超细干粉灭火装置需有专业人员定期检修保养，为确保整个系统的正常运行，不但要进行日常的外观检查，每间隔 3 月还需进行一次全面外观检查；另外，还要每隔 1 年进行一次全面维护保养；每隔 5 年对超细干粉灭火装置进行检查，满足要求可继续使用；每隔 10 年需要对粉罐与动力瓶进行一次水压强度检验，检查合格后可继续使用。此外，使用后的超细干粉灭火装置需在 24h 内将其复位。

7.3 热气溶胶灭火技术工程应用

目前市面上成熟的热气溶胶灭火产品主要分为 K 型和 S 型两种，其中的 S 型已成为国内外的主流产品，在诸多领域有较为成熟的商业应用。《GB 50370—2005 气体灭火系统设计规范》中明确指出，S 型热气溶胶灭火剂不会对电器及电子设备造成二次损坏，可用于扑救电器火灾。而第二代的 K 型热气溶胶灭火剂由于其腐蚀性较大，用于电气火灾的扑救时需要遵循一定的限制性规定，即除电缆隧道(夹层、井)及自备发电机房外，K 型热气溶胶灭火系统不得用于其他电气火灾，不得用于电子计算机房、通信机房等电子设备房。因此，本章以 S 型热气溶胶为例，阐述热气溶胶灭火技术的工程应用。

7.3.1 热气溶胶灭火技术的优势

热气溶胶灭火药剂在启动电流或热的引发下，借助药剂自身的氧化还原反应产生灭火气溶胶。与传统气溶胶灭火技术相比，S 型热气溶胶灭火技术的优势主要体现在[10]：

(1) S 型热气溶胶在高温火焰下，不会分解出氢氟酸等有害物质，对人体健康、电子设备的安全性影响小，且不会对精密仪器造成二次伤害，S 型热气溶胶灭火剂选用以锶盐为主的氧化剂，生成的气溶胶中固体微粒的金属氧化物主要是 MgO、SrO 等。这些氧化物难溶于水，不易吸收空气中的水分，即使放入水中，也只是缓慢变成 $Mg(OH)_2$、$Sr(OH)_2$，将它置于空气中吸收水分和二氧化碳生成的碱式碳酸盐也属弱碱性，对设备不会构成腐蚀作用。因此，硝酸锶是热气溶胶灭火剂比较理想的氧化剂。

K 型热气溶胶灭火剂选用以钾盐为主的氧化剂，因此其产物中的固体微粒主要为 K_2O、Na_2O 等。这些微粒粒度较大，易沉降，化学性质活泼，沉降后极易吸收空气中的水分生成 KOH、$NaOH$ 等具有强导电性和腐蚀性的液膜，进而损坏电器设备。

(2) 灭火装置体积小，质量轻。相同的灭火能力下，国内市场上的 S 型热气溶胶灭火装置是传统气溶胶装置体积/质量的 1/4～1/3。这种小型、轻量化的设计使得它能在狭小的保护空间应用，S 型热气溶胶灭火装置的安装相对于传统产品也更加方便灵活，并且具有定点保护的功能。

(3)喷放速率快。充装 3kg 药剂的传统热气溶胶灭火产品,喷放时间约为 45s,而 S 型热气溶胶灭火装置的药剂喷放速率更快,以 QRR3.0G/S 组合固定式气溶胶灭火装置为例,其喷放 3kg 灭火药剂仅需 12s,这一特性使气溶胶的喷放速率能够与七氟丙烷等气体灭火剂产品媲美,灭火概率大大提高。

(4)环境适用性好。S 型热气溶胶灭火装置的使用温度普遍较宽(–30～75℃),较传统产品(–20～50℃)具有更好的环境适用性。并且国内已有不少知名厂商的全系列产品通过了 CE 的 EMC(Electromagnetic Compatibility,简称 EMC,CE 的指令之一)电磁兼容性认证,相关产品可以在具有复杂电场、磁场环境中适用,而不会引起误操作。

7.3.2 热气溶胶的适用场所

S 型热气溶胶灭火系统的适用场所和常规气体灭火系统基本相同,包括液体火灾、气体火灾、电气火灾、固体表面火灾等,但不适用于固体深位火灾。

早在 1997 年,澳大利亚就在其国家标准中指出:气溶胶灭火产品可在计算机房、数据处理中心等精密仪器中使用,相关技术已被美国的奥林航天公司(Olin Aero Space)与斯派克斯(Spectrex)以及澳大利亚的普罗根(Pyrogen)等公司运用于飞机、军事设备及船舶上。经过多年的发展,该技术已拓展到民用生活的方方面面,应用非常广泛。

军事领域:气溶胶灭火产品已被美国海陆空三军用于船舶发动机、车辆发动机、飞机油箱等灭火系统中。俄罗斯也是如此,如安装在作战坦克(Malyshev工业公司制造,5 个炮管)上的 UPG-92 灭火推进装置,每个炮管上的特殊气溶胶灭火剂质量为 200kg,齐射可将火焰全部覆盖并将其扑灭。该灭火装置具有防火、防辐射等功能特点,可深入火场近距离实施灭火作业,能在数秒内压制 $100m^2$ 的石油和天然气火。

民用领域:气溶胶灭火技术已在档案室、配电室以及仓库等场所得到使用。如我国自主研发的 EBM 气溶胶灭火剂及其自动灭火装置,可用于扑灭封闭空间的固体表面火灾;莫斯科化学力学科研所研究开发的"曼古斯特"可用于扑救汽车发动室的汽油火灾,另一款"卡帕斯"可用于抑制煤矿瓦斯与粉尘混合物的爆炸;此外,德国公众保险商与科研所合作,联合研发了气溶胶灭火器,可有效扑灭 B 类火灾。

7.3.3 工程应用规范与注意事项

在工程应用中,基于热气溶胶技术的灭火产品,在安装调试、检查与维修、管理等阶段,都应遵循相应规范的要求,现就其注意事项做简要说明[11,12]。

1. 安装调试

热气溶胶灭火装置的安装必须遵循《GB 50370—2017 气体灭火系统设计规范》《GB 50263—2007 气体灭火系统施工及验收规范》《GA 499.1—2010 气溶胶灭火系统第 1 部分：热气溶胶灭火装置》等规范标准，并满足其他相关标准规范的要求。安装前必须认真阅读说明书，熟悉工程设计方案，确保灭火装置布置与设计图纸相符，各部件齐全且符合设计要求。

相关的安全性要求有：

(1)热气溶胶灭火装置喷口前 1.0m 内，装置的背面、侧面、顶部 0.2m 内不应设置或存放设备、器具等。

(2)灭火装置不宜安装在下列位置：

①临近明火、火源处，临近进风、排风口，或是门、窗及其他开口处。

②容易被雨淋、水浇、水淹处。

③疏散通道。

④经常受震动、冲击的地方，以及腐蚀环境中。

2. 检查与维修

进行系统的日常检查和维护工作，以确保系统运行正常。灭火系统的检查方式有三种：首先是每日一次的巡视检查，主要是直观地针对灭火系统进行检查，观看火灾自动报警系统的情况以及火灾探测器的外观完整性，是否正常运行；并检查应急照明灯和疏散指示灯的工作状态有无差错；检查装置的喷嘴、选择阀以及管网等系统组成部件的工作状态。其次是测试检查，每月至少进行一次。还有就是检验检查，每年至少进行一次，依据相关标准规范的要求，对整个灭火系统进行联动功能测试和综合技术评价。

外观检查的内容包括：系统部件是否有碰撞变形以及机械性损伤，有无表面腐蚀，有无保护涂层损伤，铭牌的清晰度如何，手动操作装置的相关部件(如防护罩、铅封)以及标志是否完整，火灾探测器有无污染，灭火剂的喷嘴是否发生堵塞现象，火灾探测器和喷嘴有无遮蔽，储存容器以及输送管道、固定装置是否有松动，高压软管是否存在各种问题(变形、裂纹、耐压强度等不合要求的现象)，应急照明灯、疏散标志、报警装置是否完好，火灾探测器可否正常工作，灭火系统各功能(如系统控制盘)是否正常运行。

灭火系统和其他建筑消防设施的检测、检查、检验工作需由具有一定资质的专业技术人员进行；其中，测试检查、检验检查可由本单位自行进行，也可委托具有服务资质的单位或具有相应消防设施安装资质的单位实施。建立热气溶胶预制灭火系统的检查登记体系，存在的问题和故障应立即现场解决，无法现场解决的应在 24 小时内解决，需供应商或制造商解决的应在 5 个工作日内处理并恢复正常状态。系统因故障、维修等问题需要暂停工作时，应经消防安全经理批准，并采取相应的安全措施确保系统运行。

3. 日常管理

日常管理应注意：

(1)火灾报警发出警报时，派专业人员确定火灾是否发生，是否需启动灭火系统，确认火情后启动热气溶胶灭火系统。

(2)巡查人员发现火灾时，可现场启动紧急按钮，启动灭火系统。

(3)灭火剂施放 10 分钟后，需进行排烟，善后处理。对于精密的电子设备，必须使用压缩气体吹扫或使用吸尘器处理，以便将仪器表面的粉体污垢处理干净，不可使用水擦拭，防止对设备造成破坏。

(4)设备的检查维护：控制器的蓄电池属于易耗品，应半年进行一次检查，并需要充放电维护，一旦失效需及时更换。对于过期设备也应及时更换。

7.3.4　工程应用的局限性

热气溶胶灭火技术工程应用的局限性主要体现在以下几个方面[13]。

1. 适用性方面

热气溶胶灭火剂可用于扑灭电气火灾、固体表面火灾等多种形式的火灾，但对于强氧化剂与含氧化剂的混合物，以及无空气条件下能通过自身供氧快速氧化燃烧的物质不适用，例如硝酸钠、氟、炸药等物质。对于 D 类火灾中的活泼金属(如钾、镁、钠)、金属氢化物(如氢化钠、氢化钾等)以及可自燃的物质(白磷、某些金属有机化合物)，热气溶胶灭火技术不适用。

2. 安全性方面

尽管 S 型热气溶胶灭火技术绿色环保对环境无污染，但是施放后会产生能见度极低的浓烟浓雾，严重影响火场人员逃生疏散；另外，灭火剂施放喷口处的温度很高，容易对灭火设备或防护对象造成伤害。因此，人员密集场所和有超净要求的区域不使用该类型产品。出于安全考虑，热气溶胶喷口前 1m 内，装置的背面侧面顶部 0.2m 内均不宜设置或存放其他设备或器具。

3. 可靠性方面

热气溶胶灭火装置基于发烟法工作，控制装置的误操作很容易引起灭火装置误喷；启动时，处于同一防护区或者同一灭火装置中的数个发生器经常无法同步启动，只是部分开启，有时会出现无法启动的问题；此外，热气溶胶灭火剂属于自反应性物质，如果工艺控制或者存储中出现问题，很容易发生物理或者化学反应，甚至伴有自燃、爆炸等严重危险性事故。

7.4　纳米干粉灭火技术工程应用分析

国内外许多专家预测，微纳米特别是纳米干粉灭火技术是未来粉体灭火技术发展的一个重要方向。将粉体粒径加工至数微米至纳米级别，粒子会表现出一些特殊的性能，比如量子尺寸效应、表界面效应等，使纳米粉体比常规普通干粉和超细干粉有更好的灭火抑爆能力，在促进自由基消耗、减缓自由基增长速率等方面表现出色的性能。与常规干粉灭火剂相比，纳米粉体与火焰的接触面积大大增加，对燃烧中产生的自由基也有更好的吸附能力和选择性，从而显著提升其灭火效能。目前一些研究从理论和试验的角度，对多种纳米干粉抑制甲烷、丙烷等火焰的行为进行了测试，发现钇稳定氧化锆等纳米粉体具有良好的抑制燃烧作用，粒径为 $300 \sim 500nm$ 的 $NH_4H_2PO_4$ 干粉，其灭火能力可以达到普通干粉灭火剂的 $4 \sim 25$ 倍。

7.4.1　工程应用的局限性

纳米干粉灭火技术综合性能优异，有着广阔的应用前景。但由于在生产过程中还存在一些问题，导致目前纳米干粉灭火剂还未得到产业化生产和大规模使用。这些问题主要包括：

1. 制备工艺复杂

通过传统物理粉碎技术制得的干粉灭火剂粒径一般在微米量级，无法用来大规模生产亚微米和纳米尺度的颗粒。虽然微纳米材料可以借助溶胶-凝胶法、化学气相沉积法、物理气相沉积法等方法制备，但这些制备方法的工艺过程比较复杂，技术含量高，很难实现规模化生产。另外，制备的纳米粉体还需经过特殊的表面改性处理，才能用作灭火剂，这进一步加大了纳米粉体的生产成本。好在经过广大技术专家和科研工作者的不懈努力，研发了气流粉碎和喷雾干燥技术，使得纳米粉体的批量化生产成为可能，为纳米干粉灭火技术的发展提供了强有力的技术支撑。

2. 粒子的不稳定性

当粉体的颗粒变小，尤其是达到纳米级别时，颗粒会成为一个化学活性物质，能够提供电子和捕获电子。但是，纳米粉体的高表面活性和巨大的表面能，使其特别容易发生聚合，形成软团聚或硬团聚，严重影响灭火剂在储存和使用过程中的稳定性、流动性和分散性，从而限制了纳米干粉灭火剂的工程应用。目前，这一问题可采用粉体表面改性技术加以解决，以获得具有良好分散效果且能够稳定存在的纳米灭火粒子。

3. 生产成本高

纳米粉体的制备工艺既特殊又复杂，颗粒形成后还需进行表面改性处理，其生产成本远远大于普通干粉和超细干粉灭火剂，短时间内很难广泛使用，需要进一步借助更先进高效的制备工艺，尽可能降低生产成本，寻找更为价廉、环保、稳定、高效的纳米粉体使用，或者选择将纳米粉体作为功能性添加组分使用。

7.4.2 适用场所

纳米干粉灭火剂有良好的弥散悬浮效果和灭火效率，与普通干粉和超细干粉灭火剂相比，更适用于计算机房、档案室等高附加值的场所，未来应用应重点考虑：

1. 计算机房、电子设备房及档案馆

计算机房的带电设备和电路管线需长期负荷运行，很容易因线路老化、短路等问题引发火灾；另外，随着经济社会的发展，电子设备设施的使用日益广泛，档案库房所保管的各类设备和资料的重要性也日益凸显，鉴于惰性气体、细水雾等传统灭火技术的局限性，选择纳米干粉等更为高效的灭火方式保护这些重要场所日趋迫切。

2. 电缆、地下管廊

地下综合管廊是用来容纳地下和地面公用管线，将城市通信、排水、电力等管线进行集约管理的整体隧道结构。管廊中架设了电线电缆等很多可燃物，一旦发生火灾，必将会带来重大经济损失，给社会带来不利影响。根据《城市综合管廊工程技术规范》规定，综合管廊中可布设湿式、水喷雾和气体等类型的灭火系统。其中湿式自动喷水灭火系统成本低廉且施工操作方便，但是由于综合管廊中存在大量带电设备设施，湿式灭火系统不适用于该类火灾的扑救，因此通常不采用这种灭火方式。水喷雾系统虽然能够用于电气火灾的扑救，但难以满足大流量的需求；七氟丙烷气体灭火系统的灭火效率较高，但在灭火过

程中会产生腐蚀性气体，不仅会损害电路管线，还会加剧温室效应等环境影响。粉体灭火技术既能用于封闭空间的全淹没灭火，又能用于开放空间的局部灭火，通常是地下综合管廊灭火的首选方案。纳米干粉灭火剂作为粉体灭火中最高效的一类，能有效扑灭电缆火灾及地下管廊火灾，发展潜力无限。

3. 动力机舱和控制室

动力机舱和控制室是交通运输工具的核心舱室，电子器件等各类设备繁多，机器价值高且功能性强，具有可燃物料多、结构复杂、封闭空间大等特点，是火灾的易发点，且着火点不易被发现，一旦起火，扑救难度和经济损失都会巨大。纳米干粉灭火剂作为新一代高效干粉灭火剂，能有效控制和扑灭动力机舱和控制室火灾。

4. 矿井等生产作业场所

纳米粉体除了具有优异的灭火能力外，还有很好的抑爆作用。西安科技大学的程方明等[14]通过研究二氧化硅纳米粉体对瓦斯爆炸的影响，明确了纳米粉体具有比微米级粉体更好的抑爆效果。改善纳米粉体抑爆剂的分散性，减少颗粒分散后的团聚，对提高其抑爆效能具有重要意义。

7.4.3 相关产品

鉴于纳米粉体高成本、易团聚的特性，目前纳米干粉灭火剂仍处于实验室研发阶段，虽然有着极佳的应用前景，但距离大规模工业生产和应用还有很大距离。单纯使用纳米干粉扑救火灾目前来看还不太现实。很多科研工作者考虑将纳米特别是纳米粉体作为功能性添加剂，配合常规或超细粉体使用，以达到增效、提效的作用。如国内某研究所将具有不同功能（灭火、消烟、催化等）的微纳米粒子复合，制备出了灭火有效成分含量高、流动性强、兼具消烟和减毒功能、抗团聚和疏水性强的纳微米复合型灭火剂。据报道，该灭火剂的性能远高于《GA 578—2005 超细干粉灭火剂》标准，可用于武器装备、军事重点场所的灭火和防火，还适用于铁路隧道、地下仓库等各类重点行业领域和大型有限空间的快速灭火。

不仅如此，国内部分高新企业也在着手研制微纳米粉体复配的复合型干粉灭火剂。如有相关粉体灭火剂生产企业通过溶剂-非溶剂法成功制备了粒径为800~1000nm 的磷酸二氢铵粉体，复配改性超细化灭火干粉后，研制出一款复合型超细纳米干粉灭火剂。产品的性能参数显示，该灭火剂具有比表面积大、活性高的特点，喷射后能够在空气中保持较长时间的悬浮状态，单位质量的灭火效能是普通干粉的 10～25 倍，可以对可燃固、液、气体进行高效清洁灭火。另外，也有相关科技企业秉承"粒子功能化设计"理念，将高效灭火核心成分含量最大化，舍弃与高效灭火无关的辅料，将纳米级的具有阻燃、消烟、疏水功能的粒子与核心粒子融合，形成新的功能化纳米超细干粉灭火产品。研究表明，这类新功能化的粒子具有非常好的流动性、斥水性和耐低温性，扑灭 A、B、C 类火的最低灭火浓度仅约 $50g/m^3$，可用于固定式灭火装置中，包括悬挂式和管网式的灭火器、灭火球等，也可用于移动式灭火器上，包括多剂联用消防车、推车式、手提式、抛掷式灭火器等。

为进一步推进纳米粉体灭火技术的发展，一些地方政府还出台了相关扶持性政策法规。如山东省泰安市"十三五"战略性新兴产业发展规划中指出，要加快纳米复合型干粉灭火剂等成果转化，推动消防新材料产业发展。尽管如此，针对纳米粉体的制备、特性、纳米效应及灭火机理的研究，以及相关灭火产品的开发还需进一步深化和拓展，短时间内依然很难找到一种能够完全替代"哈龙"灭火剂的产品。利用纳米粉体技术开发灭火高效的新型干粉灭火剂，不仅能够显著提高应用场所的消防安全水平，还将对社会和经济发展产生巨大推动作用。

参 考 文 献

[1] GB 50347—2004, 干粉灭火系统设计规范[S]. 北京：中国计划出版社, 2004.

[2] CECS322—2012, 干粉灭火装置技术规程[S]. 北京：中国计划出版社, 2012.

[3] 刘慧敏, 杜志明, 韩志跃, 等. 干粉灭火剂研究及应用进展[J]. 安全与环境学报, 2014, 14(6)：70-75.

[4] 贾雷, 于瑶, 潘靖, 等. 基于超细干粉灭火剂性能的研究[J]. 化学工程与装备, 2019(10)：29-31.

[5] 付海雁. 基于杯式燃烧器的超细干粉灭火剂灭火性能研究[D]. 南京：南京理工大学, 2015.

[6] 朱剑. D类超细干粉灭火剂的表面改性技术优化及应用研究[D]. 南京：南京理工大学, 2014.

[7] 李凤生. 超细粉体技术[M]. 北京：国防工业出版社, 2000.

[8] 许法山, 陈文军. 超细干粉灭火系统在高架立体库中的应用[J]. 消防技术与产品信息, 2011(5)：33-36.

[9] 田智威. 超细干粉灭火系统在危险品库中的应用实例分析[J]. 科技风, 2014(13)：257.

[10] 唐一博, 王化恶, 樊倩洳, 等. 气溶胶灭火技术防治采空区自燃火灾的应用潜力研究[J]. 煤炭科学技术, 2018, 46(7)：120-124.

[11] 李强, 王绍军, 张粲. 热气溶胶灭火装置的应用[J]. 消防科学与技术, 2013, 32(1)：69-71.

[12] 赵雅娟, 高云升, 李姝, 等. 热气溶胶灭火装置的市场应用分析[J]. 消防科学与技术, 2013(12)：1377-1379.

[13] 崔荣华, 陈国良. 热气溶胶灭火装置在消防应用中存在的问题[J]. 安全, 2012, 33(8)：7-9.

[14] 程方明, 邓军, 文虎, 等. SiO_2 纳米粉体抑制瓦斯爆炸的试验研究[J]. 煤炭科学技术, 2010, 38(8)：73-76.